Nongzuowu zhibao

职业技能培训鉴定教材

农作物植保员

（高级）

主　编　赖军臣
编　者　张东海　刘国军　唐晓东　马桂龙
　　　　赵冰梅
主　审　宋继辉
审　稿　李贤超

中国劳动社会保障出版社

图书在版编目(CIP)数据

农作物植保员:高级/人力资源和社会保障部教材办公室,新疆生产建设兵团劳动和社会保障局,新疆生产建设兵团农业局组织编写.—北京:中国劳动社会保障出版社,2009

职业技能培训鉴定教材

ISBN 978-7-5045-7922-5

Ⅰ.农… Ⅱ.①人…②新…③新… Ⅲ.作物-植物保护-职业技能鉴定-教材 Ⅳ.S4

中国版本图书馆 CIP 数据核字(2009)第 153954 号

中国劳动社会保障出版社出版发行

(北京市惠新东街 1 号 邮政编码:100029)
出 版 人:张梦欣

*

北京隆昌伟业印刷有限公司印刷装订 新华书店经销
787 毫米×960 毫米 16 开本 15.75 印张 306 千字
2009 年 8 月第 1 版 2023 年 4 月第 9 次印刷
定价:31.00 元

营销中心电话:400-606-6496
出版社网址:http://www.class.com.cn

版权专有 侵权必究

如有印装差错,请与本社联系调换:(010)81211666
我社将与版权执法机关配合,大力打击盗印、销售和使用盗版图书活动,敬请广大读者协助举报,经查实将给予举报者奖励。
举报电话:(010)64954652

教材编审委员会

主　任　李勇先（新疆生产建设兵团副秘书长、农业局局长）
副主任　曲德林（新疆生产建设兵团劳动和社会保障局副局长）
　　　　彭玉兰（新疆生产建设兵团劳动和社会保障局副局长）
　　　　刘景德（新疆生产建设兵团农业局副局长）
　　　　苗启华（新疆生产建设兵团农业局总畜牧师）
委　员　多　林（新疆生产建设兵团劳动和社会保障局就业
　　　　　　　　培训处处长）
　　　　杜之虎（新疆生产建设兵团农业局种植业管理处处长）
　　　　黄国林（新疆生产建设兵团职业技能鉴定中心主任）
　　　　丁卫东（新疆生产建设兵团农业局乡镇企业产业指
　　　　　　　　导处处长）
　　　　张利淇（新疆生产建设兵团农业局园艺处副处长）
　　　　宋安星（新疆生产建设兵团职业技能鉴定中心副主任）
　　　　李宏健（新疆生产建设兵团兽医总站畜牧科科长）
　　　　尤满仓（原新疆生产建设兵团农业局处长）

教材编审委员会办公室

主　任　多　林
副主任　杜之虎　黄国林
成　员　宋安星　冉　颢　尤满仓　陈纪顺
　　　　李晓梅　唐晓东

内容简介

本教材以《国家职业标准·农作物植保员》为依据,结合新疆生产建设兵团农作物植保技术经验进行编写。教材在编写过程中紧紧围绕"以企业需求为导向,以职业能力为核心"的编写理念,力求突出职业技能培训特色,满足职业技能培训与鉴定考核的需要。

本教材详细介绍了高级农作物植保员要求掌握的最新实用知识和技术。全书分为4个单元,主要内容包括:农作物昆虫和病原真菌基础、预测预报、综合防治、农药(械)使用常识。每一单元后安排了单元测试题及答案,书末提供了理论知识考核试卷,供读者巩固、检验学习效果时参考使用。

本教材是高级农作物植保员职业技能培训与鉴定考核用书,也可供相关人员参加在职培训、岗位培训使用。

前　言

为满足各级培训、鉴定部门和广大劳动者的需要，人力资源和社会保障部教材办公室、中国劳动社会保障出版社在总结以往教材编写经验的基础上，联合新疆生产建设兵团劳动和社会保障局、兵团农业局和兵团职业技能鉴定中心，依据国家职业标准和企业对各类技能人才的需求，研发了农业类系列职业技能培训鉴定教材，涉及农艺工、果树工、蔬菜工、牧草工、农作物植保员、家畜饲养工、家禽饲养工、农机修理工、拖拉机驾驶员、联合收割机驾驶员、白酒酿造工、乳品检验员、沼气生产工、制油工、制粉工等职业和工种。新教材除了满足地方、行业、产业需求外，也具有全国通用性。这套教材力求体现以下主要特点：

在编写原则上，突出以职业能力为核心。教材编写贯穿"以职业标准为依据，以企业需求为导向，以职业能力为核心"的理念，依据国家职业标准，结合企业实际，反映岗位需求，突出新知识、新技术、新工艺、新方法，注重职业能力培养。凡是职业岗位工作中要求掌握的知识和技能，均作详细介绍。

在使用功能上，注重服务于培训和鉴定。根据职业发展的实际情况和培训需求，教材力求体现职业培训的规律，反映职业技能鉴定考核的基本要求，满足培训对象参加各级各类鉴定考试的需要。

在编写模式上，采用分级模块化编写。纵向上，教材按照国家职业资格等级编写，各等级合理衔接、步步提升，为技能人才培养搭建科学的阶梯型培训架构。横向上，教材按照职业功能分模块展开，安排足量、适用的内容，贴近生产实际，贴近培训对象需要，贴近市场需求。

在内容安排上，增强教材的可读性。为便于培训、鉴定部门在有限的时间内把最重要的知识和技能传授给培训对象，同时也便于培训对象迅速抓住重点，提高学习效率，在教材中精心设置了"培训目标"栏目，以提示应达到的目标，需要掌握的重点、难点、鉴定点和有关的扩展知识。另外，每个单元后安排了单元测试题，每个级别的教材都提供了理论知识考核试卷，方便培训对象及时巩固、检验学习效果，并对本职业鉴定考核形式有初步的了解。

本系列教材在编写过程中得到新疆生产建设兵团劳动和社会保障局、兵团农业局和兵团职业技能鉴定中心的大力支持和热情帮助，在此一并致以诚挚的谢意。

编写教材有相当的难度，是一项探索性工作。由于时间仓促，不足之处在所难免，恳切希望各使用单位和个人对教材提出宝贵意见，以便修订时加以完善。

人力资源和社会保障部教材办公室

目 录

第1单元　农作物昆虫和病原真菌基础/1
第一节　显微镜、解剖镜简介及使用方法/2
第二节　昆虫基础知识及主要类群的识别/9
第三节　农作物病原真菌的生活史及主要类群的识别/36
单元测试题/61
单元测试题答案/62

第2单元　预测预报/65
第一节　番茄、辣椒病害的识别/66
第二节　农作物天敌的主要类群及识别/76
第三节　编制病虫害统计图表/106
单元测试题/116
单元测试题答案/117

第3单元　综合防治/119
第一节　起草综合防治计划/120
第二节　综合防治措施的实施/131
单元测试题/145
单元测试题答案/145

第4单元 农药（械）使用常识/147

第一节 杀菌剂的使用/148

第二节 除草剂的使用/175

第三节 种衣剂的使用/198

第四节 植物生长调节剂的使用/205

第五节 农药的销售与推广/215

第六节 喷杆式喷雾机的使用/217

第七节 风送式喷雾机的使用/226

第八节 航空施药技术/231

单元测试题/236

单元测试题答案/237

理论知识考核试卷/239

理论知识考核试卷答案/242

第 1 单元

农作物昆虫和病原真菌基础

- 第一节　显微镜、解剖镜简介及使用方法/2
- 第二节　昆虫基础知识及主要类群的识别/9
- 第三节　农作物病原真菌的生活史及主要类群的识别/36

第一节 显微镜、解剖镜简介及使用方法

→ 掌握显微镜、解剖镜的使用方法。

一、显微镜

1. 显微镜的构造（见图1—1）

显微镜的种类很多，一般可分为光学显微镜和电子显微镜两大类。光学显微镜应用最普遍、最广泛，它也是植物学实验和研究应用的基本仪器，必须要熟练掌握如何使用。故此处只介绍光学显微镜。光学显微镜的构造可分为机械装置和光学系统两部分。

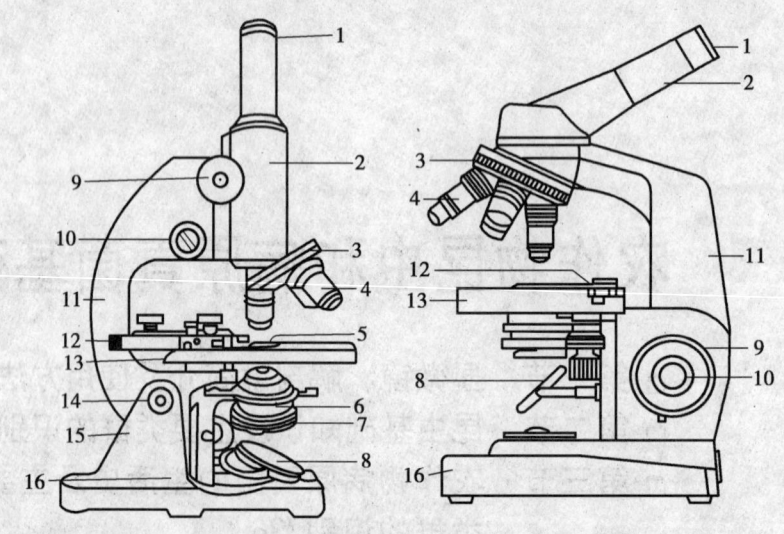

图1—1 显微镜的构造

1—接目镜 2—镜筒 3—物镜转换器 4—接物镜 5—压夹 6—转盘光阑 7—聚光镜 8—反光镜 9—粗调节轮 10—细调节轮 11—镜臂 12—玻片移动器 13—载物台 14—倾斜关节 15—镜柱 16—镜座

（1）显微镜的机械装置。显微镜的机械装置由金属或塑料制成，其作用是固定和调节光学系统、放置及移动标本等。

1）镜座。镜座为显微镜的底座，有马蹄形和长方形，支持整个镜体，使显微镜保持平衡。

2）镜柱。镜柱是在镜座后方中部直立向上的部分，支持镜臂及以上部分。

3）镜臂。形状弯曲，为携取显微镜时执手之用。有的显微镜的镜臂下端有倾斜关节，借此可使镜臂及其以上部分在90°范围内倾斜，以利观察，但通常不超过30°。新型显微镜具有倾斜镜筒，是固定的，无倾斜关节。

4）载物台。载物台也叫工作台或镜台，呈方形或圆形，为放置标本之用。载物台上有两个金属压夹，用来固定玻片标本。有的载物台上装有玻片移动器，可作固定和移动标本之用。载物台中央有一通光孔，反射镜反射上来的光线通过通光孔而透到标本上。

上述为固定式载物台。移动式载物台由上、下两片组成，装有旋钮，可前后左右移动。移动式载物台上装有纵横游标尺，可用来测量标本大小或对被检部分作标记，便于再次观察。

5）镜筒。镜筒是由金属制成的圆筒。其上端放置目镜，下端连接物镜转换器及物镜，后侧有齿刻与镜臂相连，通过调焦螺旋可使镜筒上下升降。镜筒有直筒式和斜筒式两种。直筒式的目镜和物镜的中心在同一直线上；斜筒式的目镜和物镜的中心线互成45°。在镜筒的转折处有棱镜，可使光线折45°。

6）物镜转换器。由两片凹面向上的金属圆盘组成。下盘有3～4个物镜螺旋口，用于安装物镜，转动下盘可以方便地更换观察使用的物镜。转换物镜时，应旋转物镜转换器下盘，切勿直接推动物镜，以免损坏显微镜。

7）调焦装置。为了得到清晰的图像，必须调节物镜与标本之间的距离，使物镜的焦点对准标本，这一操作叫调焦。在显微镜的镜臂上装有大小螺旋各一对。大的叫粗动调焦螺旋，每旋转一周可使镜筒升降20 mm；小的叫微动调焦螺旋，每旋转一周可使镜筒升降0.1 mm或更小。由于显微镜型号的不同，调焦有不同方式。较新型的显微镜，借助调焦螺旋，使载物台升降进行调焦。

（2）显微镜的光学系统

1）物镜。物镜安装在镜筒下端的物镜转换器下方，因为它靠近被视物体，故又称接物镜。物镜是决定显微镜性能（如分辨力）的最重要的构件。物镜的作用是将标本第一次放大成倒像。一台显微镜备有数个物镜，每个物镜由数片不同球面半径的透镜组成。物镜下端的透镜口径越小，镜筒越长，其放大倍数越高；否则反之。

物镜有低倍物镜和高倍物镜，其放大倍数一般刻在物镜的镜筒上，例如4×、8×、10×、40×、45×、65×、90×、100×，分别表示4倍、8倍、10倍……。其中40～65倍叫高倍物镜，90或100倍的称为油浸物镜（使用时需在标本和物镜之间加入折射率大于1而与玻璃折射率相近的液体作为介质，如香柏油）。

2）目镜。目镜安装在镜筒上端，因为它靠近观察者的眼睛，所以称目镜。目镜的作用是将由物镜放大的实像进一步放大成一个起立的虚像，其作用相当于一个放大镜，但它并不增加显微镜的分辨力。目镜的镜筒内可安装一段头发,在视野内则为一黑线,叫做"指针",可以指示所观察的部位。根据需要,目镜内也可安装测微尺,用以测量所观察物体的大小。

一般显微镜备有几个放大倍数不同的目镜,其放大倍数刻在目镜边框上,如5×、10×、15×等。

显微镜的总放大倍数＝物镜放大倍数×目镜放大倍数

3）聚光器。聚光器安装在载物台下方支架上,主要由聚光镜和可变光阑组成。聚光镜作用是会聚由反射镜反射来的光线,增加对标本的照明。可变光阑位于聚光镜下方,又称光圈,由十余片金属薄片组成,中心部分形成圆孔。推动可变光阑把手,可调节圆孔大小,以调节光线的强弱。升降聚光器,也可调节照明强度。在可变光阑下面,还有一个圆形的滤光片架,可根据镜检需要放置滤光片。

构造简单的显微镜,没有聚光器装置而是一个转盘光阑。它是一个金属圆盘,其上有大小不同的圆孔。使用时旋转转盘光阑,选用合适的圆孔,即可调节视线强弱。

4）反射镜。反射镜又叫反光镜,安装在聚光器或转盘下方,其作用是把光源投射来的光向上反射到聚光器直到标本上。它可以朝任意方向旋转以对准光源。反射镜通常一面是平面镜,另一面是凹面镜。没有聚光器的显微镜,使用低倍物镜时用平面镜,使用高倍物镜时则用凹面镜,因凹面镜也会有聚光作用。有聚光器的显微镜,一般用平面镜,如果室内光线弱时,则可使用凹面镜。

2. 显微镜的使用方法

显微镜是精密仪器,必须熟悉其构造及各部件的作用,才能掌握正确的使用方法,做到既懂得维护仪器,又敢于放手工作。只有这样,才能充分发挥显微镜的性能,延长显微镜的寿命,提高工作效率。显微镜的正确使用方法如下:

（1）取用和放置。使用时首先从镜箱中取出显微镜,必须一手握持镜臂,一手托住镜座,保持镜身直立,切不可用一只手倾斜提携,防止摔落目镜。要轻取轻放,放时使镜臂朝向自己,距桌边沿5～10 cm处。要求桌子平衡,桌面清洁,避免阳光直射。

（2）对光。通常用自然光,如阴天或光线较弱时可用日光灯作光源。

对光必须在低倍物镜下进行。先提高镜筒或下降载物台,随后旋转物镜转换器,将低倍物镜对准通光孔,当听到轻微的"的"声响,拇指也有所感觉时,即表明物镜已转到正确的位置上。然后把可变光阑或转盘光阑的孔径调至最大,接着用左眼（要求右眼同时睁开）从目镜中观察,同时转动反射镜,使之朝向光源,直至整个视野明亮均匀而不刺眼为止。对光后不再移动显微镜的位置,否则光路改变,又要重新对光。

（3）放置玻片标本。将待镜检的玻片标本放置在载物台上,使其中材料正对通光孔中央。再用弹簧压片夹在玻片的两端,防止玻片标本移动。若为玻片移动器,则将玻片标本卡入玻片移动器,然后调节玻片移动器,将材料移至正对通光孔中央的位置。

(4) 低倍物镜观察。用显微镜观察标本时，应先用低倍物镜找到物像。因为低倍物镜观察范围大，较易找到物像，且易能找到需作精细观察的部位。其方法如下：

1) 转动粗调螺旋，用眼从侧面观望，使镜筒下降，直到低倍物镜距标本 0.5 cm 左右为止。

2) 用左眼从目镜中观察，右眼自然睁开，用手慢慢转动粗调螺旋，使镜筒渐渐上升，直到视野内的物像清晰为止。此后改用微调螺旋，稍加调节焦距，使物像最清晰。

3) 用手前后左右轻轻移动玻片或调节玻片移动器，便可找到欲观察的部分。要注意视野中的物像为倒像，移动玻片时应向相反方向移动。

(5) 高倍观察。在低倍观察基础上，若放大倍数不够可进行高倍观察。其方法如下：

1) 将欲观察的部分移至低倍镜视野正中央，物像要清晰。

2) 旋转物镜转换器，使高倍物镜移到正确的位置上，随后稍微调节微动螺旋，即可使物像清晰。这是由于物镜的同高调焦。如果显微镜不能同高调焦，或开始使用某一种显微镜，对其性能尚不熟悉时，可按下述方法操作：在完成低倍观察后，稍微调高镜筒，把高倍物镜转换至工作位置上，然后从旁边观察，小心地慢慢升高物镜寻找目标。这样可防止物镜与标本相碰或沾上临时玻片旁的水或化学药品而损坏镜头。

3) 轻轻移动玻片标本或调节玻片移动器，找到欲仔细观察的部位。

使用高倍物镜时，由于物镜与标本之间距离很近，因此要特别仔细，也不能用粗调螺旋，而只能用微调螺旋。

(6) 换片。观察完毕，如需换用另一玻片标片时，将物镜转回低倍，取出玻片，再换新片，稍加调焦，即可观察。千万不可在高倍物镜下换片，以防损坏镜头。

(7) 还原。显微镜使用结束后，升高镜筒，取下玻片标本，清洁显微镜，把物镜转离通光孔呈"八"字形，再下降镜筒至适当高度。如有玻片移动器，也要移至适当位置，使物镜不会碰到通光孔。

(8) 油镜的使用。应先调低倍镜、高倍镜找到要观察的物像，然后再用油镜观察。操作如下：

1) 先用低干燥系物镜观察标本的概况。

2) 更换高倍干燥系物镜，把所要观察的部分移到视野中央。

3) 把镜筒上升约 1.5 cm，再把油镜转到工作位置。

4) 在盖玻片上所要观察的位置滴一小滴香柏油（或石蜡油）。当使用 N.A.>1.0 的浸没系物镜或暗视野斜照明时，在聚光器上也要滴油（一般省去在聚光器上滴油这一步骤）。

5) 细心拧动粗调焦螺旋，使镜筒慢慢下降。这时要仔细观察物镜前端与标本之间的距离，先使物镜前端与油滴接触，然后再慢慢下降镜筒，至物镜前端接近而没有碰到盖玻片为止。这步操作要特别小心,防止油镜压碎标本或损坏油镜(油镜的工作距离约0.2 mm)。

6)眼睛要看目镜中,拧动细调焦螺旋,使镜筒慢慢上升到能看清标本为止。这步操作要特别注意不要把细调焦螺旋的方向拧错,以防压碎标本。

7)看清标本后,取下目镜,直接向镜筒中看,把聚光器下的可变光阑调到最小,再慢慢开大,开到它的口径与视场的直径恰好一样大,即使聚光器的镜口率与物镜的镜口率相配合。如果聚光器的镜口率小于物镜的镜口率,则物镜的镜口率就不能充分发挥作用。

8)观察完毕后,提升镜筒约1 cm,把油镜转离光轴,及时做清洁工作。先用干的擦镜纸擦1～2次,把大部分油去掉,再用二甲苯滴湿的擦镜纸擦两次,最后再用干擦镜纸擦一次。擦拭时要顺镜头的直径方向,不要沿镜头的圆周擦。擦拭要细心,动作要轻,不可用力擦。如果聚光器上有滴油也要同样清洁。载玻片上的油可用"拉纸法"擦净,即把一小张擦镜纸盖在盖玻片油滴上,在纸上滴一些二甲苯,趁湿把纸往外拉,这样连续做3～4次,即可干净。(如果使用石蜡油,清洁时只用擦镜纸不必蘸二甲苯,等到实验一个阶段后,再用二甲苯擦拭)

9)把聚光器下降约1 cm,把载物台上的标本移动架移到适当位置。

(9)测微尺的使用。测微尺分目镜测微尺和镜台测微尺,两尺配合使用(见图1—2)。目镜测微尺是一块圆形玻璃,中心刻有一尺,长5～10 mm,分成50～100格。每格所代表的实际长度因不同物镜的放大率和不同镜筒长度而异。镜台测微尺是在一块载玻片的中央,用树胶封固一圆形的测微尺,长1～2 mm,分成100或200格。每格实

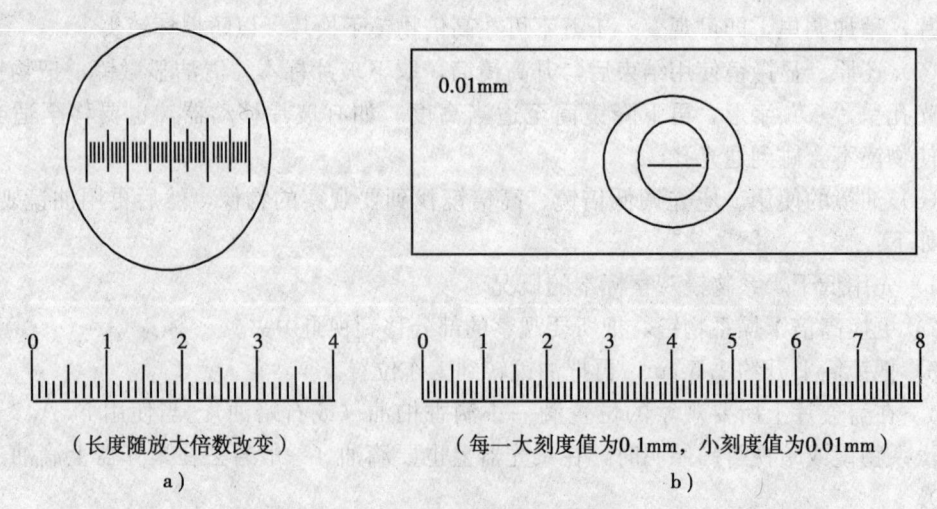

(长度随放大倍数改变)　　　　　(每一大刻度值为0.1mm,小刻度值为0.01mm)
　　　　a)　　　　　　　　　　　　　　　　b)

图1—2　测微尺
a)目镜测微尺　b)镜台测微尺

际长度为 0.01 mm。当用目镜测微尺来测量细胞的大小时，必须先用镜台测微尺核实目镜测微尺每一格所代表的实际长度。方法如下：

1) 将一侧目镜从镜筒中拔出，旋开目镜下面的部分，将目镜测微尺刻度向下装在目镜的焦平面上，重新把旋下的部分装回目镜，然后把目镜插回镜筒中。

2) 将镜台测微尺刻度向上放在镜台上夹好，使测微尺分度位于视野中央，调焦至能看清镜台测微尺的分度。

3) 小心移动镜台测微尺，转动目镜测微尺，使两尺左边的一直线重合，然后由左向右找出两尺另一次重合的直线。

4) 记录两条重合线间目镜测微尺和镜台测微尺的格数。计算目镜测微尺每格所代表的实际长度。

目镜测微尺每格所代表的实际长度＝（两重合线间镜台测微尺的格数/两重合线间目镜测微尺的格数）×10 μm

5) 取下镜台测微尺，换上需要测量的玻片标本，用目镜测微尺测量标本。

3. 显微镜使用注意事项

(1) 显微镜是精密仪器，使用时必须按照操作规程，做到细心和耐心，切勿操之过急，动作过猛，以防操作失误而损坏构件。

(2) 不要用手触摸光学玻璃部分，同时防止剧烈碰撞而损坏构件。

(3) 使用前要清洁镜身和透镜，观察时一定要加盖玻片，同时不要让玻片上的水流到载物台上，更不要让酸、碱及其他化学药品接触显微镜，不要让显微镜在阳光下暴晒。

(4) 使用微调螺旋时，如遇到不能继续向同一方向转动而到达极限时，不能蛮转，应向相反方向退转，并转动粗调焦螺旋，然后再用微调螺旋进行细调。

(5) 使用时不要自行拆卸和安装，更不要随便卸下镜头，也不能在不同显微镜之间随便调换目镜或物镜。

(6) 目镜或物镜如有不洁时，要用擦镜纸作直线方向揩拭，切勿用手指或手帕及棉布涂擦。目镜或物镜如沾有油污，可先用擦镜纸蘸上少许二甲苯（或无水乙醇和乙醚1∶1）擦拭干净，再用干净擦镜纸揩拭一遍。

(7) 观察时如果视野中出现外界景物的倒影时，可慢慢下降聚光器至景物倒影消失为止，或改用凹面反射镜。

(8) 观察时坐姿要端正，双目并开，可两眼轮换观察，以减轻疲劳。如需要绘图，一般用左眼观察标本，右眼看图纸，这样有利于提高工作效率。

(9) 显微镜用后用擦镜纸清洁镜头，将各部分转回原处，并使低倍接物镜转至中央，或者将两个物镜跨于通光孔的两侧，再下降镜筒，使物镜几乎接触载物台为止。再盖好绸布或纱布，把显微镜放回箱内。

4. 临时装片及切片制作

用显微镜观察植物标本，观察的材料要求很薄而且透明。有些植物材料，其厚度不大，易透光，因此不必切片可直接制成装片；有的材料则需切成很薄的薄片。不论是切片或装片标本，有供临时观察的临时片和可长期保存的永久片两种。

临时装片标本制作（以表皮细胞为例）如下：

（1）取已洁净过的载玻片和盖玻片。

（2）用滴管吸取蒸馏水一滴于载玻片中央。

（3）用镊子撕取洋葱叶（或其他植物叶片）内表皮一小片，立即放入载玻片的水滴中，材料不可过大（绝不能超出盖玻片的范围），也不要使材料重叠、皱缩，可用镊子或解剖针仔细展平。

（4）用镊子取盖玻片，使盖玻片的一侧先接触载玻片的水滴，然后再慢慢放下盖玻片，以防止产生气泡。如仍有气泡，可用镊子或解剖针将盖玻片稍微提高，然后再放下。切忌用手指按压盖玻片。

（5）加上盖玻片后，如发现盖玻片或材料在水滴上浮动，可用吸水纸从盖玻片一侧吸去部分水，使盖玻片紧贴载玻片；如发现水不能布满盖玻片下方，则水太少，可用滴管在盖玻片边缘注入少许水，使水布满盖玻片下方为止。最后用吸水纸或纱布揩干盖玻片四周的水，装片即告完成。

二、解剖镜

1. 昆虫解剖镜的结构（见图1—3）

（1）目镜。双筒。

（2）物镜。正在使用的物镜倍率为前方者。

（3）眼焦调整器。调整到符合双眼焦距。

（4）眼距调整器。调整到使双眼都能看到标本。

（5）粗调固定器。调整焦距，托着物镜。

（6）细调节轮。调整焦距。

（7）光源旋转钮。调整光线。

2. 解剖镜的使用方法

（1）一手握镜臂，一手托住镜座，将显微镜轻轻放置在桌上，距桌缘约一个拇指距离。

（2）调整座椅至适当高度，使自己可以轻松使用解剖镜。

（3）一手托住解剖镜本体，一手松开粗调固定器，将解剖镜本体上升。

（4）双眼同时由目镜观察到载物板，将粗调固定器锁紧。

（5）将标本放在载物板上，先用右眼观察，转动细调节轮直到看清楚标本；以同样

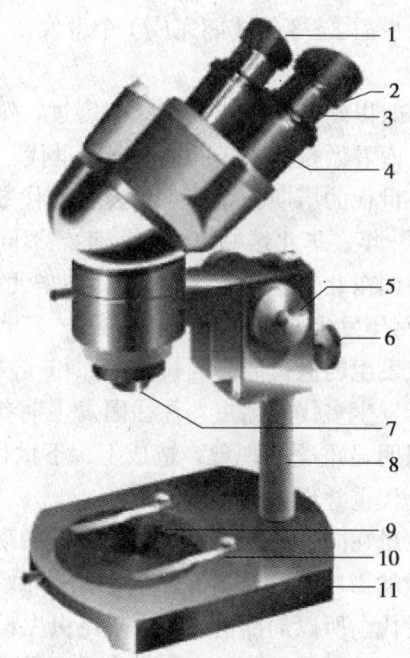

图1—3 昆虫解剖镜的结构

1—目镜护罩 2—眼焦调整器 3—目镜 4—眼距调整器 5—细调节轮 6—粗调固定器
7—物镜 8—镜柱 9—载物板 10—固定夹 11—镜座

的方法用左眼检视；再调整眼焦调整器，直到看清楚标本，使两眼焦距一致。

（6）调整眼距调整器，使双眼均能看到标本。

3. 使用解剖镜注意事项

（1）严忌单手提取解剖镜。

（2）若须移动解剖镜，务必将解剖镜提起再放至适当位置，严忌推动解剖镜，使用解剖镜请务必小心轻放。

（3）使用解剖镜时座椅的高度应适当，观察时应习惯两眼同时观察，且光源亮度应适当，否则长时间观察时极易感觉疲劳。

第二节 昆虫基础知识及主要类群的识别

一、昆虫的世代和生活史

1. 昆虫的世代

1年发生1代的昆虫，其年生活史就是1个世代。1年发生3代的昆虫，其年生活史就包括 3 个世代。还有些昆虫需 2～3 年才能完成 1 个世代。

2. 昆虫的生活史

(1) 越冬代。昆虫越冬时以幼虫、蛹或成虫状态度过,第二年出现的幼虫、蛹、成虫都不算在当年的第一代,而看做是前一年的最后一个世代,这一代称越冬代。

不同种的昆虫,它每一世代的历期长短和 1 年发生的代数都不相同,例如:棉铃虫 3～4 代/年、棉蚜 20～30 代/年、华北蝼蛄 2～3 代/年。不同环境,特别是气候因素影响着世代长短,如黏虫在中国东北每年发生 2～3 代,在华北每年发生 3～4 代,在华中每年发生 5～6 代,在华南每年发生 6～8 代。

在同一地区,同种昆虫发生的世代数会因耕作条件和气候的变化而不同。

(2) 世代重叠。凡一年发生多代的昆虫,往往因发生期参差不齐,成虫羽化期和产卵时间长,出现前后世代间明显重叠的现象,造成上、下世代间界限不清。1 年中发生世代数越多的种类,往往世代重叠现象越严重。

(3) 局部世代。同种昆虫在同一地区发生世代数不同的现象叫局部世代。如三化螟最后一代,常因秋季短日照的影响,一部分 3～4 龄幼虫开始滞育,另一部分预蛹期虫态的昆虫继续发育到下一世代。所以局部世代是由于昆虫生长发育的不整齐造成的。

世代重叠和局部世代这两种现象给防治虫害带来一定困难。

二、休眠和滞育

昆虫或螨类在一年的生长发育过程中,往往在盛夏或隆冬季节,出现一段或长或短的暂时停止发育的现象,这种现象从其本身的生物学和生理学上看,可区分为两大类,即休眠和滞育。

1. 休眠

休眠常常是不良环境条件直接引起的一种暂时适应性的生命活动停滞现象,当不良环境条件消除时,即可恢复生长发育。

在温带和寒带地区,每当严寒冬季来临之前,随着气温下降、食物减少,各种昆虫都要寻找适宜场所进行休眠,称冬眠,等到春天气候变暖,又开始活动。

在干旱和热带地区,常在干旱和高温季节,一些螨类和昆虫会暂时停止活动,进入休眠状态,称夏眠,等到环境适宜时,再开始活动。

具有休眠特征的昆虫,有的需要在一定虫态休眠,如东亚飞蝗以卵休眠,有的则任何虫态都可休眠,如小地老虎在江淮流域可以幼虫、蛹、成虫冬眠。不同虫态的生理特性不同,其抗逆能力也不同,以蛹最强。即使都以卵休眠,如东亚飞蝗,秋高温使一部分卵孵化,还未及若虫长成,严寒便来临,导致死亡。

2. 滞育

滞育可以说是由环境条件引起的,但通常不是由不利环境条件直接引起的。在自然情况下，在不利环境条件远没到来之前，就已进入生长发育休止状态，而且一旦进入，即使给予最适宜的条件，它也不会马上恢复生长发育，所以滞育具有一定遗传稳定性。

（1）兼性滞育。不一定每个世代都滞育，如玉米螟在各地每年发生的代数不同，但多以末代老熟幼虫滞育越冬。

（2）专性滞育。专性滞育又称绝对滞育，是昆虫在每一代的固定虫态都发生滞育，常常出现在一年发生一代的昆虫上。

（3）滞育的引起和消除。实验证明，引起昆虫滞育的主要因素是光周期的变化。

光周期：一昼夜中光照时数与黑暗时数的节律，以光照时数表示。自然界中光周期的变化有两个方向，即冬到夏，日照从短到长；夏到冬，日照从长到短。

临界光周期：引起昆虫种群中50%的个体进入滞育的光周期。

临界光照虫态：感觉光照刺激（信号）的虫态，它往往是滞育虫态的前一虫态，如以蛹态滞育的棉铃虫，它的临界光照虫态是1～5龄幼虫；玉米螟是以老熟幼虫滞育，它的临界光照虫态为3～4龄幼虫。

适应自然光周期的变化，昆虫分两种基本滞育类型。

短日照滞育型（长日照发育型）：一般冬季滞育的昆虫，在短于临界光周期的情况下产生滞育，日照长于12～16 h便可继续发育，如玉米螟、棉铃虫、二化螟。

长日照滞育型：一般夏季滞育的昆虫，在长于临界光周期的情况下产生滞育，日照短于12 h，便可继续发育。

除光周期外，温度、湿度、食料等生态因子对滞育也有影响。如对短日照滞育型，温度也能抑制滞育。

当昆虫进入滞育后，要经过一定的时间和条件才能解除，转入积极发育状态，这个过程为复苏。

（4）滞育的激素控制。环境条件是引起滞育的外因，内因是内部激素的活化和抑制的调节作用，如体内激素受到扰乱或失调，就引起滞育。脑激素、蜕皮激素、保幼激素及咽下神经节分泌的滞育激素，都与滞育的形成有关。

无论是休眠还是滞育，昆虫在此之前都有一定的生理准备，如体内脂肪含量增加，含水量减少，呼吸代谢降低，抗逆力增强，寻找到适宜的场所。了解了昆虫休眠和滞育的特点，了解害、益虫越冬越夏的场所，在测报、防治及保护利用方面有指导意义。

三、昆虫的发育

昆虫的个体发育可分为两个阶段。第一阶段称为胚胎发育，是在卵内进而至孵化为止；第二阶段称为胚后发育，就是从卵孵化开始至成虫性成熟为止。

卵是一个细胞，有细胞壁、原生质及细胞核。昆虫的卵外面常有各种刻纹。卵壳的构造十分复杂，具有高度的不透性，起着很好的保护作用。在卵壳之下，有一层很薄的卵黄膜包围着原生质和丰富的卵黄。贴在卵黄膜下面的一层原生质内没有卵黄，称为周质。卵核就是卵的细胞核，一般位于卵的中央。这种卵黄位于卵中央的卵称为中黄式或中央卵黄。昆虫卵的构造模式如图1—4所示。

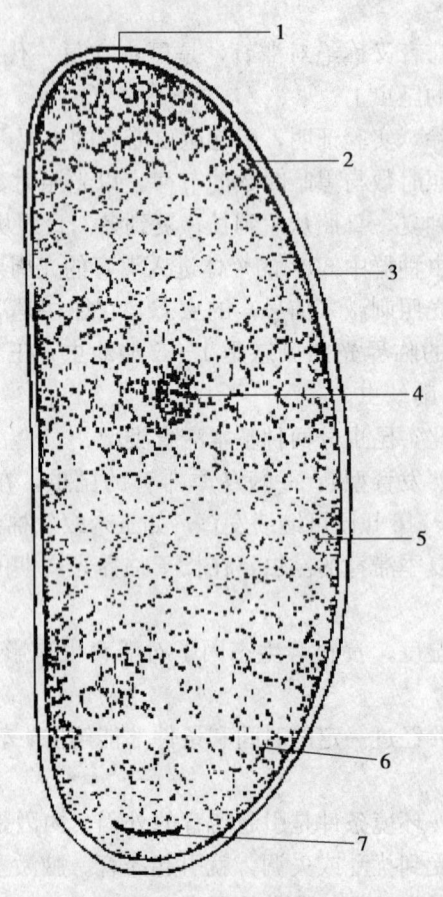

图1—4 卵的构造模式
1—卵孔 2—卵黄膜 3—卵壳 4—卵核 5—周质 6—原生质网 7—生殖质

由于卵壳在受精前即已形成，所以在卵壳上留有精子的入口。这是一个或是一群特殊的小孔，称为卵孔，位于卵的前端，但也可以在卵的侧面、后端或前后两端。

昆虫卵的大小一般与昆虫身体的大小有关。卵通常较小。卵的形状繁多，通常呈长卵形或肾形，此外还有桶形、瓶形、纺锤形、球形、半球形、扁圆形等，如图1—5所示。

1. 胚胎发育

除了孤雌生殖以外，昆虫的胚胎发育都从卵经过受精后才开始。卵的受精一般是在

农作物昆虫和病原真菌基础

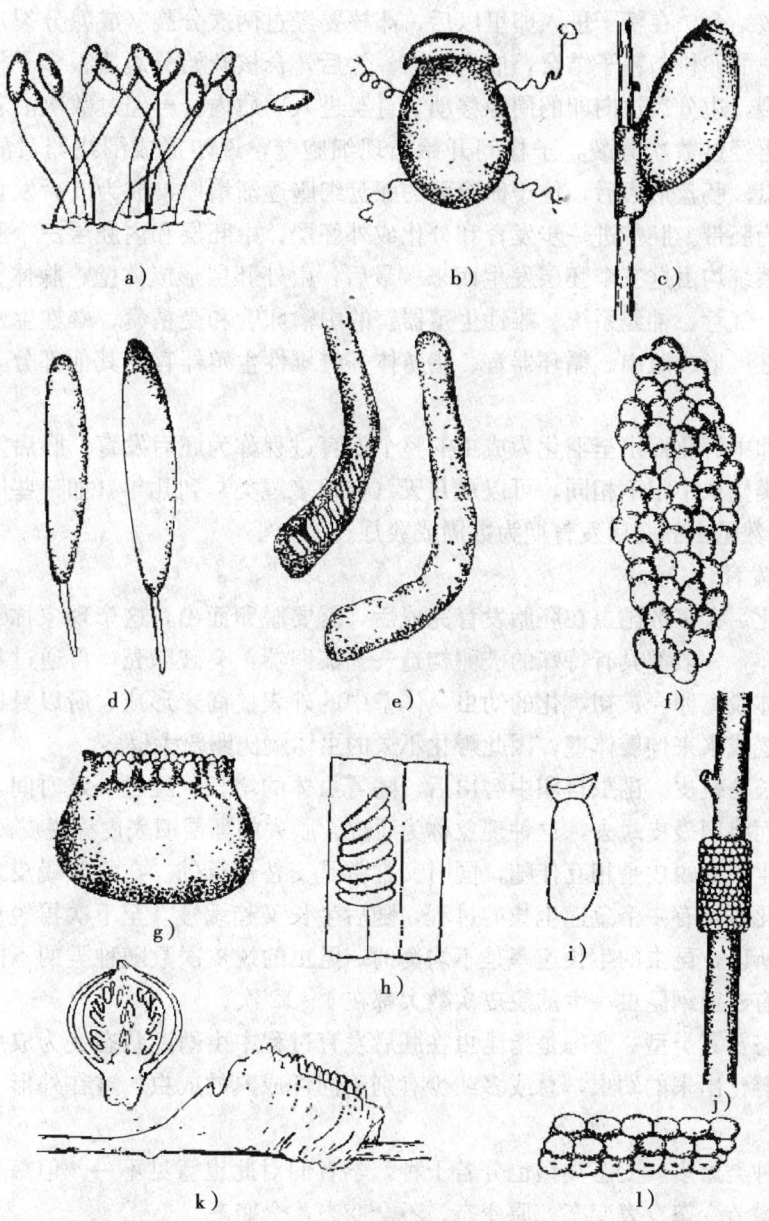

图1—5 昆虫卵的类型
a) 草蛉 b) 蜉蝣 c) 头虱 d) 高粱瘿蚊 e) 东亚飞蝗 f) 玉米螟 g) 美洲蜚蠊
h) 灰飞虱 i) 米象 j) 天幕毛虫 k) 中华螳螂 l) 菜蝽

卵壳形成之后，卵从卵巢管排出，向下经过受精囊口的时候，精子从受精囊出来，从卵孔钻到卵里。同时进入卵孔的精子通常不会只有一个，总是几个至几十个，但只有其中的一个与卵核结合。在精子进入卵里以后，卵核要经过两次分裂（成熟分裂）才成为成熟卵核。成熟的卵核与精子结合，成为合核。然后，合核开始分裂成很多子核，子核再经过数次分裂，边分裂边向卵的周缘移动，直至进入周质内。再经过数次沿着卵的周缘分裂，子核再经过数次分裂，子核间开始出现细胞壁，逐步形成围绕卵黄的单层细胞层，称为胚盘。胚盘形成后，位于卵腹面的胚盘细胞逐渐增厚，成为以后发育成胚胎的细胞带，称为胚带。胚带进一步发育和分化成外胚层、中胚层和内胚层三个胚层，昆虫的各种器官系统均由这三个胚层发生而来。最后，由外胚层形成体壁、腺体、前肠、后肠、马氏管、气管、神经系统、雌性生殖器官的中输卵管和受精囊、雄性生殖器官的射精管。由中胚层形成肌肉、循环器官、脂肪体、雌雄性生殖器官的其他部分。由内胚层形成中肠。

昆虫由卵中孵化而出至羽化为成虫的整个发育过程称为胚后发育。胚后发育所需的时间，在各类昆虫中很不相同，可以从几天（如很多蝇类）到几年（如一些叩头虫、金龟子），但多数昆虫的胚后发育期为数周或数月。

2. 胚后发育

(1) 孵化。大多数昆虫在胚胎发育完成后，就要脱卵而出，这个现象称孵化。即将孵化的新个体，一般都具有特殊的破卵构造——破卵器，突破卵壳，再通过身体内部的张力，使虫体脱离卵壳。初孵化的幼虫，体壁中的外表皮尚未形成，所以身体柔软。它们以吞吸空气或水来伸展体壁，因此孵化不久的虫体就比卵要大得多。

(2) 生长与蜕皮。昆虫自卵中孵出后，随着虫体的增长，经过一定时间，要重新形成新表皮，而将旧表皮蜕去，这种现象称为脱皮。脱去的那层旧表皮称蜕皮。

昆虫的生长和蜕皮是相互伴随，同时又常常是交替进行的。在每次蜕皮之后，当虫体壁尚未硬化时，有一个急速生长的过程，随后生长又趋缓慢，至下次再蜕皮时，几乎停止生长。所以，昆虫的生长速率是不均衡的。昆虫的蜕皮次数随种类的不同而有很大差异，多数有翅亚纲昆虫一生的蜕皮次数大都在4～12次。

(3) 变态及其类型。变态是指昆虫在胚后发育过程中由幼期状态变为成虫状态的现象。从卵中孵化出来的幼虫，总或多或少有别于同性成熟的成虫，这在外形上就看得出来。

昆虫的种类繁多，变态类型也分若干种，学者们对此也意见不一。但综合来讲，有五个类型：增节变态、表变态、原变态、不全变态、全变态。

1) 增节变态。特点是幼期和成熟期个体除在大小和性器官发育程度上不同外，腹部的体节数是逐渐增加的。腹部节数初孵幼虫为9节，到成虫时增加为12节，所增加的3节都是从第8节生出的。仅原尾目属此类型。

2) 表变态。特点是初孵出的幼期昆虫已基本具备成虫特征，变化不明显，只是个体增大、性器官成熟、触角和尾须节数增多等。其最主要特征是成虫期仍继续蜕皮，如缨尾目、双尾目、弹尾目。

3）原变态。特点是从幼期到成虫期要经过一个亚成虫期。亚成虫期性已成熟,外形与成虫相似,只是体色浅、足较短,多呈静止态(也可飞行)。历经几分钟到一天不等。为蜉蝣目（朝生暮死）特有。幼虫水生,多足型。

4）不完全变态。不完全变态类昆虫如图1—6所示。特点是整个发育期经过卵、若虫、成虫三个时期。翅在幼虫体外发育——外翅部。成虫不蜕皮,幼虫寡足型,所以与原变态的区别是幼虫足型、成虫蜕皮否。它还可分为四个类型:

①渐变态:成、幼期昆虫在身体外形、生活习性等方面十分相近。不同仅在于翅未长成和生殖器官和性器官没有发育完全。渐变态的昆虫有直翅目、半翅目、同翅目。幼虫期个体称为若虫。

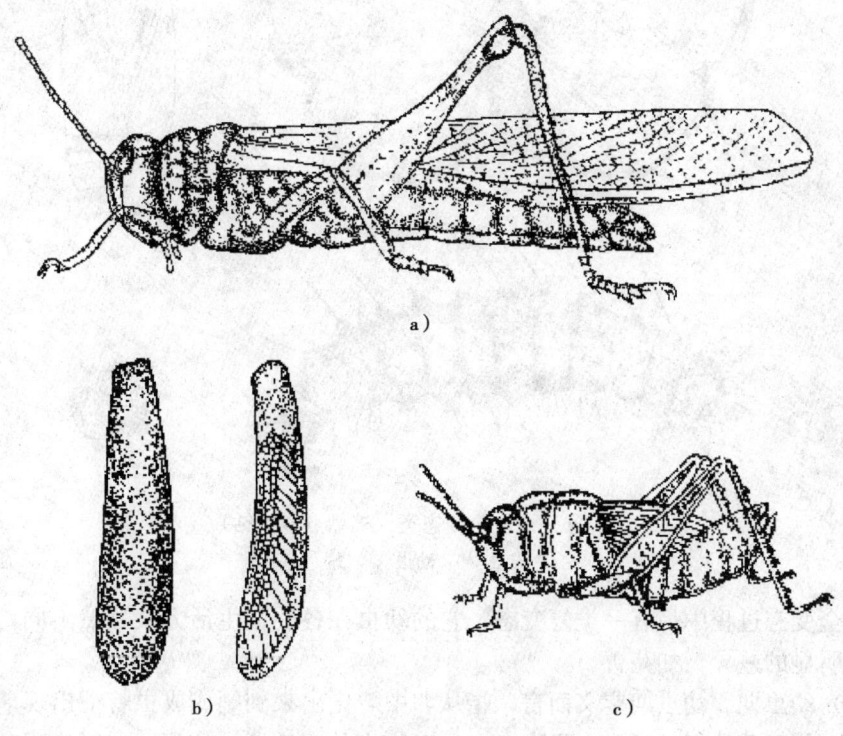

图1—6　不完全变态类型（东亚飞蝗）
a）成虫　b）卵囊及其剖面　c）若虫

②无变态:无翅成虫与幼期个体显示不出外形变化。无变态的昆虫有食毛目、虱目。

③半变态:幼期营水生生活,成虫陆生,所以两者在取食、行动、呼吸方面均有不同程度特化,外形差异大。蜻蜓为半变态昆虫,其虫特称稚虫。

④过渐变态：幼期向成虫期转变前有一个不食不动，类似"蛹"的虫龄。所以，可看成一个过渡类型。缨翅目，同翅目中的粉虱、雄性介壳虫为过渐变态昆虫。

原变态和不全变态类的昆虫，由于其翅都在幼期的体外发育，所以分类上将它们归在有翅亚纲的外翅部。

5）全变态。一生经过卵、幼虫、蛹、成虫四个阶段。成、幼虫间外部形态、内部器官、生活习性等均不相同，像蝶、蝇幼虫往往有成虫所没有的临时性器官。同时隐藏着成虫的复眼和翅芽，因此分类上把这些目归属于内翅部。经过蛹期的剧烈改变，变为成虫。如鞘翅目、双翅目、膜翅目等全变态类昆虫如图1—7所示。

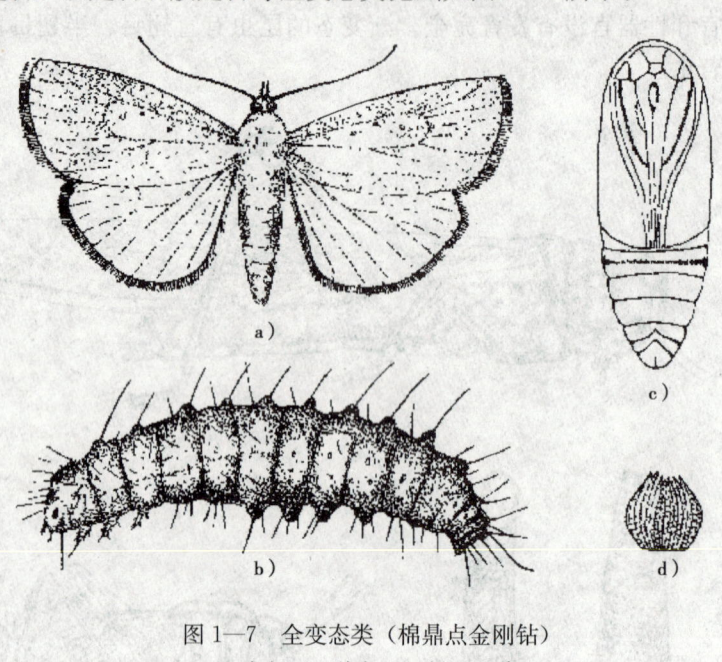

图1—7 全变态类（棉鼎点金刚钻）
a) 成虫 b) 幼虫 c) 蛹 d) 卵

在全变态过程中另有一类复变态，它的幼虫在各龄期生活方式迥然不同，所以在体型上有明显的差异，如芫菁。

（4）幼虫期。幼虫期广义而言，指从卵中孵化出来到蛹或成虫特征出现前的整个发育阶段。其显著特征是：①大量取食；②以惊人的速度增大体积；③蜕皮现象。正因为第一个特点，使许多农林害虫的幼虫期成为防治的重点期。

1）幼虫的类型。幼虫分化取决于两个因素：

①胚胎发育终止于什么阶段，是在寡足期、原足期还是多足期，这是最基本的。

②幼虫期是以取食为特点的时期，所以有许多因适应食性的分化及生活环境所产生的变异，其中包括体形、附肢等。

对于不同变态类型的幼虫，给予特定名称以示区别。

若虫：不完全变态（除半变态外）类昆虫的幼虫期个体。

稚虫：半变态（亚同型幼虫）和原变态（蜉型幼虫，过渡型）类昆虫的幼虫期个体。

幼虫（狭义）：指全变态类型昆虫的幼虫期个体（异型幼虫）。

共同特点为无复眼，无外生翅芽。

全变态类型的幼虫个体差异很大，根据胚胎发育的程度（足的多少）和胚后发育中的适应，将幼虫分为四个类型（见图1—8）。

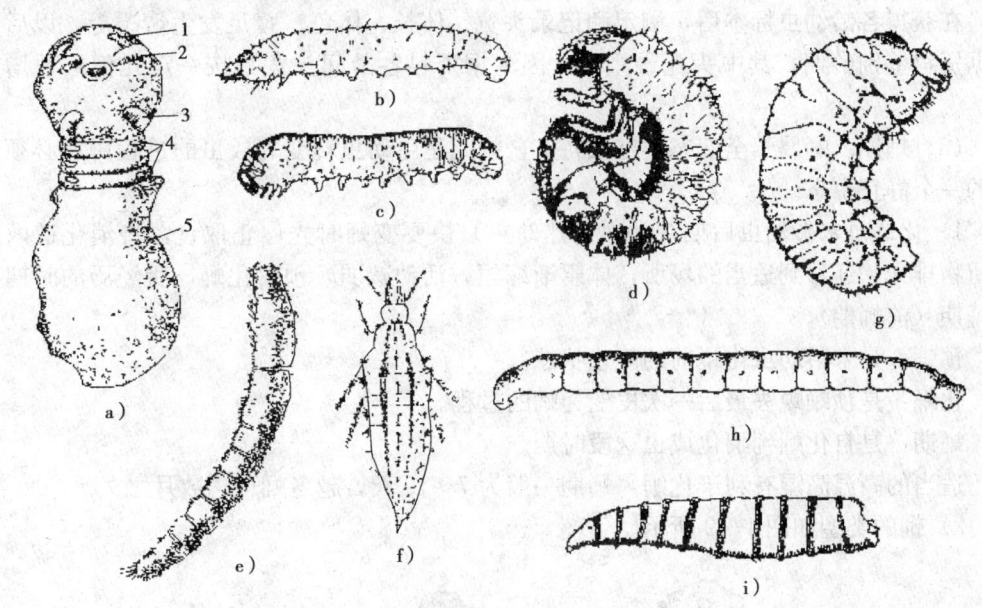

图1—8 幼虫类型

a）原足型 b）多足型（鳞翅目） c）多足型（叶蜂） d）寡足型（蛴螬型）
e）寡足型（蠕虫型） f）寡足型（蚋型） g）～h）无足型（显头） i）无足型（无头）
1—触角 2—上颚 3—下颚 4—胸足 5—腹部

A．原足型。这类幼虫在胚胎发育的早期即已孵化，它们的腹部还没分节或分节没有完成，胸足也只是简单凸起。口器发育不全，所以此类幼虫多不能独立生活，它通过浸浴在寄主的体液或卵黄中，靠体壁吸收营养，如寄生蜂类。

B．多足型。有3对胸足，多对腹足，头发达，口器多为咀嚼式，也有把多足型称为蠋形。

C．寡足型。腹足消失，只有3对胸足，头发达，咀嚼式口器，根据体型及胸足发育程度，又分为蚋型（衣鱼型）：幼虫前口式，胸足发达，行动迅速，如步甲、草蛉幼虫；蛴螬型：体肥胖，"C"形弯曲，胸足短，行动迟缓，如金龟子幼虫；金针虫型：体细长，胸腹粗细相仿，胸足较短，行动不太活泼，如叩头甲、拟步甲幼虫。

D. 无足型。多为寡足型和多足型幼虫附肢消失而来，其特点为身上没有任何附肢，由于它们都生活在易获得食物的环境中，所以不仅运动器官退化，而且感觉多不发达。根据头部的发达或骨化程度，无足型又可分为全头无足型（显头无足型）：有明显骨化的头部，如天牛、蚊类（摇蚊除外）；半头无足型：头部仅前半部分骨化，大部分缩入胸内，如虻；无头无足型（蛆型）：头部退化，完全缩入胸部，或仅有口钩外露，如蝇。

2）幼虫的生长。正常情况下，各种昆虫幼虫期经过多少龄，通过饲养观察可以测定，在获得各龄幼虫标本后，测定和记录头宽、体长、体色、腹足发生情况等，以后可根据资料鉴别龄期。其中头宽最重要，因为据资料各龄间头宽是按一定几何级数增长的。

（5）蛹期。蛹属于全变态类昆虫特有，蛹期是由幼虫转变为成虫的过程中所必须经过的一个静止虫态。

1）化蛹。末龄幼虫后期（常称老熟幼虫）快要变蛹时先停止取食，将消化道内的残留物排光，迁移到适当的场所，体躯渐缩短，活动减弱，预备化蛹，所经历的时期为预蛹期（前蛹期）。

预蛹：是末龄幼虫化蛹前的静止状态。

化蛹：是预蛹蜕去最后一次皮变为蛹的过程。

蛹期：是自化蛹到羽化成虫这段时期。

适当的高温高湿有利于化蛹，蛹期一般为 7~19 天，越冬蛹可达数月之久。

2）蛹的类型如图 1—9 所示。

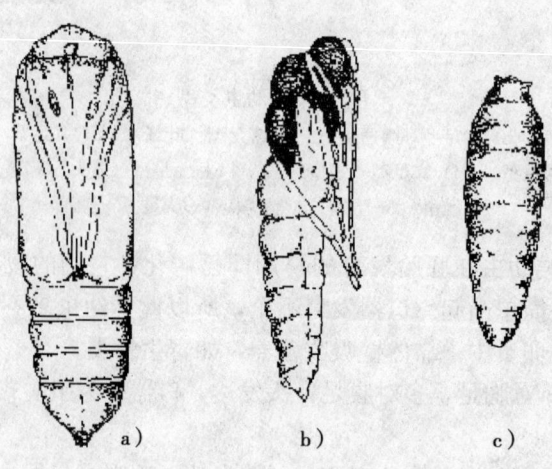

图 1—9 蛹的类型
a) 被蛹（夜蛾） b) 离蛹（胡蜂） c) 围蛹（蝇类）

①离蛹（裸蛹）：附肢和翅不贴于身体上，可以活动，同时腹节间可自由活动。鞘翅目、膜翅目的蛹为离蛹。

②被蛹：附肢和翅都贴在体上不能活动，腹部多数体节不能活动，蝶、蛾的蛹都是被蛹。

③围蛹：第3、第4龄幼虫的蜕硬化成蛹壳，壳内是离蛹。蝇的蛹是围蛹。

(6) 成虫的形成。蛹（全变态）期从外面看是处于静止状态的，但蛹体内却进行着激烈的变化。这一时期的各种器官和组织都要进行"改造"。足、翅等外部器官，在幼虫期是以器官芽（器官原基）的形式存在于体壁的表皮细胞层，内部仅是一群细胞，在末龄期才迅速生长，预蛹末期便可凸出体外，但由于被旧表皮包裹，表面看不出变化。一旦蜕去皮，便显出蛹的形态，同时蛹体内发生了激烈的变化，大部分幼虫期的组织和器官经过分解而重新产生成虫期的组织和器官。

对于不全变态类昆虫，成虫的形成是随着每一次蜕皮逐渐完成的。

四、昆虫的分类

1. 昆虫分类的意义

(1) 定义和研究内容。昆虫分类学是研究昆虫的命名、鉴定、描述及其系统发育和进化的科学。这一定义是根据昆虫分类学研究的任务、内容、发展历史和现状确定的。众所周知，昆虫是世界上最昌盛的动物类群，个体和种类繁多，分布广。据英国自然历史博物馆1988年提出的报告，全世界现有昆虫1 000万种，现已描述的约90万种，并且每年仍以大约7 000种的速度递增。这就是说昆虫中90%的种还是未知种，它们还未被科学家记述和命名，缺乏鉴定用的科学资料。我国的昆虫种类约占世界昆虫种类的1/10，按这个比率，我国昆虫应超过100万种，可是我国已有记载的昆虫约45 000种，已知种仅占3%，说明我国昆虫的未知种类太多了。这就充分表明，研究昆虫、确定种类、描述识别特征、予以命名、提供正确认识和鉴定昆虫种类的科学资料，仍然是当代科学上一项重要的内容和任务。在这方面，我国的任务尤为繁重。

如此繁多的昆虫，人们要认识它们，需要有一个正确的科学方法，这就是分类的方法。

(2) 任务。从事昆虫分类研究的工作者，有许多具体任务要完成，但最重要的有三项：

一是鉴定，就是将研究的昆虫的个体加以鉴别整理，确定到种，找出各个种的重要识别性状，以及和相似种之间的稳定区别，予以描述和命名。

二是分类，就是将鉴定的种进行归类，安排到适当的高级分类单元中去，建立分类系统。

三是研究物种形成和进化，确定不同种和高级分类单元的系统发育和亲缘关系。

(3) 地位和作用。昆虫分类学是昆虫学其他分支学科，如昆虫生态学、形态学、生理学、生物化学、行为学、毒理学及各门应用昆虫学（如农业昆虫学、森林昆虫学、医用昆虫学等）的基础。因为昆虫学的其他分支的研究，首先需要对研究对象准确鉴定，否则那些研究就会丧失客观性、可比性和重复性，从而丧失科学价值。

从上面的叙述中可以看出，昆虫分类学是基础科学，又是综合其他自然科学研究成果的科学，它和其他自然科学领域的发展是密切相关的。

2. 农业昆虫分类概述

昆虫分类与其他动、植物分类一样，分为一系列阶元。昆虫是动物界节肢动物门的一个纲——昆虫纲。生物的分类体系主要包括界、门、纲、目、科、属、种由大到小的一系列分类排序阶梯或称梯元、等级水平。其中种是分类的基本阶元，其他为主要阶元。种是客观存在的实体，而种以上的分类阶元则是代表在形态、生理、生物学等方面相近的若干种的集合单位。例如，将亲缘关系相近的种归纳为属，相近的属归纳为科，相近的科归纳为目。为了更客观地反映出物种之间的亲缘关系，常在种以上的基本分类阶元间增设新的阶元，如在"门"下设"亚门"，"纲"下设"亚纲"，"目"下设"亚目"，"总科""科"下设"亚科"，"族""属"下设"亚属"等。有时在"种"下还设"亚种"或"变型""生态型"等。

在昆虫分类中，科名字尾常加—idae，亚科加—inae，族加—ini，总科（有时还有亚目和目）名字尾加—oidea。在直翅昆虫中，其目名字尾多加—ptera。属以上各阶元名称的第1个字母一律要求大写。

(1) 直翅目。直翅目常见的种类有蝗虫、蟋蟀、蝼蛄、螽斯等（见图1—10）。中到大型，口器标准咀嚼式，前胸背板发达，一般有翅2对，前翅为覆翅，后翅膜质，臀区大，也有无翅或短翅的，后足多为跳跃足，有的前足为开掘式，常具有发音器，雌虫产卵器通常发达，呈刀状、剑状或锥状，渐变态。

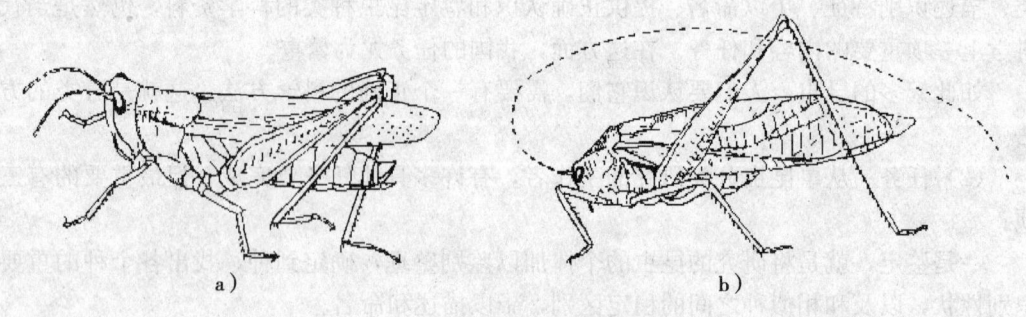

图1—10 直翅目昆虫代表
a) 中华稻蝗　b) 螽斯

本目分 3 亚目 6 总科（据周尧）。重要的亚目及科有：

1) 螽斯亚目

①螽斯总科。螽斯科（Tettigoniidae）。

②蟋蟀总科。蟋蟀科（Gryllidae）。

2) 蝼蛄亚目

①蝼蛄总科。蝼蛄科（Gryllotalpidae）。

②蚤蝼总科。蚤蝼科（Tridactylidae）。

3) 蝗亚目

①蝗总科。蝗科（Acrididae）。

②菱蝗总科。菱蝗科（Tetrigidae）。

(2) 半翅目。半翅目昆虫（见图 1—11）过去都叫椿象，现在简称蝽。俗称"臭板虫"。小到大型，体坚硬，略扁平；头后口式，口器刺吸式，由头的前方伸出折向后方；翅 2 对，前翅为半鞘翅，后翅膜质，不用时平放在腹部背面。身体腹面有臭腺开口。

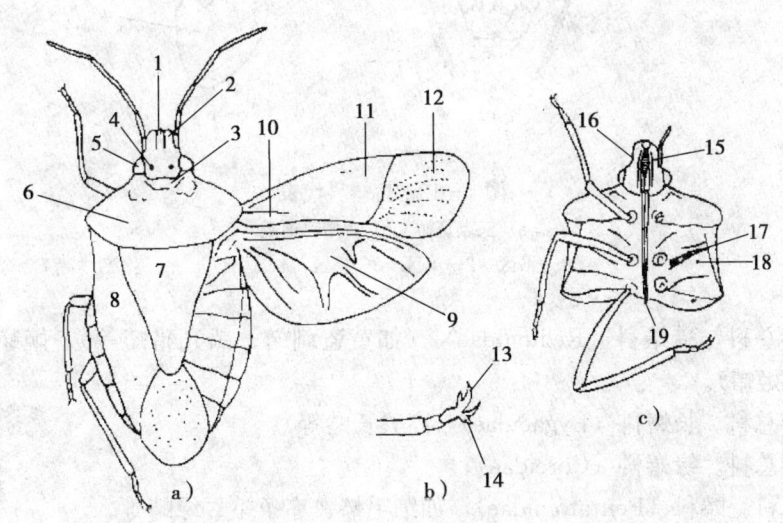

图 1—11 半翅目分类特征

a) 蝽科背面观　b) 前跗节　c) 蝽科头、胸腹面观

1—唇基端　2—头侧叶　3—颊片　4—单眼　5—复眼　6—前胸背板　7—小盾片　8—前翅　9—后翅　10—爪区　11—革区　12—膜区　13—爪　14—假爪垫　15—上唇　16—颊片　17—臭腺　18—气门　19—喙

重要的亚目及科如下：

1) 隐角亚目。蝎蝽总科。田鳖科。

2) 显角亚目

①网蝽总科。网蝽科（Tingidae）（如梨网蝽、香蕉网蝽）。

②花蝽总科。花蝽科（Anthocoridae）（如小花蝽、黑纹花蝽等）；盲蝽科（Miridae）（如绿盲蝽、苜蓿盲蝽等）（见图1—12）。

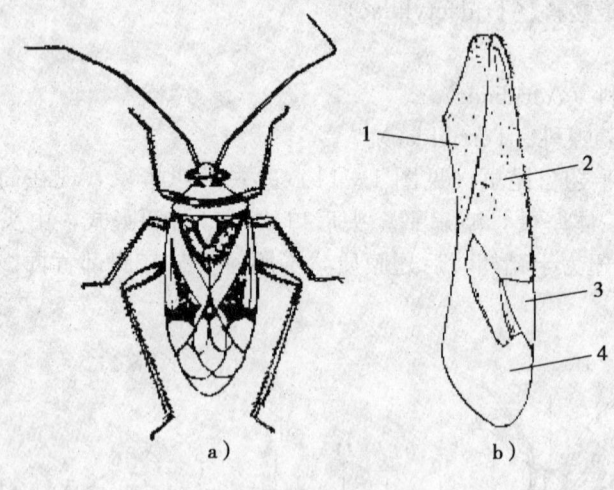

图1—12 盲蝽科代表

a) 三点盲蝽　b) 盲蝽科前翅

1—爪区　2—革区　3—楔区　4—膜区

③猎蝽总科。猎蝽科（Reduviidae）（如黄盗刺蝽、黑光猎蝽等）；姬蝽科（Nabidae）（如缘姬蝽）。

④长蝽总科。长蝽科（Lygaeidae）（高粱长蝽等）。

⑤缘蝽总科。缘蝽科（Coreidae）。

⑥蝽总科。蝽科（Pentatomidae），如细毛蝽、赤条蝽、绿蝽等。

(3) 同翅目。同翅目包括蝉、叶蝉、沫蝉、飞虱、蚜虫、粉虱、蜡蝉和介壳虫等。小到大型；头后口式，口器刺吸式，由头的后方生出；触角短，鬃状或长丝状；翅2对，前翅为覆翅或膜质，质地均一，后翅膜质，休息时常放体背上呈屋脊状，也有无翅或短翅的。多数种类有蜡腺。

重要的亚目及科：

1) 蝉亚目

①蝉总科。蝉科（Cicadidae）（如蚱蝉、蝉等）。

②沫蝉总科。沫蝉科（Cercopidae）（如稻沫蝉等）。

③叶蝉总科。叶蝉科（Cicadellidae）（如黑尾叶蝉、大青叶蝉等）（见图1—13）。

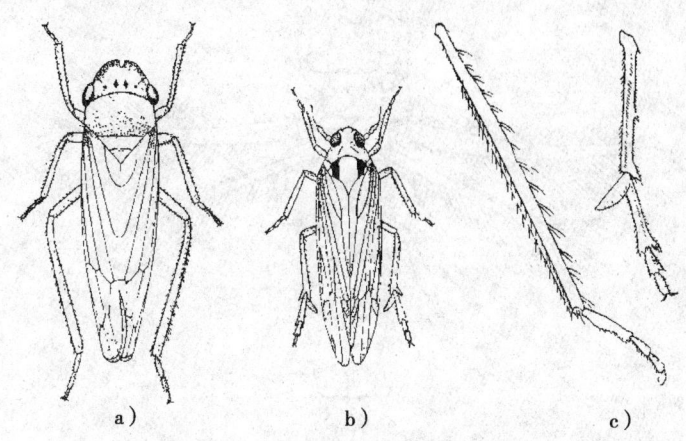

图1—13　叶蝉科与飞虱科区别
a) 大青叶蝉　b) 灰飞虱　c) 两科后足胫节区别

④蜡蝉总科。蜡蝉科（Fulgoridae）（如斑衣蜡蝉）；飞虱科（Delphacidae）（如白背飞虱、灰飞虱、褐飞虱等）。

2) 木虱亚目。木虱总科。木虱科（Psyllidae）（如梨木虱、柑橘木虱、桑木虱）。

3) 粉虱亚目。粉虱总科。粉虱科（Aleyrodidae）（如烟粉虱、温室白粉虱）。

4) 蚜亚目。蚜总科。蚜科（Aphididae）（如大豆蚜、麦蚜等）。

5) 蚧亚目。蚧总科。蚧科（Coccidae）（如柑橘粉蚧、白蜡虫、红蜡蚧、朝鲜球坚蚧、梨圆蚧、草履蚧、吹绵蚧、糠片蚧等）。

（4）缨翅目。缨翅目昆虫通称为蓟马（见图1—14）。微小到小型，体细长而扁平，口器锉吸式，左右不对称，翅2对，狭长，纵脉1～2条，边缘有长缨毛，也有无翅和1对翅的，跗节1～2节，端部有泡，又称泡脚目。

重要的亚目及科。

1) 管尾亚目。皮蓟马科（Phleothripidae）（如麦蓟马、中华蓟马、稻管蓟马等）。

2) 锯尾亚目

①蓟马科（Thripidae）（如稻蓟马、烟蓟马、温室蓟马等）。

②纹蓟马科（Aeolothripidae）（如纹蓟马等）。

（5）毛翅目。小到中型，外形像蛾，口器咀嚼式，但无咀嚼能力，翅2对，膜质，被毛，翅脉接近标准脉序（见图1—15）。

重要科：长角石蛾科（Leptoceridae）（如银纹长角石蛾等）。

图1—14 缨翅目代表昆虫（稻蓟马）

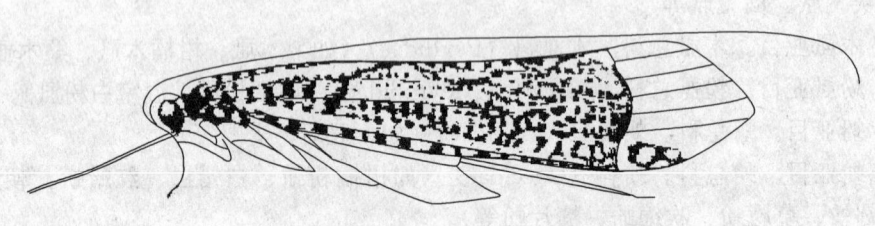

图1—15 毛翅目代表昆虫（石蛾）

（6）脉翅目。小到大型，头下口式，咀嚼式口器，翅2对，膜质，前后翅形状相似，脉纹网状，纵脉在翅的边缘分叉（见图1—16）。

重要亚目及科：

1）草蛉科（Chrysopidae）（如大草蛉、丽草蛉、中华草蛉等）。

2）蚁蛉科（Myrmeleontidae）（如蚁蛉、斑翅蚁蛉）。

3）褐蛉科（Hemerobiidae）。

（7）鞘翅目。鞘翅目是昆虫中最大的一个目，包括许多农业上的害虫和益虫，一般都叫做"甲虫"或"甲"。小到大型，体坚硬，头前口式或下口式，口器咀嚼式，前翅为鞘翅，后翅膜质，足的跗节多为5节，完全变态或复变态。

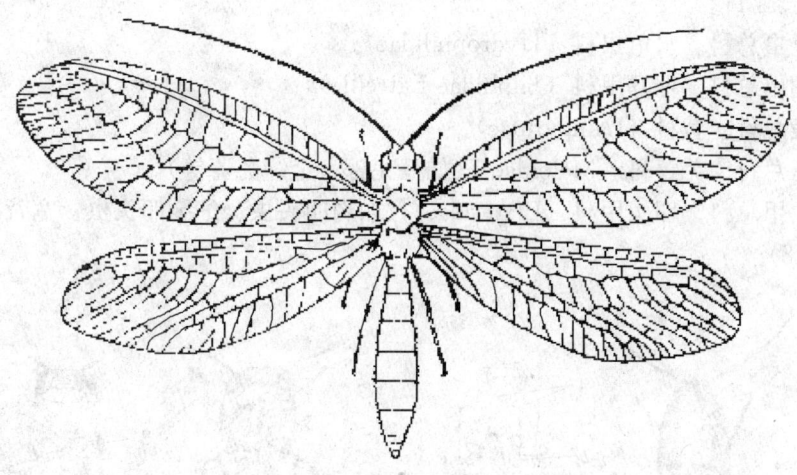

图1—16 脉翅目代表昆虫(草蛉)

重要亚目及科:
1) 肉食亚目(见图1—17)

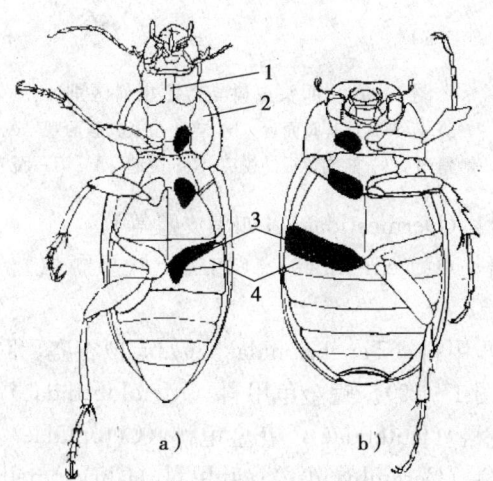

图1—17 肉食亚目与多食亚目区别
a) 步行虫腹面 b) 金龟子腹面
1—外咽缝 2—前胸背板 3—后足基节窝 4—第一腹节

①步甲总科。虎甲科(Cicindelidae)(如中华虎甲等);步甲科(Carabidae)(如中华步甲等)。

②龙虱总科。龙虱科(Dytiscidae)(如黄缘龙虱等)。

2)多食亚目

①水龟虫总科。水龟虫科(Hydrophilidae)。

②隐翅甲总科。埋葬甲科(Silphidae Latreille)。

③花萤总科。萤科(Lampyridae)。

④花蚤总科。芫菁科(Meloidae)(如豆芫菁、金绿芫菁等)。

⑤叩头甲总科。叩头甲科(Elateridae)(如沟叩头虫、细胸叩头虫、宽背叩头虫等)(见图1—18)。

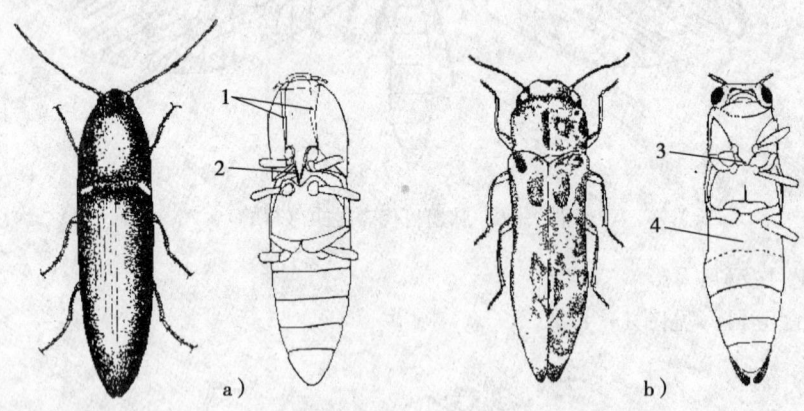

图1—18 叩头虫科与吉丁虫科区别
a) 叩头虫及其腹面观 b) 吉丁虫及其腹面观
1—触角沟 2—前胸背板的锐突 3—突起 4—第一腹节

⑥皮蠹总科。皮蠹科(Dermestidae)(如黑皮蠹等)。

⑦瓢甲总科。瓢甲科(Coccinellidae)(如二十八星瓢虫、十三星瓢虫、七星瓢虫等)。

⑧拟步甲总科。拟步甲科(Tenebrionidae)(如赤拟谷盗、网目拟步甲等)。

⑨金龟甲总科(见图1—19)。鳃金龟甲科(Melolonthidae)(如暗黑金龟子、东北大黑金龟子等)、丽金龟科(Rutelidae)、花金龟科(Cetoniidae)。

⑩天牛总科:天牛科(Cerambycidae);叶甲科(Chrysomelidae)(见图1—20);豆象科(Bruchidae)(如绿豆象、蚕豆象、豌豆象等)。

3)管头亚目

①象甲总科。象甲科(Curculionidae)(如甘薯象甲、米象等)。

②小蠹总科。小蠹科(Scolytidae)(如桃小蠹、苹果小蠹等)。

(8)鳞翅目。包括所有的蝶类和蛾类,是农业害虫中最大的一个类群。

小到大型,颜色变化很大,有的非常美丽;口器虹吸式,翅2对,膜质,被鳞片和毛,翅上的图案可分为线和纹两类;触角呈线状、梳状、羽状或棒状。

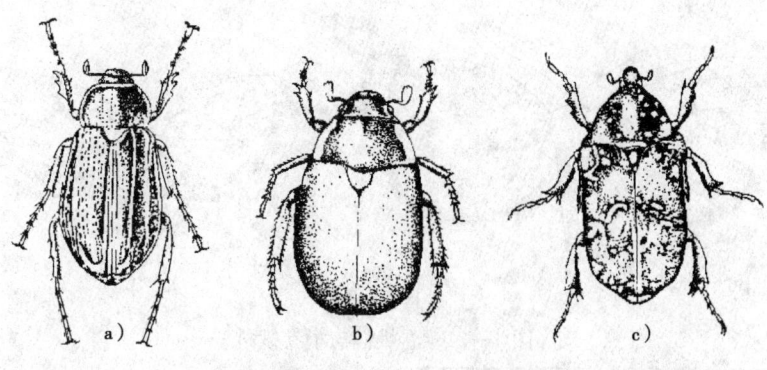

图1—19 三种金龟子区别
a) 暗黑鳃金龟 b) 铜绿丽金龟 c) 白星花金龟

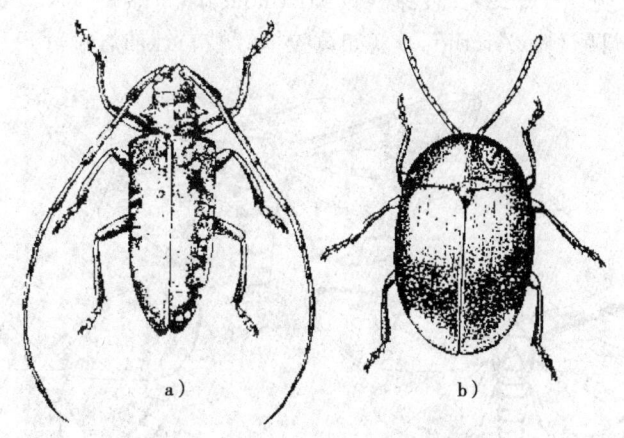

图1—20 天牛科与叶甲科
a) 天牛 b) 叶甲

重要亚目及科：
1）轭翅亚目。蝙蝠蛾科。
2）缰翅亚目
①谷蛾总科。谷蛾科、细蛾科、麦蛾科（如棉红铃虫、麦蛾等）、巢蛾科、菜蛾科（如小菜蛾）、刺蛾科（如黄刺蛾、青刺蛾、扁刺蛾等）。
②卷蛾总科（见图1—21）。卷蛾科（Tortricidae）、小卷蛾科（Olethreutidae）（如大豆食心虫等）、果蛀蛾科（Carposinidae）（如桃小食心虫等）。
③螟蛾总科。螟蛾科（Pyralidae）（如三化螟、二化螟、玉米螟等）。
④尺蛾总科。尺蛾科。

图1—21 卷蛾科与小卷蛾科
a) 苹果卷夜蛾 b) 梨小食心虫

⑤枯叶蛾总科。枯叶蛾科。

⑥夜蛾总科（见图1—22）。夜蛾科（Noctuidae）、舟蛾科（Notodontidae）、毒蛾科（Lymantriidae）、灯蛾科（Arctiidae）（如黄腹星灯蛾、红袖灯蛾等）。

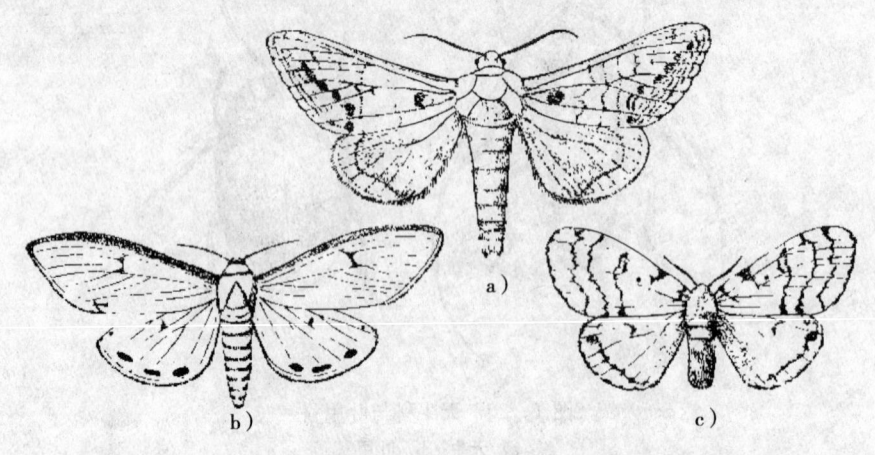

图1—22 灯蛾科、毒蛾科、舟蛾科比较
a) 黑纹舟蛾 b) 红缘灯蛾 c) 舞毒蛾

⑦天蛾总科（见图1—23）。体多大型，纺锤状，胸腹部粗肥，末端尖细。喙发达，触角末端呈钩状。前翅三角形，大而狭、顶角尖，外缘倾斜。后翅较小。幼虫大而粗壮、圆柱形、光滑、身体每一节分6～8个小环节。第8腹节背面有一尾突称尾角。常见害虫有豆天蛾（见图1—23）、桃天蛾、雀纹天蛾、柳天蛾等。

⑧蚕蛾总科。天蚕蛾科大型或特大种类、无喙、下唇须短或缺，触角短，雌雄均为双栉齿状。翅大而宽，基部密被长毛。前、后翅的中央常具一透明斑点；后翅无翅缰，肩角发达。幼虫粗壮，体多具枝刺和次生刚毛。有益种类如柞蚕、蓖麻蚕；有害种类如水青蛾。

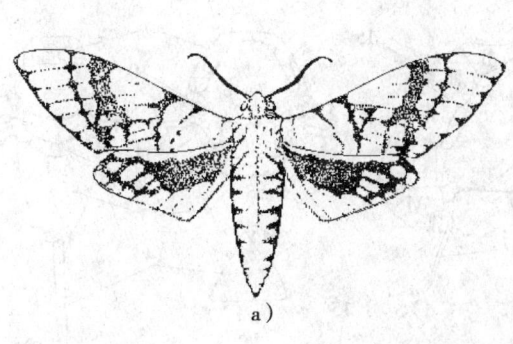

图1—23 天蛾科、天蚕蛾科比较
a) 豆天蛾 b) 蓖麻蚕

3) 锤角亚目
①弄蝶科。如稻苞虫、香蕉大弄蝶等。
②凤蝶科（Papilionidae）（见图1—24）。如柑橘凤蝶、玉带凤蝶等。

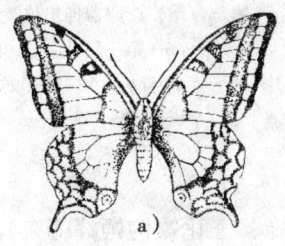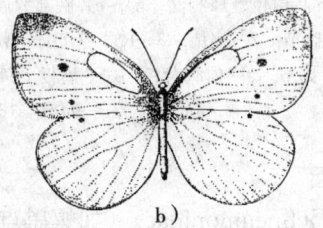

图1—24 凤蝶科与粉蝶科
a) 黄凤碟 b) 菜粉蝶

③粉蝶科（Pieridae）（见图1—24）。
④蛱蝶科（Nymphalidae）。如苎麻黄蛱蝶、大红蛱蝶等。
⑤眼蝶科（Satyridae）。
⑥灰蝶科（Lycaenidae）。如小灰蝶等。
(9) 膜翅目。包括蚂蚁、蜜蜂、锯蜂、胡蜂等。
微小到大型，口器咀嚼式或嚼吸式，翅2对，膜质，前翅大，后翅小，以翅钩列连接，翅脉很特化，有的产卵器特化成螯刺，腹部第一腹节并入胸部，成为胸部的一部分，称为并胸腹节。第二节常缩小成"腰"，称为腹柄。如图1—25所示。
1) 广腰亚目
①叶蜂科（Tenthredinidae）。
②茎蜂科（Cephidae）（如梨茎蜂、麦茎蜂等）。

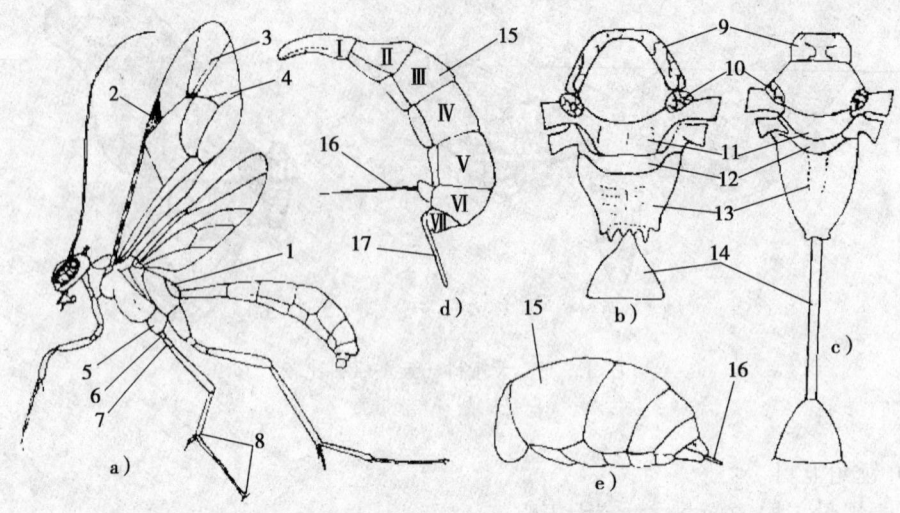

图1—25 膜翅目体躯特征

a) 单色姬蜂侧面 b)~c) 胸部背面 d)~e) 腹部（雌）产卵器伸出位置
1—并胸腹节 2—翅痣 3—R小室 4—第二回脉 5—基节 6—第一转节 7—第二转节
8—跗节 9—前胸背板 10—肩板 11—小盾片 12—后胸背板 13—并胸腹节
14—腰 15—腹节 16—产卵器 17—产卵器鞘

2）细腰亚目

①姬蜂科（Ichneumonidae）（如螟黑点疣姬蜂、三化螟沟姬蜂等）。

②小茧蜂科（Braconidae）（如麦蚜茧蜂、桃蚜茧蜂等）。

③金小蜂科（Pteromalidae）（如红铃虫金小蜂、蝶蛹金小蜂等）。

④小蜂科（Chalcididae）。重要的种类有广大腿小蜂（*Bracbymeria lasus Walker*）（见图1—26）。

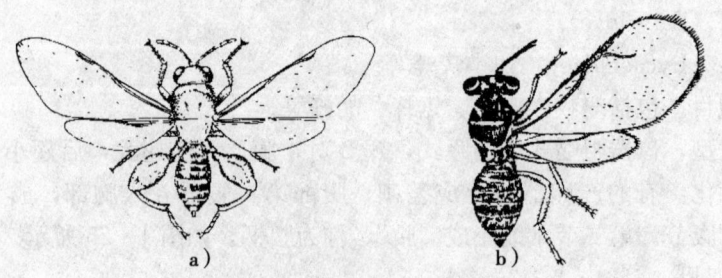

图1—26 小蜂与金小蜂区别

a) 广大腿小蜂 b) 蝶蛹金小蜂

⑤赤眼蜂科（Trichogrammatidae）（如稻螟赤眼蜂、松毛虫赤眼蜂等）（见图1—27）。

3）针尾亚目。蚁科（Formicidae）（如黑蚁等）、胡蜂科、蜜蜂科（Apidae）。

（10）双翅目。包括蝇、虻、蚋、蚊等种类。

小到大型，口器刺吸式或舐吸式，翅1对，前翅膜质，后翅变成平衡棒；雌虫腹部末端数节能伸缩，成为伪产卵器。如蚊、蝇。

1）长角亚目

①大蚊总科。大蚊科（Tipulidae）。

②蚊总科：蚊科（Culicidae）（如蚊子等）。

③摇蚊总科：摇蚊科（Chironomidae）（如稻摇蚊等）。

④瘿蚊总科：瘿蚊科（Cecidomyiidae）（如稻瘿蚊、麦红吸浆虫等）。

2）短角亚目

①虻总科。虻科。

②盗虻总科。盗虻科（食虫虻科）（Asilidae）（如黄毛食虫虻等）（见图1—28）。

3）芒角亚目

①食蚜蝇总科：食蚜蝇科（Syrphidae）（见图1—29）。

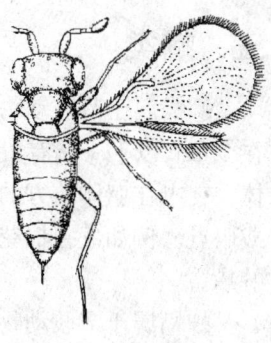

图1—27 赤眼蜂科
（稻螟赤眼蜂）

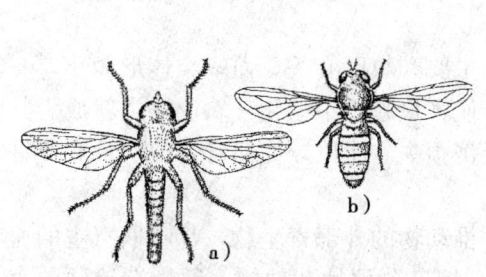

图1—28 食虫虻与食蚜蝇区别
a) 食虫虻 b) 食蚜蝇

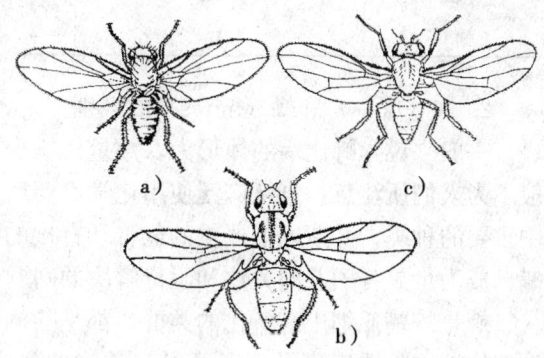

图1—29 食蚜蝇科
a) 豇豆潜叶蝇 b) 麦秆蝇 c) 稻小水蝇

②眼蝇总科。实蝇科（Tephritidae）、潜蝇科（Agromyzidae）（如豌豆潜叶蝇等）、果蝇科、水蝇科（Aphydridae）（如水稻潜叶蝇）、黄潜蝇科（Chloropidae）（如稻秆蝇、麦秆蝇等）。

③蝇总科。寄蝇科（Tachinidae）（如地老虎寄蝇、玉米螟寄蝇等）、家蝇科、丽蝇科、花蝇科（Anthomyiidae）（地蛆类）。

五、螨类

蜱螨属于节肢动物门、蛛形纲中蜱螨亚纲（Acari）的一群小型和微型动物。身体多在 1 mm 以下（偶有数 mm 的），头、胸、腹连成一体（已无分节痕迹），形成躯体和颚体（突出在躯体前方的部分），一般成螨和若螨具有 4 对足，幼螨具有 3 对足，多具单眼或眼点。例如危害棉花的叶螨，危害鸡羊的鸡雏螨和痒螨，还有传播疾病的蜱类等都是蜱螨。

蜱螨属于节肢动物门，蛛形纲，蜱螨亚纲（Acari），它与昆虫虽属同一节肢动物门，但其类缘关系相距较远，蜱螨和昆虫之间有明显的区别。

1. 蜱螨、蜘蛛与昆虫的区别

蜱螨、蜘蛛与昆虫虽都属于节肢动物门，但其类缘关系相距较远，蜱螨、蜘蛛和昆虫之间有明显的区别，见表 1—1。

表 1—1　　　　　　　　蜱螨、蜘蛛与昆虫的区别

项目	蛛形纲		昆虫纲
	昆虫	蜱螨	蜘蛛
体段	颚体与躯体两部分	头胸部与腹部两部分	头、胸、腹三部分
足	4 对	4 对	3 对
翅	无翅	无翅	有 2 对翅
触角	无	无	有 1 对触角

2. 蜱（ticks）和螨（mites）的区别

一般来说，蜱比螨的体形大，数量较螨少，主要和牧医有关。而螨类体形微小，一般不为人们所注意，自从广泛使用化学农药后，使害虫趋于小型化，农业螨类就成为其中重要的种类，并造成了严重的危害和直接的经济损失。所以，如何有力地防治农业害螨已成为世界各国共同关注和亟待解决的问题。

蜱是蜱螨亚纲中最特化的类群，都是陆栖脊椎动物的外部寄生物，都吸取寄主的血液和体液，传播疾病严重者可引起动物的死亡。蜱又分硬蜱和软蜱。硬蜱有较硬的表皮，背面有骨化的盾板（scutum），而软蜱背面无此盾板，而有革质的表皮，其上有些凸起。其口下板腹面有成列的倒齿（Recurved teeth），也称逆齿，为吸血时穿刺和附着的重要器官。

蜱螨亚纲（Acari）是蛛形纲中最大的，也是生物多样性最为复杂的类群。在地球上的各种生态环境中，如陆地、海底、海滩、河流、土壤、沙漠、温泉、山顶、空中、森林、储藏品等，都可找到蜱螨的踪迹。蜱螨不仅分布广泛，生活方式也极为复杂。它们有专门取食农作物等植物的种类，也有捕食其他蜱螨和昆虫等小形动物的种类，也有寄

生在脊椎动物与无脊椎动物体内及体外的种类。

3. 螨类体躯的分段

农螨的躯体多为椭圆形或长椭圆形，少数的也有蠕虫形或蛆形（瘿螨）。头、胸、腹连为一体，只有颚体和躯体之分，蜱螨亚纲原来的体节大部分消失。为了研究分类方便，通常人为地将螨体划分为几段，以便区分各个部分。

蜱螨的体躯分为颚体（gnathosoma）和躯体（idiosoma）两部分，其间以围头沟（circumcapitular suture）为界。躯体又分为足体（podosoma）和末体（opisthosoma）两部分，而末体是第四对足之后的部分，其间以第4对足之后的足后缝（postpedal furrow）为界。而足体又分为前足体（propodosoma）和后足体（metapodosoma），前足体在颚体之后，其上着生有第一、第二对足；后足体上着生有第三、第四对足。在前足体与后足体之间，常有一条清晰的横沟，称分颈沟（缝）（sejugal furrow）。以分颈沟为界，又可将螨体分为前半部和后半部。前半部称前半体（proterosoma），包括颚体和前足体；后半部称后半体（hysterosoma），包括后足体和末体。也有些学者把蜱螨整个体躯分为前体（prosoma）和末体两部分，前体包括颚体、前足体、后足体（见表1—2和图1—30）。

表1—2　　　　　　　　　　躯体的区分名称

颚体	躯体		
	足体		末体
	前足体具Ⅰ、Ⅱ对足	后足体具Ⅲ、Ⅳ对足	
前半体		后半体	
前体			末体

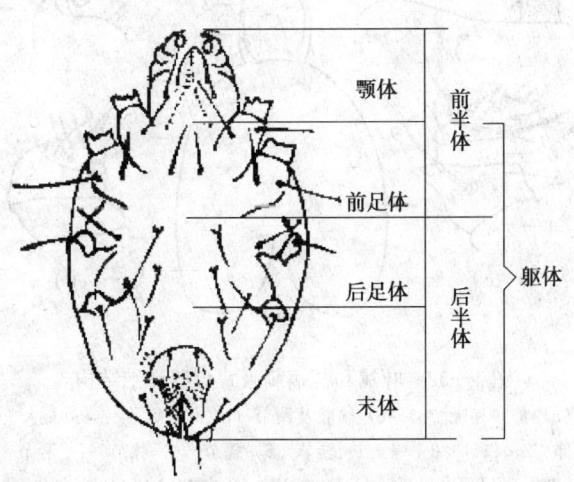

图1—30　叶螨腹面及躯体划分

上述的沟（suture）与缝（furrow）等的境界线仅在某些蜱螨上具有，而且这些境界线只在躯体表面，与昆虫的头、胸、腹各部分的真正分节不同。

（1）颚体。颚体是凸出在躯体前端的部分，也是蜱螨外部形态最为复杂的部分，其上生有口器和一些感觉器官，与昆虫的头部相似，但是它的脑不在颚体内，而是在颚体后方的躯体中。眼也不着生在颚体上，也着生在躯体上。颚体如一条管子，通入食管。颚体由螯肢、须肢、口上板、口下板等部分构成，其形态构造是分类的重要依据。

颚体起着口器的作用。螨类的口器有咀嚼式及刺吸式两种。咀嚼式口器如粉螨（见图1—31），具螯肢1对，位于颚体的背面，由基节和端节构成。端节又具动趾和定趾两部分，形状如钳，多具有齿，所以称为螯钳，可把持食物，切碎食物。刺吸式口器如叶螨（见图1—32），螯肢的跗节消失，胫节特化为细长的刺针，用以刺入植物内吸取汁液，螯肢的跗部愈合形成针鞘。须肢位于螯肢的外侧，构成颚体的侧面和腹面的一部分。叶螨类的须肢一般由1～5节构成，即转节、股节、膝节、胫节和跗节。须肢的功能有感觉、触摸的作用，也可用来抓捕食物，清洁螯肢和传递精包的作用。

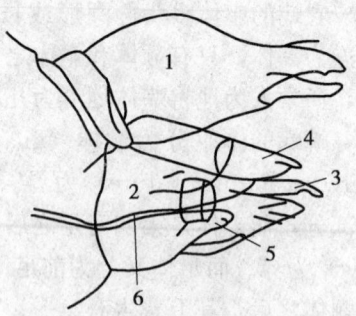

图1—31 粉螨咀嚼式口器
1—螯肢 2—须肢基部 3—下颚
4—上唇 5—下唇 6—咽

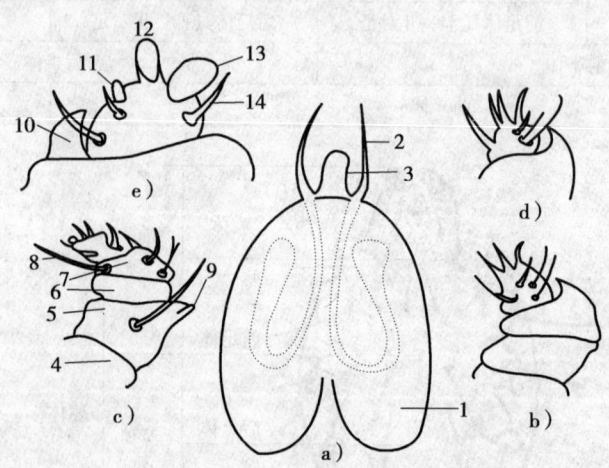

图1—32 叶螨和苔螨刺吸式口器详细结构
a）螯肢和喙 b）～e）须肢及跗节（b、d 苔螨，c、e 叶螨）
1—螯肢基部 2—口针 3—喙 4—转节 5—腿节 6—膝节 7—胫节 8—跗节
9—小刺 10—须肢胫节的爪 11—纺锤形 12—突 13—小刺 14—球杆状突

(2) 躯体。位于颚体的后方,也是螨的主要部分,大多数为椭圆形,少数为长椭圆形或蠕虫形。在躯体上除足以外,还有起感觉作用的刚毛、起呼吸作用的气门、各种感觉器及生殖器官等。

螨类的成螨一般都具有 4 对足(螨类的 4 对足一般简写为Ⅰ足,即第一对足;Ⅱ足,即第二对足;Ⅲ足,即第三对足;Ⅳ足,即第四对足),多数螨的幼螨只有 3 对足,但到若螨时又长出Ⅳ足。少数的有 2 对足,如瘿螨总科;还有极少数的螨类仅有 1 对足或 3 对足,如蚴螨科。螨类的足均着生于足体的腹面,由基节、转节、腿节、膝节、胫节、跗节、趾节 7 节构成。不同的类群,足的节数也有变化,有的转节、股节再分成两节;有的节数减少;有的趾节特化成爪和爪间突;有的在爪和爪间突上还具黏毛,如叶螨科;有的趾节特化为爪状或吸盘状,而没有真爪,如异肉食螨科类;有的种类,如跳螨科一个爪退化,爪间突代替爪的位置,并起爪的作用;有的种类,如革螨亚目的足角螨科(Podociidae),雌螨前足延长呈触角状,趾节有 1~2 支鞭状刚毛。这些都是重要的分类依据。

4. 重要科

(1) 叶螨科。叶螨科螨类是为害粮食、棉花、甜菜、油料、果树、蔬菜、烟草、麻、桑等经济作物的主要害螨,也是城市绿化、花卉、园林观赏和林木等种植植物上的大害螨。体长多在 0.3~0.6 mm,雌雄螨体形大小往往不同。叶螨的体色有红色、褐色、黄色、绿色、淡黄色、黄绿色、墨绿色等。有的同一种叶螨往往雌螨为红色,而雄螨为黄绿色,幼体时的体色比较浅。叶螨的体色有时是分类上的重要依据之一。

(2) 苔端科(褐螨科)。与叶螨很近似。口器刺吸式,须肢的跗节刚毛有 7 条,但刚毛的形态甚少变异。背刚毛有 26、30、32 根,分 7 横排,分布在边缘或在虫体中央。肛门刚毛 3 对。植食性,常单个在叶表面活动,不吐丝结网。本科为害果树重要种类有:苜蓿苔螨(苜蓿红蜘蛛),为害苹果、梨。

(3) 瘿螨科(见图 1—33)。仅有足 2 对,位于体躯前部,第 2 对足的正后方有横向的生殖孔。口器刺吸式,螯肢针状,藏在槽内,可以伸出。须肢简单,紧贴于颚体。体细长具许多环纹。足毛简单,跗节具有背毛 2 根和腹毛 1 根,跗爪缺失。爪间突由 1 个放射形的刷状器官代之。在背面,爪间突之上,有 1 根棍状毛。

本科很多种类是果树上重要的有害螨类,多在叶、芽或果实上吸取汁液,常引起畸形或形成虫疤,常见种类有:葡萄瘿螨(葡萄锈壁虱)及梨瘿螨(梨潜叶壁虱)等。

(4) 植绥螨科(见图 1—34)。体小,一般椭圆形。白色、淡黄色。须肢跗节上有 2 分叉的特殊刚毛。背板完整,不再分割,着生在上面的刚毛数为 20 对或 20 对以下。雌雄成虫腹面都有大型的肛腹板 1 块,雌成虫还有 1 块后端呈截头形的生殖板。

雌雄两性可根据螯肢区分,雌虫螯肢呈简单的剪刀状,雄虫螯肢的活动趾(趾节)生有 1 个导精趾,状似鹿角。

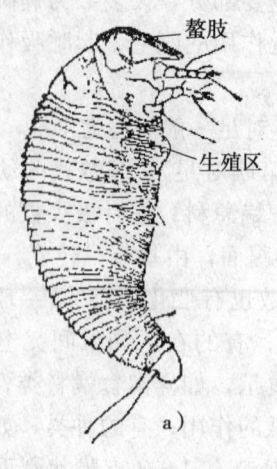
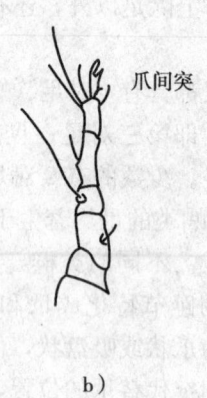

图1—33 瘿螨科
a）背面 b）腹面

植绥螨是重要的捕食性螨类，能大量捕食叶螨和瘿螨，是农业害螨的天敌。与其他肉食性螨类相比较，植绥螨的自残性并不显著，并能以花粉和糖水进行人工繁殖，是有希望利用的天敌。最值得注意的是智利植绥螨，从智利引进欧美许多国家后，植绥螨成功地防治了温室中的农作物叶螨。近年来我国在广东、四川和新疆生产建设兵团进行植绥螨防治柑橘红叶螨和棉叶螨的研究，有了较大进展。

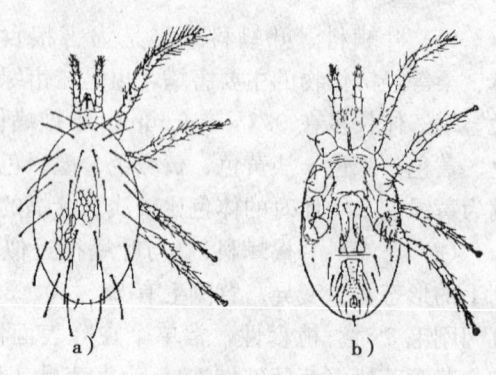

图1—34 植绥螨
a）侧面观 b）足

第三节 农作物病原真菌的生活史及主要类群的识别

→ 掌握农作物病原真菌的生活史及主要真菌类群的识别、特点。

一、农作物病原真菌的生活史

1. 产生

真菌孢子经过萌发、生长和发育，最后又产生同一种孢子的整个过程。真菌典型的生活史包括无性繁殖和有性繁殖两大阶段（见图1—35）。

2. 特点

真菌无性繁殖阶段在它的生活史中往往可以独立地多次重复循环，而且完成一次无性循环的时间较短，一般为7～10天，产生的无性孢子的数量极大，对植物病害的传播和发展作用很大。在营养生长后期、寄主植物休闲期或环境不适情况下，真菌转入有性生殖，产生有性孢子，这就是它的有性阶段，在整个生活史中往往仅出现一次。植物病原真菌的有性孢子多半是在侵染后期或经过休眠后才产生的，有助于成为翌年病害的初侵染源。通常来说，无性阶段在生长季节时常发生，有性阶段在生长季节末形成，第二年是初侵染源，易发生变异。

3. 多型现象

许多真菌在整个生活史中可以产生2种或2种以上的孢子。如锈菌，有的可产生5种孢子：性孢子、锈孢子、夏孢子、冬孢子和担孢子。

4. 单主寄生

多数植物病原真菌在一种寄主植物上就可以完成生活史。

5. 转主寄生

在真菌的生活史中，有的真菌不同的寄生阶段必须在两种亲缘关系不同的寄主植物上生活才能完成生活史。无性阶段在一种植物上寄生，有性阶段在另一种植物上，叫转主寄生。经济价值较大的植物叫寄主，另一寄主植物叫转主寄主或中间寄主。如梨锈病菌冬孢子和担孢子产生于桧柏上，性孢子和锈孢子则产生于梨树上，转主寄主为桧柏。

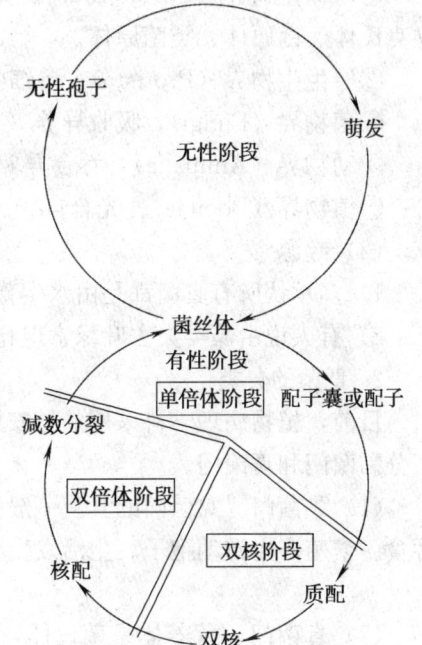

图1—35　真菌典型生活史图解

二、真菌的分类及主要类群

1. 在生物界的地位和起源

（1）地位

1）传统的两界分类系统。林奈（Linnaeus，瑞典人）将生物分为动物界和植物界。

动物界：各种动物。

植物界：藻菌植物、苔藓植物、蕨类植物和种子植物。

2）近代的五界系统。Whittaker将细胞生物分为以下五界，我们采用此分界系统。

①原核生物界（Procaryotae）。无真正细胞核的生物：细菌、放线菌、蓝藻、绿藻、立克氏体、菌原体、类菌原体。

②原生生物界（Protista）。单细胞，有核（孢子虫等）。

③菌物界（Fungi）。吸收异养（真菌、黏菌）。

④动物界（Animalia）。吞食异养。

⑤植物界（Plantae）。光合自养。

(2) 起源

1）多承认所有真菌都是由水生鞭毛生物进化而来。

2）有人说由藻类失去叶绿素退化而成。

2. 真菌的分类

目前，植物病理学科采用的是安斯沃斯分类系统（G. C. Ainsworth，1973）。菌物界下分黏菌门和真菌门。

(1) 黏菌门。黏菌门的真菌一般称作黏菌。营养体是原质团或变形体。营养方式是吞食。繁殖产生游动孢子。生活发生都是腐生，一般不为害植物，与植物病理学关系不大。

(2) 真菌门。营养体是菌丝体，营养方式是吸收，繁殖产生各种类型孢子。生活方式是腐生和寄生，有很多植物病原菌。目前，真菌分为5个亚门、18个纲、68个目。

1）真菌的分类单元

英文	拉丁固定词尾
界 Kingdom	无
门 Phylum	（—mycota）
亚门 Sub—	（—mycotina）
纲 Class	（—mycetes）
亚纲 Subclass	（—mycetidea）
目 Order	（—ales）
科 Family	（—aceae）
属 Genas	无
种 Species	无

2) 真菌的分类概念

①种（Species）。真菌种的建立主要以形态特征为基础，种与种之间在主要形态上应该具有显著而稳定的差异，具有生物学意义。

②变种（Variety）（Var.）。在种以下，有一些细微的形态差异。

③专化型（Forma specialis）（f. sp.）。根据植物病原真菌种对不同寄主属的寄生专化性差异，在真菌种下面划分为若干个专化型。如禾柄锈菌可根据寄生麦类情况划分为6个专化型。为害小麦的是其中一个专化型：*Puccinia graminis* f. sp. *tritici*。

④生理小种（Physiological race）。指在专化型以下，在形态上没有差异，但对不同寄主植物品种的致病性不同而划分的生物群。

⑤生物型（Biotype）。在遗传上完全一致的个体叫生物型，如单孢菌系（Clone）。

⑥真菌的命名。真菌命名与其他生物一样，采用林奈提出的拉丁双名法。

属名＋种名＋（最初定名人）最终定名人

Pseudoperonospra cubensis (Berk. et Curt.) Rostov.

3. 真菌的主要类群

关于真菌的分类，历来有不同的见解。从19世纪末到20世纪50年代，国际上较普遍地采用三纲一类的分类系统，即将真菌分为藻状菌纲、子囊菌纲、担子菌纲和半知菌类。在20世纪50—70年代，有不少人提出了不同的分类系统。

Ainsworth（1973）把菌物界的真菌门分为以下几个亚门：鞭毛菌亚门（Mastigomycotina）、接合菌亚门（Zygomycotina）、子囊菌亚门（Ascomycotina）、担子菌亚门（Basidiomycotina）、半知菌亚门（Deuteromycotina）。

现将各亚门的主要特征简述如下：

(1) 鞭毛菌亚门真菌（Mastigomycotina）

1) 鞭毛菌概述

①鞭毛菌亚门真菌的共同特征是无性产生具1~2根鞭毛的游动孢子，因此通常称作鞭毛菌。

②鞭毛菌有性产生休眠孢子囊和卵孢子。

③鞭毛菌营养体从原质团到无隔菌丝体，属低等真菌。

④鞭毛菌大多具有水生习性，因此只有在高湿、多雨、低洼积水和通风透光不好的条件下，侵染植物，导致病害。

2) 鞭毛菌分纲。鞭毛菌亚门分4个纲，共1 100多种。分纲依据是游动孢子鞭毛的数目、类型及着生位置。

①根肿菌纲。游动孢子前端具2根长短不等的尾鞭。

②壶菌纲。游动孢子后端具1根尾鞭。

③丝壶菌纲。游动孢子前端具1根茸鞭。

④卵菌纲。游动孢子具1根尾鞭和1根茸鞭。

单鞭 $\begin{cases} 后生尾鞭——壶菌纲 \\ 前生茸鞭——丝壶菌纲 \end{cases}$

双鞭 $\begin{cases} 前生双不等尾鞭——根肿菌纲 \\ 前茸，后尾——卵菌纲 \end{cases}$

3）重要病原菌：卵菌纲（Oomycetes）。

与植物病害关系最大的多为卵菌纲的真菌，其特征是：菌丝体发达，无隔菌丝，细胞壁为纤维素，产生游动孢子，双鞭毛（茸鞭＋尾鞭）。有性生殖产生卵孢子。卵菌纲的四个目中，与植病有关的两个目为水霉目（藏卵器内有多个卵孢子）和霜霉目（藏卵器内有一个卵孢子）。

①水霉目（Saprolegniales）

习性：均生活在水中或潮湿土壤中，多为腐生，少数为弱寄生，能寄生受伤或弱的植物根部、幼芽和鱼。

无性繁殖：产生游动孢子囊，形成游动孢子。游动孢子囊长圆筒形，成熟时不脱落。游动孢子囊分初生和次生游动孢子囊。初生一般生在营养菌的顶端或侧面。次生孢子囊有的层生，有的侧生。初生游动孢子呈梨形，顶生两根鞭毛。次生游动孢子呈肾形，侧生两根鞭毛。游动孢子双游或单游。

有性生殖：在藏卵器内产生卵孢子，藏卵器双层壁内的原生质进行多次割裂形成多个卵孢子，无造孢剩质。雄器在形态上较小，棒状，同宗或异宗，产生受精丝。卵孢子球形（直径20 μm），原生质浓厚，有的可进行孤雌生殖。

分类：水霉目分为5个科，与植病有关的有1个科——水霉科。

A. 水霉属（*Saprolegnia*）。次生游动孢子囊层生，极少数侧生。游动孢子在囊内排成多排，游动孢子双游。代表：水稻绵腐病（*S. mixta*），引起水稻烂秧，尤其在低温、长期淹水的条件下。

B. 绵霉属（*Achlya*）。次生游动孢子囊侧生，游动孢子在囊内多排，游动孢子单游，初生游动孢子不清楚。代表：水稻绵腐病。

②霜霉目（Peronosporales）

习性：水生、两栖、陆生均有。由腐生到寄生。

症状特点：病状形成坏死或腐烂，病症为霉状物或白瓷状物。

形态：菌丝无隔，发达。菌丝纤细，无性繁殖产生游动孢子囊、游动孢子囊梗、游动孢子。梗是由菌丝特化而来的，是重要的分科依据：

孢子囊梗和菌丝无区别——腐霉科；

孢子囊梗棍棒状——白锈科；

孢子囊梗特化成分枝状——霜霉科。

游动孢子囊有的为长棒形、圆形、洋梨形。游动孢子囊产生的游动孢子多为次生游动孢子，最高级的游动孢子囊可以直接萌发，类似分生孢子。

有性生殖：在一个藏卵器内仅形成一个卵孢子，有造孢剩质。

A. 腐霉科

a. 腐霉属（*Pythium*）（见图1—36）。孢子囊梗与菌丝无区别，孢子囊呈袋状，有的呈袋状叶瓣状。成熟时不脱落，萌发时形成泡囊，由泡囊产生游动孢子，有性生殖产生一个卵孢子。代表：瓜果腐霉（*P. aphanidermatum*），引起幼苗猝倒病。

b. 疫霉属（*Phytophthora*）（见图1—37）。寄生能力较弱，可为害地上的绿色部分。代表：马铃薯晚疫病、番茄疫病（*P. infestans*），瓜果疫霉。

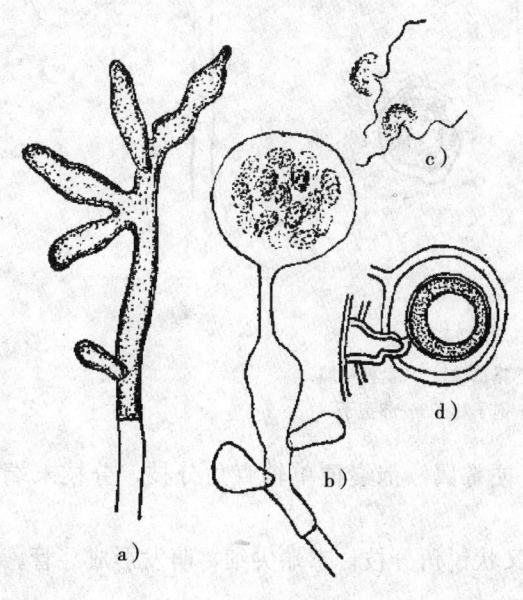
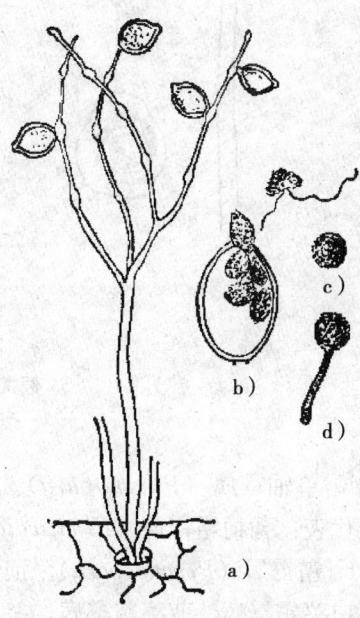

图1—36 腐霉属
a) 姜瓣形孢子囊　b) 孢子囊萌发形成排孢管及孢囊
c) 游动孢子　d) 雄器及藏卵器

图1—37 疫霉属
a) 孢囊梗孢子囊　b) 孢子囊及游动孢子
c) 休止孢子　d) 休止孢子萌发产生芽管

B. 霜霉科（Peronosporaceae）（见图1—38）。陆生，专性寄生，存在生理小种。形成霉层，通称 downy mildew。孢子囊梗分叉，梗的末端着生孢子囊，一般为椭圆形，成熟后孢子囊脱落。湿度大时，孢子囊萌发产生游动孢子；湿度不够时，直接萌发产生芽管。

a. 指梗霉属（*Sclerospora*）。孢子囊梗短粗，末端为不规则的二叉状分枝，孢子囊萌发产生游动孢子，也可直接产生芽管。代表：谷子白发病（*S. graminicola*）。

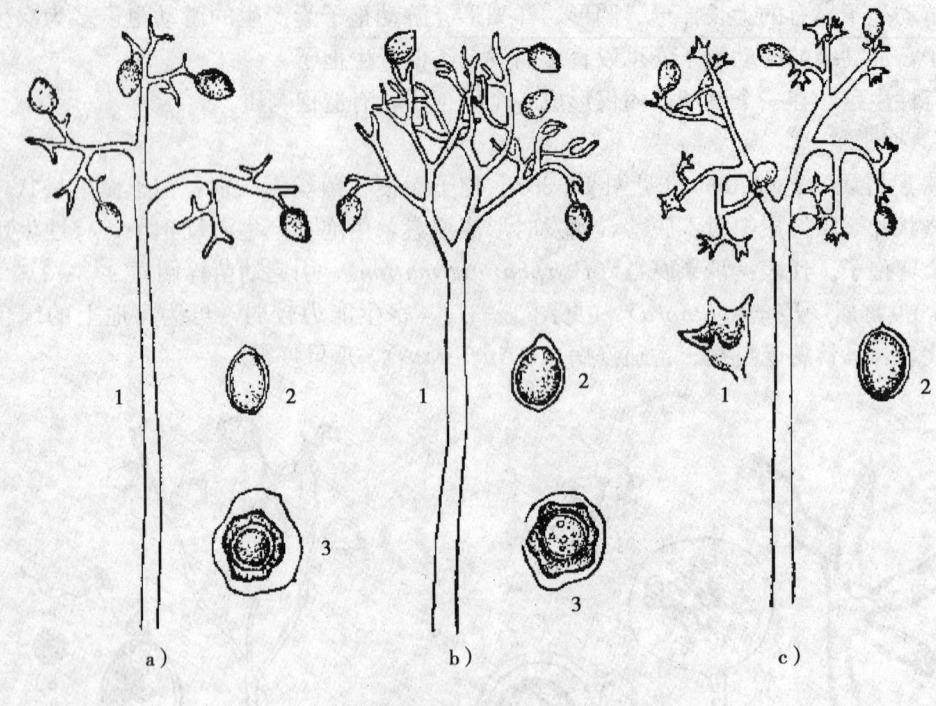

图1—38 霜霉科代表
a) 假霜霉属 b) 霜霉属 c) 盘梗霉属
1—孢囊梗 2—孢子囊 3—卵孢子

b. 单轴霉属（*Plasmopara*）。也称直梗霉属。孢囊梗单轴直角分枝，分枝末端平钝。代表：葡萄霜霉病（*P. viticola*）。

c. 霜霉属（*Peronospora*）。孢囊梗二叉状锐角分枝，末端尖细，萌发形成芽管。代表：白菜霜霉病、菠菜霜霉病。

d. 假霜霉属（*Pseudoperonospora*）。孢子囊梗主干单轴分枝，然后有2~3回不完全对称的二叉状锐角分枝，末端尖细，主要寄生葫芦科植物。代表：黄瓜霜霉病（*P. cubensis*）。

e. 盘梗霉属（*Bremia*）。孢囊梗二叉状锐角分枝，末端膨大呈盘状，寄生菊科植物。代表：莴苣霜霉病（*B. lactucae*）。

C. 白锈科。白锈菌属（*Albugo*）（见图1—39）。孢子囊梗棍棒形，平行排列在寄主表皮下。游动孢子囊串生，扁球状，在叶背表皮下寄生，形成白瓷状物。卵孢子单生在寄主细胞。寄生十字花科、苋科。导致白锈病。

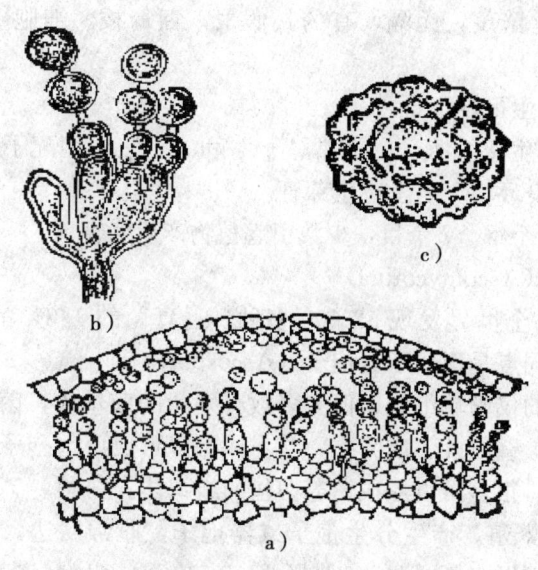

图 1—39 白锈菌属
a) 寄生在寄主表皮下的孢囊梗及孢子囊 b) 孢囊梗及孢子囊 c) 卵孢子

霜霉目三科特点比较见表 1—3。

表 1—3　　　　　　　　霜霉目三科特点比较

项　目	腐霉科	霜霉科	白锈科
生态	水生,两栖	陆生	陆生
寄生性	腐生,弱寄生	专性	专性
吸器	有或无	有（很发达）	有
孢子囊形态	不规则	梨形,卵圆形	扁球形
孢子囊是否脱落	不脱落或脱落	脱落	脱落
孢子囊萌发	产生次生游动孢子	次生游动孢子或芽管	次生游动孢子
传播	水,风	风	风
孢子囊梗	无分化	明显分化	有分化

(2) 接合菌亚门真菌（Zygomycotina）

1) 习性。陆生,分布广泛,寄生性较弱,多为腐生,少数寄生于昆虫,有些菌为害植物,但只能在植物生长衰弱时才能寄生,易引起产后病害。

2）营养体。菌丝繁茂，无隔，有的具假根，匍匐枝。细胞壁的主要成分是几丁质。

3）无性生殖。产生孢囊孢子。

4）有性生殖。产生接合孢子。通常"＋"和"－"同型配子囊接合产生。表面粗糙，壁厚，可抵御不良环境，萌发产生芽管。

5）分类。下设2个纲、7个目，少数引起植物产后病害。

(3) 子囊菌亚门（Ascomycotina）

1）子囊菌概述。全世界发现32 000多种，占真菌的1/3，都是高等真菌，寄生，形态千差万别，但共同点是形成子囊孢子（Ascospore）。

①营养体。简单的仅为单细胞，但大多数有发达的菌丝体，菌丝有隔，每个细胞有一个、二个、多个核，壁以几丁质为主，营养体可以形成厚垣孢子。有的菌丝可以直接形成粉孢子和芽孢子。很多可以形成营养菌丝的组织体。

②子囊菌的无性繁殖。产生分生孢子或器孢子，非常发达，形状多样：圆形、卵形、棒形、丝状、镰刀形（新月形）、腊肠形，有单孢、双孢、多孢。有的有颜色，有的无颜色。

分生孢子梗：可以分枝或不分枝，散生，丛生，束生（孢梗束Coremium），有的分生孢子梗着生在简单的分生孢子座（Sporodochium）上，有的形成在分生孢子盘（Acervulus）上，有的形成在分生孢子器（Pycnidium）上。

③子囊菌的有性繁殖。子囊形状有圆形、椭圆形或棒状。子囊壁有的单层壁，有的双层壁，有的囊壁成熟后溶解，有的不溶，有的子囊顶有孔口，有的无孔口。子囊有的单个散生，有的多个并列，有的丛生，子囊内着生子囊孢子。子囊之间有的有侧丝。

子囊孢子形态多种多样，有圆形、椭圆形、丝状、单胞、双胞、多胞。无色或有色。在子囊内排列的有散生、单列、双列、并列、螺旋形排列。

子囊果。在子囊外部具一菌组织包被的壳，这种类型的子实体称子囊果。子囊果的类型有：闭囊壳（cleitothecium）、子囊壳（perithecium）、子囊盘（apothecium）、子囊座（ascostroma）（见图1—40）。

2）子囊菌的分类。到1997年为止，子囊菌分46个目，264科，3 266属，32 267种。依据有性阶段子囊果的特征，子囊菌亚门分为以下几个纲。

半子囊菌纲：无子囊果，子囊裸生。

不整囊菌纲：闭囊壳，子囊散生，子囊孢子成熟后子囊壁消解。

核菌纲：子囊生在有孔口子囊壳内，或子囊整齐排列在无孔口的闭囊壳基部。

腔菌纲：子囊座，子囊双层壁。

盘菌纲：子囊盘。

虫囊菌纲：子囊壳，无菌丝体，均为节肢动物的外寄生菌。

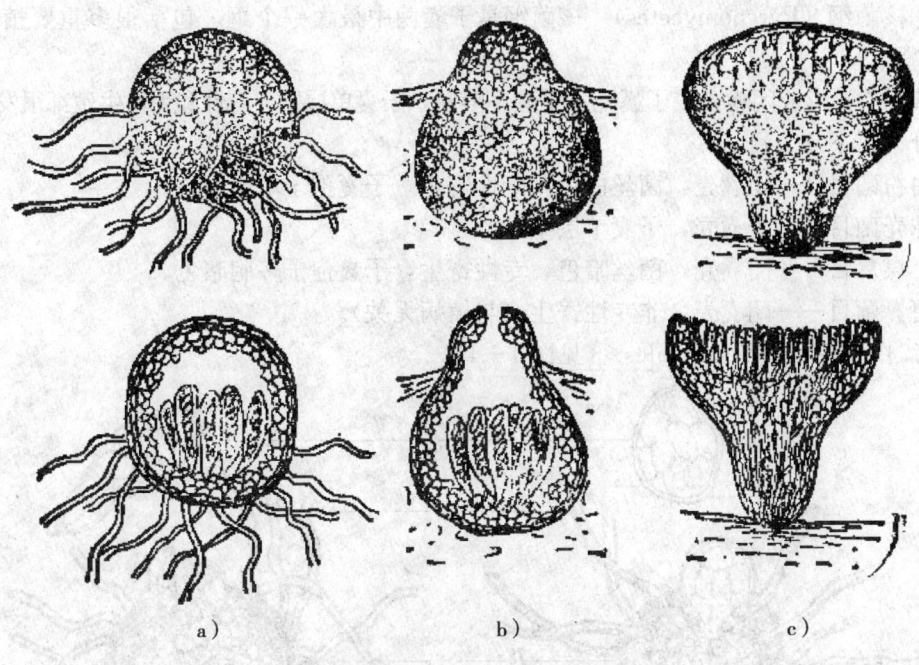

图1—40 子囊果三种类型
a) 闭囊壳 b) 子囊壳 c) 子囊盘

①半子囊菌纲（Hemiascomycetes）

A. 不形成子囊果。

B. 无性繁殖：产生分生孢子，较低等，营养体裂殖或芽殖产生。有的子囊孢子芽殖。

C. 有性生殖：产生子囊，子囊单生，游离，有的子囊可以并列成排，无子囊果，全裸生。子囊单层壁，子囊不是由产囊丝形成，而是菌丝相溶形成。

D. 分三个目，与植病有关的仅外囊菌目，一个外囊菌属（*Taphrina*）。

②不整囊菌纲（Plectomycetes）。有性世代自然界很少发生，仅包括一目：散囊菌目（Eutrtiales）。它是产生子囊果中最低等的类型。

特点：

A. 子囊散生在闭囊壳里。

B. 闭囊壳壁发育不一致，有的疏松，有的较厚。

C. 子囊呈圆或椭圆形。

D. 子囊壁早期溶解，在子囊孢子成熟前。

E. 有性世代不易发现，无性世代很发达，如青霉、曲霉。该目都是腐生菌，可寄生人或动物，多为害产后的果品，如意大利青霉。

③核菌纲（Pyrenomycetes）。核菌纲是子囊菌中最大一个纲，包括很多重要植物病原菌。

共同点：形成闭囊壳或子囊壳，子囊不溶解，子囊单层壁，有性和无性生殖都很发达。

分为以下几个目：

白粉菌目——闭囊壳，菌丝白色，专性寄生，子囊孢子单胞无色。

球壳菌目——子囊壳，子囊单层壁。

小煤炱目——闭囊壳，菌丝暗色，专性寄生，子囊孢子多胞暗色。

冠囊菌目——闭囊壳，非专性寄生（与植病无关）。

A. 白粉菌目（Erysiphales）（见图1—41）

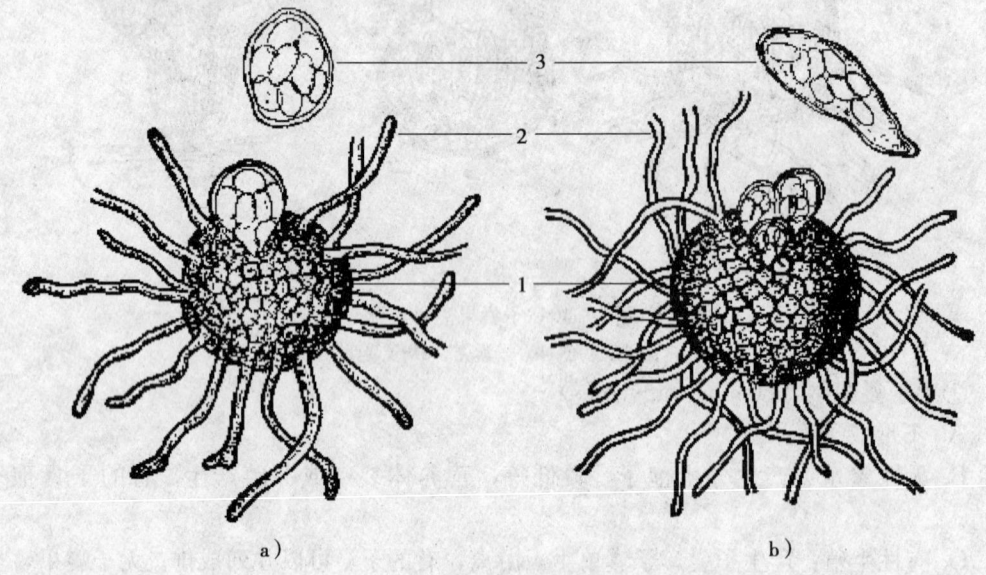

图1—41 白粉菌目的代表
a) 单丝壳属 b) 白粉属
1—闭囊壳 2—附属丝 3—子囊及子囊孢子

a. 白粉菌目的真菌一般称作白粉菌，引致各种植物白粉病（Powdery mildew）。

b. 菌丝白色，大都表生，产生吸器吸取植物营养。

c. 主要寄生在叶片上，有的发生在新梢或芽上。在病部形成白粉或小黑点。

d. 无性世代：非常发达，由菌丝形成分生孢子梗和分生孢子。分生孢子链生或单生，不断产生，形成白粉。

e. 有性世代：寄生后期在菌丝的上部形成闭囊壳（小黑点），有附属丝，便于传播。闭囊壳内有一个或多个子囊，子囊内有2~8个子囊孢子，子囊孢子单胞无色。

f. 寄生专化性：专性寄生，有生理小种，寄主有8 435种。有的白粉菌只有一种寄主，而一种寄主可寄生多种白粉菌。如：桑树有桑表白粉、桑里白粉；柞树有七种白粉病。

g. 白粉病发生的条件：对温度要求不严格，干旱地区、潮湿地区都可发生，白粉菌的孢子在水中反而不易发芽或破裂，在潮湿的空气中易发芽，该孢子渗透压很高，为 36～68 个大气压，因此很易吸收周围空气中的水分。

h. 白粉菌分属依据：闭囊壳附属丝的形状和壳内子囊的数目。

i. 重要属

白粉菌属（*Erysiphe*）。代表：烟草、芝麻、向日葵等的白粉病。

布氏白粉属（*Blumeria*）。代表：禾本科植物白粉病（*B. graminis*）。

单丝壳属（*Sphaerotheca*）。附属丝菌丝状，闭囊壳内一个子囊。代表：瓜类、豆类的白粉病（*S. fuligenea*）。

叉丝壳属（*Microsphaera*）。代表：核桃白粉病、丁香白粉病、榛树白粉病。

叉丝单囊壳属（*Podosphaera*）。代表：苹果白粉病、桃树白粉病、山楂白粉病。

钩丝壳属（*Uncinula*）。代表：葡萄白粉病（*U. necator*）。

球针壳属（*Phyllactinia*）。代表：梨树白粉病。

B. 球壳目（Sphaeriales）

a. 核菌纲最大的目，大约有 313 属、5 000 种，占子囊菌的 1/3。

b. 寄生性：多为腐生菌，也有很多重要的寄生菌，如苹果树腐烂病、甘薯黑疤病等。还包括寄生昆虫的名贵药材冬虫夏草（*Cordyceps purpurea*）等。

c. 形态：子囊果为典型的子囊壳。通常为球形或瓶形。

d. 假子座：菌丝体和植物组织混合在一起形成的子座。

e. 球壳目常见属检索表：

1. 无子座组织 ·· 2
   有子座组织 ·· 3
2. 子囊壳瓶形，有长颈，子囊壁易溶解 ····························· 长喙壳属
   子囊壳球形，孔口稍凸出，埋生在寄主体内，子囊壁不溶解 ······ 囊孢壳菌属
3. 子囊壳壁呈黑色 ·· 4
   子囊壳壁通常鲜亮，质地较薄 ··· 7
4. 子座不发达，子囊壳丛生在菌丝层或子座上，壳壁有毛 ······ 小丛壳属
   子座发达，子囊壳生于子座内 ··· 5
5. 子座生于基物内 ·· 6
   子座生在基物外，直立，头状，子囊孢子线形 ··············· 麦角菌属
6. 子座黑色，碳质，子囊孢子线形 ······································· 顶囊壳属
   子座黑色，碳质，子囊孢子腊肠状 ··································· 黑腐皮壳属
7. 子囊壳散生在子座上，壳壁呈蓝色或紫色，子囊孢子多胞 ······ 赤霉属

子囊壳埋生在子座内，有的外露，子座肉质，鲜亮，子囊孢子单胞……疔座菌属

④腔菌纲（Loculoascomycetes）

A. 主要特征：子囊果是子囊座，单个子囊散生在子座组织中，或许多子囊成束或成排着生在子座内的子囊腔中。子囊双层壁，子囊孢子多数为多胞。有横隔或砖隔。许多是植物病原菌。

B. 子囊座：内生子囊的子座。子座组织溶解成子囊腔，内生子囊。子囊座有的垫状、块状，有的呈子囊壳形（瓶形，有口）。子囊座中的产囊丝伸入正在发育的子座组织中，随着产囊丝发育，随后形成子囊腔。

C. 假囊壳：有的子囊座内只有一个子囊腔，外形似子囊壳。假子囊壳的外壁是子座组织。子囊腔内有的仅有一个子囊，多数有多个子囊，子囊有的并列、有的串生，子囊之间有拟侧丝（是由子座组织形成的剩余菌丝），有的无。

D. 子囊：子囊双层壁，有圆形、近圆形、棍棒形。外壁薄，坚硬无弹性，内壁厚，有弹性。释放子囊孢子。

E. 腔菌纲分5个目，其中与植物病理有关的是座囊菌目、格孢腔目和多腔菌目。仅介绍前两个。

a. 座囊菌目（Dothideales）（见图1—42）。子囊束生在具有多个子囊腔的子囊座或假囊壳内。子囊倒棍棒形或短圆筒形，双层壁，没有拟侧丝。多为腐生，少数为植物病原菌，引致叶斑、腐烂，产生霉状物或小黑点。共8个科，与植物病理有关仅一科：座囊菌科，只介绍2属。

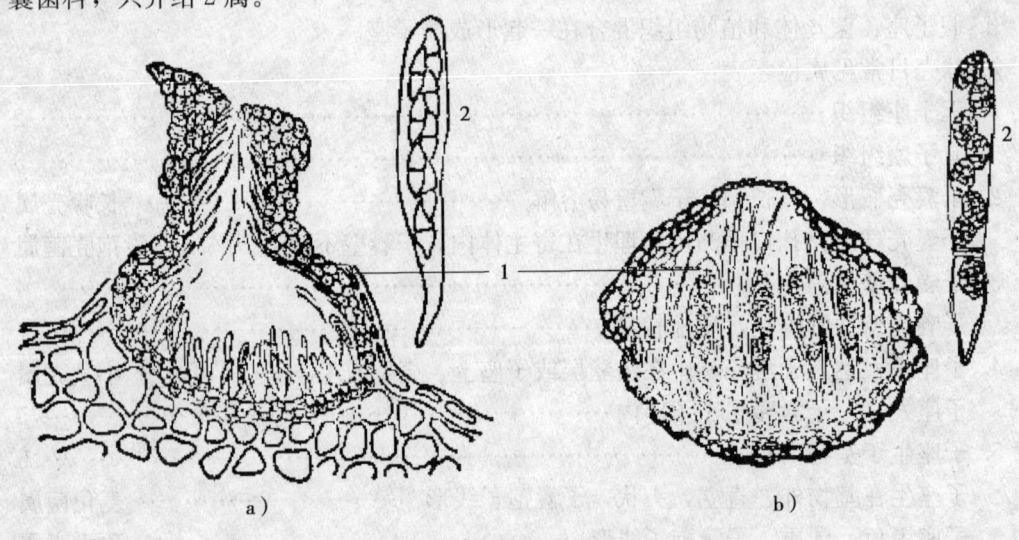

图1—42 座囊菌目代表
a）球腔菌素 b）格孢腔菌素
1—子囊腔 2—子囊及子囊孢子

球腔菌属（Mycosphaerella）：

子囊座着生在寄主叶片表皮层下。假囊壳为埋生、球形，或扁圆形，孔口扁平或呈乳头状凸起。子囊孢子呈椭圆形，无色，双胞大小相等。无性世代包括许多属，如叶点菌属 Phyllosticta、茎点菌属 Phoma、尾孢属 Cercospora。代表：禾本科植物黑霉病。

球座菌属（Guignardia）：

球座菌属与球腔菌属形态基本一致，球座菌属子囊孢子单胞（假双胞）。无性世代很发达，包括叶点菌属和茎点菌属。代表：葡萄黑腐病菌、葡萄房枯病菌。

b. 格孢腔目（Pleosporales）：

子囊座内为单个子囊腔（假囊壳）。子囊之间有拟侧丝。子囊呈长圆柱形。子囊孢子常见的为多隔或砖隔。腐生或寄生，寄生在茎或叶片上，有些是重要的植物病原菌。

黑星菌属（Venturia）：

代表病害：梨黑星病（V. pyrina）、苹果黑星病（V. inaequalis）；检疫性病害仅发生在吉林、黑龙江的小苹果上。

旋孢腔菌属（Cochliobolus）：

代表病害：麦类根腐病（C. sativus）、玉米小斑病（C. maydis）。

格孢腔菌属（Pleospora）：

代表病害：大葱黑斑病（P. herbarum）。

⑤盘菌纲（Discomycetes）。如羊肚菌。与植物病害有关的只有星裂菌目和柔膜菌目。

核盘菌属（Sclerotinia）如图 1—43 所示。

核盘菌属寄主范围很广，可侵染 32 科 160 多种植物。代表病害：油菜、向日葵菌核病。

(4) 担子菌亚门真菌（Basidiomycotina）

1) 担子菌亚门真菌概述

①担子菌亚门真菌一般称为担子菌，是真菌中最高等的类型。担子菌亚门真菌的共同特征是有性生殖产生担子孢子，简称担孢子。担孢子产生于担子上，每个担子一般形成 4 个担孢子。

②高等担子菌的担子着生在具有高度组织化的结构上形成子实层，这种担子菌的产孢结构叫担子果（basidiocarp）。常见的各种蘑菇、木耳、银耳、灵芝等，都是担子菌的担子果。

③担子菌的营养体。担子菌的营养体是非常发达的有隔菌丝体，细胞壁为几丁质。担子菌可以形成两种类型的菌丝体，即初生菌丝体和次生菌丝体。

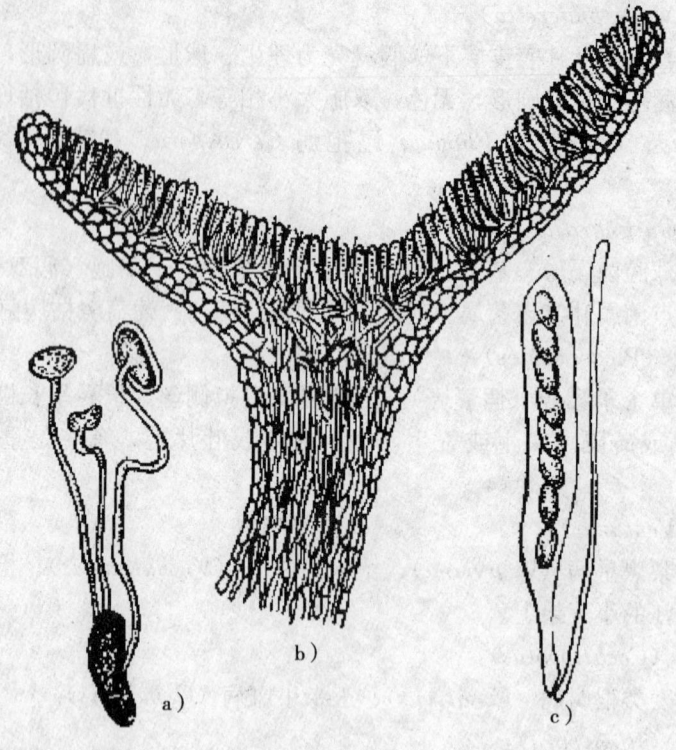

图 1—43 核盘菌属
a) 菌核萌发生成子囊盘 b) 子囊盘剖面示子实层 c) 子囊、子囊孢子及子侧丝

A. 初生菌丝体：担孢子萌发产生的单核菌丝体，在黑粉菌和锈菌中明显。初生菌丝体阶段较短，很快通过体细胞融合的方式进行质配而形成双核菌丝体。

B. 次生菌丝体：两根初生菌丝发生细胞融合形成的双核菌丝体。在担子菌中很发达，是担子菌的主要营养菌丝。

C. 三生菌丝：在发育一定阶段形成繁殖体，形成发达的担子果。一般把构成担子果的菌丝体叫三生菌丝（包括生殖菌丝、骨干菌丝和联络菌丝）。三生菌丝的作用是形成高等担子菌的担子果。

④担子菌的锁状联合

A. 概念：许多担子菌的双核菌丝细胞在分裂时，在靠近隔膜处形成一种锁状联合结构，这种过程可以保持菌丝的双核化。

B. 过程：首先在次生菌丝上产生分枝，在分枝处不同来源的两核同时进行有丝分裂，形成4个核，然后产生隔膜，一个核进入侧枝，最后侧枝的核回归到原来的细胞中。这种锁状联合可以保证来源不同的两个细胞核均匀分配到子细胞中。

⑤担子菌的繁殖。多数担子菌没有无性繁殖阶段，少数担子菌的担子可以芽殖或以

菌丝体断裂方式产生无性孢子。担子菌的有性生殖过程比较简单，除锈菌外，一般没有特殊分化的性器官，主要是由两个担孢子或两个初生菌丝细胞进行质配；有的是通过孢子与菌丝或受精丝结合进行质配。担子菌质配后形成双核的次生菌丝体，一直到形成担子和担孢子时才进行核配和减数分裂，所以有较长的双核阶段。典型的担子棍棒状，是从双核菌丝体的顶端细胞形成的。

⑥典型担子和担孢子形成的过程。担子（basidium）是担子菌进行核配和减数分裂的场所。当顶端细胞开始膨大时，其中的双核进行核配形成一个二倍体的细胞核，接着进行减数分裂形成4个单倍体的细胞核。每个细胞核形成一个单核的担孢子，着生在担子的小梗上。担孢子萌发形成单倍体的初生菌丝体。由此可见，担子和担孢子形成的过程与子囊和子囊孢子的形成过程是很相似的。

⑦冬孢菌纲真菌的繁殖特征。冬孢菌纲真菌的核配和减数分裂不是在担子发育的同一部位进行的，一般将担子进行核配的部位称作原担子（又称下担子），进行减数分裂的部位称作后担子（又称上担子）。

锈菌的双核菌丝体可以形成称作冬孢子的双核厚壁休眠孢子，其中的两个细胞核在萌发时进行核配，减数分裂是在萌发后形成的先菌丝中进行的。先菌丝横隔成4个细胞，在每个细胞的小梗上形成一个担孢子。因此，锈菌的冬孢子实质上是厚壁的原担子，先菌丝是后担子。黑粉菌的情况也是如此。有的担子上没有小梗，担孢子直接生于担子上。

⑧担子菌的担子果。多数担子菌的担子着生在担子果上，担子果的发育类型有裸果型、半被果型和被果型三种。子实层从一开始就暴露的为裸果型，如非褶菌目真菌；子实层最初有一定的包被，在担子成熟前开裂露出子实层的为半被果型，如伞菌；子实层包裹在子实体内，担子成熟时也不开裂，只有在担子果分解或遭受外力损伤时担孢子才释放出来，为被果型。有些担子菌不产生担子果，如锈菌、黑粉菌。

2）担子菌的分类。根据担子果的有无、担子果的发育类型，担子菌亚门分为3个纲，已知有16 000多种。

冬孢菌纲（Teliomycetes）：没有担子果，在寄主上形成分散或成堆的冬孢子。它是高等植物上的寄生物。

层菌纲（Hymenomycetes）：有担子果，裸果型或半被果型。担子形成子实层，担子是有隔担子或无隔担子。大都是腐生物，极少数是寄生物。

腹菌纲（Gasteromycetes）：有担子果，裸果型，担子形成子实层，担子是无隔担子。

①冬孢菌纲。冬孢菌纲是低等的担子菌，不形成担子果，形成分散或成堆的冬孢子（厚壁的原担子）。冬孢子萌发产生的无菌丝分化为有隔或无隔的担子，不形成子实层。菌丝体发达，有初生菌丝体，但主要是双核的次生菌丝体。有的双核菌丝体可以无性繁

殖的方式产生双核孢子，有的以担孢子芽殖产生分生孢子。绝大多数是高等植物的寄生菌，是一类重要的植物病原菌。

冬孢菌纲分锈菌目（Uredinales）和黑粉菌目（Ustilaginales），重要属如下：

A. 锈菌目。柄锈菌属（*Puccinia*）（见图1—44）。代表：小麦秆锈病（*P. graminis*）、小麦条锈病（*P. striiformis*）、小麦叶锈病（*P. recondita f. sp tritici*）。

胶锈菌属（*Gymnosporangium*）。代表：梨锈病（*G. haraeanum*），冬孢子阶段在桧柏上，性孢子和锈孢子在梨树上引起梨锈病。

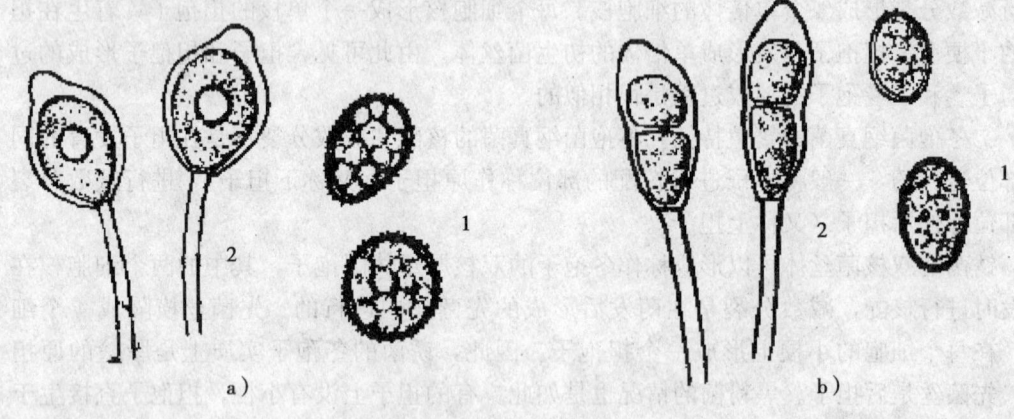

图1—44 锈菌目代表
a）单胞锈菌属 b）柄锈菌属
1—夏孢子 2—冬孢子

单胞锈菌属（*Uromyces*）（见图1—44a）。代表：瘤顶单胞锈菌（*U. appendiculatus*），可引起菜豆锈病。

层锈菌属（*Phakopsora*）。代表：枣层锈菌（*P. ziziphi-vulgaris*），可引起枣树锈病，亚麻栅锈菌（*M. lini*）可引起亚麻锈菌病。

B. 黑粉菌目（见图1—45）。黑粉菌目真菌一般称作黑粉菌，特征是形成成堆黑色粉状的冬孢子（习惯称作厚垣孢子）。冬孢子萌发形成先菌丝和担孢子。担子无隔或有隔，但担子上无小梗。担孢子直接产生在担子上，不能弹射。

黑粉菌与锈菌的主要区别是，黑粉菌的冬孢子是从双核菌丝体的中间细胞形成的，担孢子直接着生在先菌丝（没有小梗）的侧面或顶部，成熟后也不能弹出。此外，黑粉菌不是专性寄生的。黑粉菌大多是兼性寄生的，寄生性较强。在自然界，只有在一定的寄主上生活才能完成生活史。

大多数黑粉菌可以在人工培养基上培养，但只有少数可以在人工培养基上完成生活史。少数黑粉菌是腐生的。黑粉属是一群重要的植物病原菌，已知约有980多种，主要为害种子植物，在禾本科和莎草科植物上为害较多。黑粉菌多半引起全株性侵染，也有局部性侵染的。在寄主的花期、菌期和生长期均可侵入。为害寄主植物时，通常在发病部位形成黑色粉状物的病征，所引起的病害一般称作黑粉病。

黑粉菌主要是以双核的菌丝体在寄主的细胞间寄生，一般有吸器伸入寄主细胞内，有的在菌丝体上有锁状联合。到寄生的后期，双核的菌丝体在寄主组织内形成冬孢子，无性繁殖不发达，往往以担孢子进行芽殖产生分生孢子。黑粉菌的有性生殖过程很简单，没有特殊分化的性器官，一般是以两个担孢子或两个先菌丝细胞进行质配而进入双核阶段，直至冬孢子萌发才进行核配。冬孢子最初为双核，以后核配成一个二倍体的细胞核。减数分裂在先菌丝中进行，形成的担孢子为单核。

黑粉菌的分类主要根据冬孢子的性状，如孢子的大小、形状、纹饰、是否有不孕细胞、萌发的方式以及孢子堆的形态等。

黑粉菌为害农作物重要的属有黑粉菌属（*Ustilago*）、轴黑粉菌属（*Sphacelotheca*）和腥黑粉菌属（*Tilletia*）等，尤其是以黑粉菌属最为严重。

黑粉菌属（*Ustilago*）。小麦散黑粉菌（*U. tritici*）引起小麦散黑粉病。

条黑粉菌属（*Urocystis*）（见图1—45a）。小麦条黑粉菌（小麦秆黑粉病菌 *U. tritici*）引起小麦秆黑粉病。

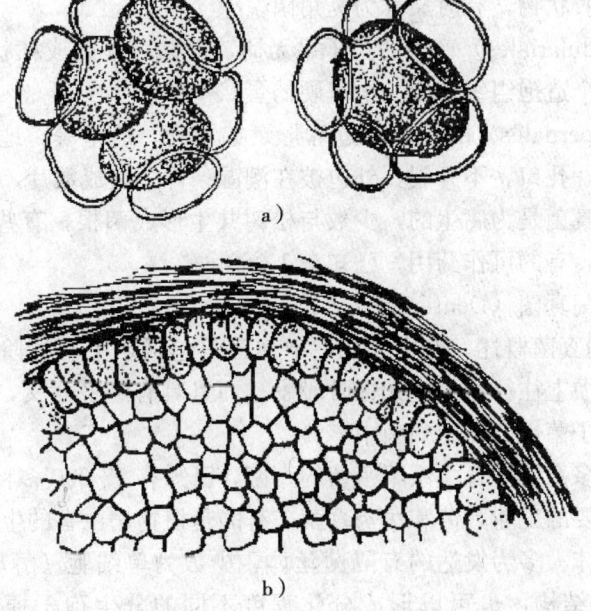

图1—45 黑粉菌目代表
a）条黑粉菌属 b）实球菌属

叶黑粉菌属（*Entyloma*）。稻叶黑粉菌（*E. oryzae*）引起水稻叶黑粉病。

腥黑粉菌属（*Tilletia*）。小麦网腥黑粉菌（*T. caries*）及小麦光腥黑粉菌（*T. foetida*）分别引起小麦的两种腥黑粉病。

轴黑粉菌属（*Sphacelotheca*）。高粱轴黑粉菌（*S. crueuta*）引起高粱散黑穗病。

尾孢黑粉菌属（*Neovossia*）又称刺黑粉菌属。稻粒黑粉病菌（*N. horrida*）引起水稻粒黑粉病。

②层菌纲。担子果一般为相当发达的大型担子果，担子形成子实层。担孢子成熟后可以强力弹射。大多为腐生的，有许多可以引起木材腐朽，少数可以为害植物，有的是森林植物的重要病原菌。本纲真菌有的为食用菌，如蘑菇、木耳等；有的可作药用，如灵芝等。近年来发现有不少种类含有抗癌物质，也有少数是毒菌，人畜食用可产生幻觉或致死；有的是与植物共生的菌根菌。层菌纲真菌与农作物病害的关系较小，只有少数是农作物的病原物，这里就不做详细介绍。

③腹菌纲。腹菌纲真菌的担子果发达，被果型，担子形成在完全闭合的担子果内。担孢子不能弹射。担孢子成熟后从担子果的孔口或破裂的担子果内散出。通常认为腹菌纲真菌是真菌中最高等的类群。

鬼笔目（Phallales）真菌的担子果成熟后，内部的产孢组织自溶，在柄状组织顶端形成一团有臭味的胶状物，有时又称为臭角菌。

鸟巢菌目（Nidulariales）产生的担子果无柄，成熟后开裂成杯状，内含造孢组织1至多个，成熟后每个造孢组织形成一个坚硬的蛋状小包。

马勃目（Lycoperdales）的担子果近球形，如马勃、地星等。地星的担子果有两层包被，包被中央有一孔口，不开裂，外包被在潮湿条件下裂成数片，呈星状开裂。

大多数腹菌纲真菌是为腐生的，少数与松树共生形成菌根，有些可食用，如竹荪和马勃属的一些种类，有的可作药用。已知有1 060种。

（5）半知菌亚门真菌（Deuteromycotina）

1）半知菌亚门真菌概述。严格地说，半知菌只包括未见有性阶段的子囊菌和担子菌，但事实上，习惯上往往将一些无性阶段发达而且具有经济意义，有性阶段少见或不重要的子囊菌和担子菌也放在半知菌中。

半知菌包括许多系统发育关系不密切的真菌，已知有17 000多种，其中许多是植物病原菌，有的是重要的工业真菌和医药真菌，有的是植物病虫害的生防菌。

半知菌的营养体大多为发达的有隔菌丝体，少数为单细胞（酵母类）。菌丝体可以形成子座、菌核等结构，也可以形成分化程度不同的分生孢子梗，梗上产生分生孢子。

2）半知菌的载孢体类型。实体类型有分生孢子梗束、分生孢子器、分生孢子座、分生孢子盘，如图1—46所示。

农作物昆虫和病原真菌基础

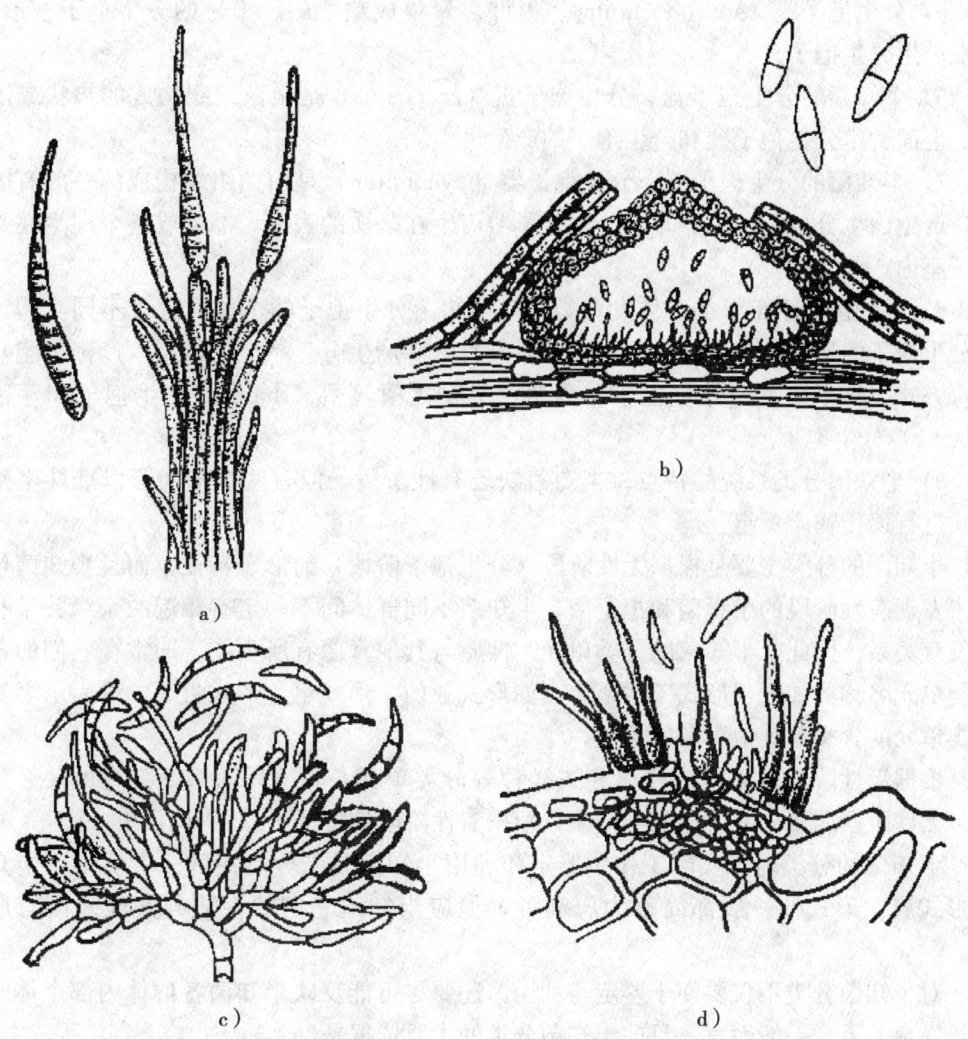

图1—46 半知菌无性子实体类型
a）分生孢子梗束 b）分生孢子器 c）分生孢子座 d）分生孢子盘

3）半知菌的分生孢子。半知菌的无性繁殖大多十分发达，以芽殖、断裂及裂殖的方式产生分生孢子。

分生孢子的形态变化很大，可分为单胞、双胞、多胞，砖隔状、线状、螺旋状和星状等7种类型。

4）半知菌的分生孢子梗束。分生孢子梗束（synnema）是一束基部排列较紧密、顶部分散的分生孢子梗，顶端或侧面产生分生孢子。

5) 分生孢子座（sporodochium）。由许多聚集成垫状的、很短的分生孢子梗形成，顶端产生分生孢子。

6) 半知菌的分生孢子盘。分生孢子盘（acervulus）是由菌组织构成的垫状或浅盘状、上面着生分生孢子梗和分生孢子的产孢机构。

7) 半知菌的分生孢子器。分生孢子器（pycnidium）是由菌组织构成的一般有固定孔口产生内生分生孢子的器官。分生孢子器可生在基质的表面，部分或整个埋生在基质或子座内。

8) 半知菌分生孢子的个体发育类型。半知菌分生孢子的个体发育有不同类型。根据分生孢子的形成过程（分生孢子的个体发育）和产生分生孢子的细胞（产孢细胞）的发育方式，将半知菌的分生孢子分为两大类型：菌丝型（thallic）分生孢子和芽殖型（blastic）分生孢子。

9) 半知菌分类系统的特点。半知菌缺乏有性阶段，但有些半知菌可以准性生殖的方式进行遗传物质重组。

半知菌的分类主要是根据无性阶段（分生孢子阶段）的形态特征，而且半知菌包含了未发现有性阶段的子囊菌和担子菌，半知菌不同群体间不一定有相近的亲缘关系和系统发育关系。因此，半知菌的分类单元、性质与其他真菌有所不同。通常在它们的各级分类单元名称前加上"形式"两个字，如形式亚门、形式纲、形式目等，以表示半知菌分类单元的含义与其他真菌的不同。

根据无性阶段建立的式样属和式样种等分类单元，并不反映系统发育的关系。例如，无性阶段属于同一个属的半知菌，根据有性阶段的特征可以划归不同的属。

半知菌的分类对于实际工作中鉴定和利用半知菌是十分有用的。事实上，半知菌的形式属、形式种一般都简称为属和种，但应当知道它们的性质与其他真菌有所不同。

对半知菌分类不仅要便于鉴定与利用，还要尽可能反映半知菌各群体内部个体间的系统发育关系。一般而言，目前半知菌分类的主要依据是：

①载孢体的类型，即分生孢子产生在分生孢子盘、分生孢子器内或着生在散生、束生的分生孢子梗束或分生孢子座上。

②分生孢子的形态、颜色和分隔情况，分生孢子形成方式和产孢细胞（产孢梗）的特征等。

安斯沃斯（Ainsworth）分类系统。Ainsworth（1973）现代分类系统是在萨卡度（Saccardo）传统分类系统的基础上建立起来的，该系统虽然也以形态学为基础，但更加注重真菌的产孢方式。

Ainsworth（1973）分类系统是目前真菌界比较公认的真菌分类系统，根据真菌形态和产孢方式将半知菌亚门分3个纲：

芽孢纲（Blastomycetes）：营养体是单细胞或发育程度不同的菌丝体，产生芽孢子繁殖。芽孢纲包括酵母菌和类似酵母的真菌。本纲包含的种类不多，分为2个目。隐球酵母目（Cryptococcales）真菌产生芽孢子繁殖，属于子囊菌中酵母菌的无性阶段；掷孢酵母目（Sporobolomycetales）真菌除产生芽孢子外，还能形成一种有弹射能力的掷孢子，大都是属于担子菌中酵母菌的无性阶段。芽孢纲真菌大都是腐生的，有些寄生在人和动物体上，与植物病害无关。

丝孢纲（HyPhomycetes）：营养体是发达的菌丝体，分生孢子主要外生在分生孢子梗上，不产生在分生孢子盘或分生孢子器内。

腔孢纲（Coelomycetes）：分生孢子产生在分生孢子盘或分生孢子器内。

以下是与农业病害有关的重要属：

丛梗孢属（Monilia）。仁果丛梗孢（M. fructigena）引起苹果、梨等仁果类的果实褐腐病。

粉孢属（Oidium）（见图1—47a）。橡胶粉孢（O. heveae）引起三叶橡胶树的白粉病。

葡萄孢属（Botrytis）（见图1—47c）。灰葡萄孢（B. cinerea）引起多种植物灰霉病。

柱隔孢属（Ramularia）。白斑柱隔孢（R. areola）引起棉花白斑病。

梨孢属（Pyricularia）。稻梨孢（稻瘟病菌 P. oryzae）引起稻瘟病。

青霉属（Penicillium）。指状青霉病菌（P. digitatum）引起柑橘绿霉病。

曲霉属（Aspergillus）。大多腐生，有些种可用于发酵，是重要的工业微生物。

轮枝孢属（Verticillium）（见图1—47b）。黄萎轮枝孢（棉黄萎病菌 V. albo-atrum）引起棉花黄萎病。

尾孢属（Cercospora）（见图1—47e）。落花生尾孢（C. arachidicola）引起花生褐斑病。

链格孢属（Alternaria）（见图1—47f）。大孢链格孢（A. macrospora）引起棉花轮纹斑病。

芽枝孢属（Cladosporium）（见图1—47d）。草芽枝霉（C. herbarum）引起大麦、小麦、水稻、玉米、高粱等多种植物黑变病。

黑星孢属（Fusicladium）。梨黑星孢（F. pyrinum）引起梨黑星病。

凹脐蠕孢属（Drechslera）。大麦条纹病菌（D. graminea）、大麦网斑病菌（D. teres）分别引起大麦条斑病和大麦网斑病。

平脐蠕孢属（Bipolaris）。玉蜀黍平脐蠕孢（B. maydis）引起玉米小斑病；稻平脐蠕孢（B. oryzae）引起水稻、胡麻叶斑病。

凸脐蠕孢属（Exserohilum）。玉米大斑病菌（E. turcicum）引起玉米大斑病。

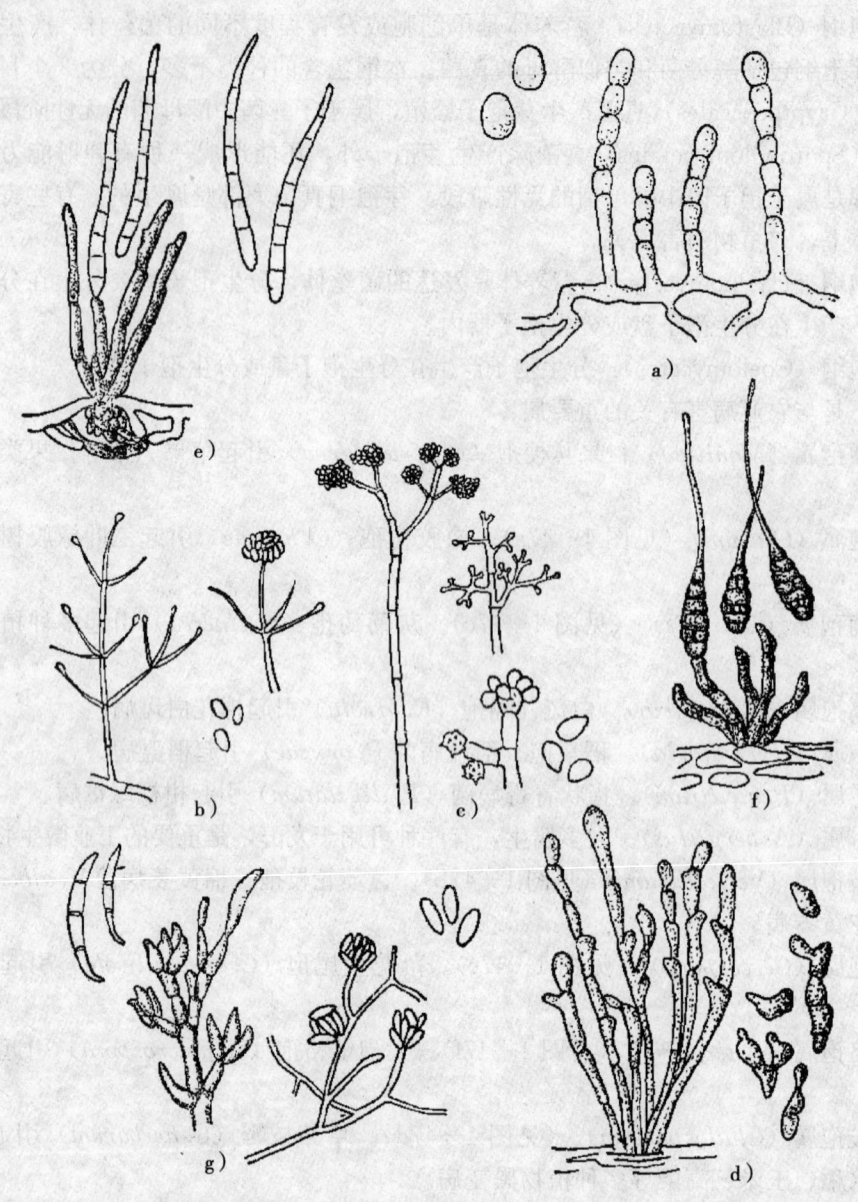

图 1—47 丝孢纲代表
a) 粉孢属 b) 轮枝孢属 c) 葡萄孢属 d) 芽枝孢属 e) 尾孢属 f) 链格孢属 g) 镰孢属

弯孢属（Curvularia）。新月弯孢（C. lunata）寄生玉米，引起玉米弯孢菌叶斑病。

小核菌属（Sclerotium）。齐整小核菌（S. rolfsii）引起花生等200多种植物白绢病。

丝核菌属（Rhizoctonia）（见图 1—48）。立枯丝核菌（R. solani）引起水稻纹枯病。

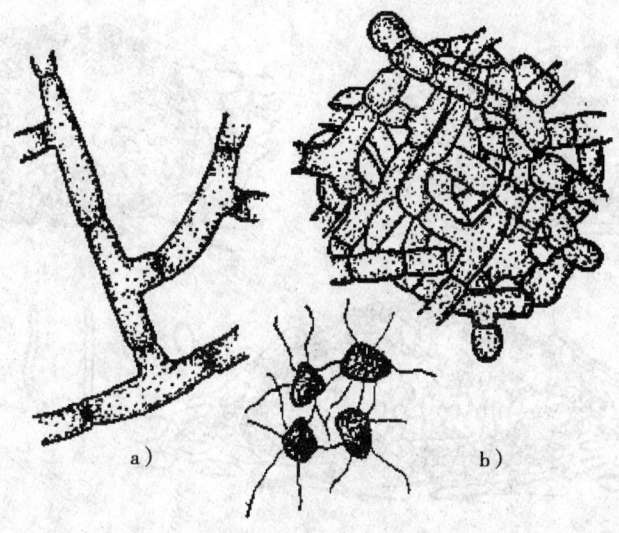

图 1—48　丝核菌属
a）菌丝　b）菌核

镰孢属（Fusarium）。引起麦类赤霉病、瓜类枯萎病。

炭疽菌属（Colletotrichum）（见图 1—49）。胶孢炭疽菌（C. gloeosporioides）引起苹果、梨、棉花、葡萄、冬瓜、黄瓜、辣椒、茄子等的炭疽病。

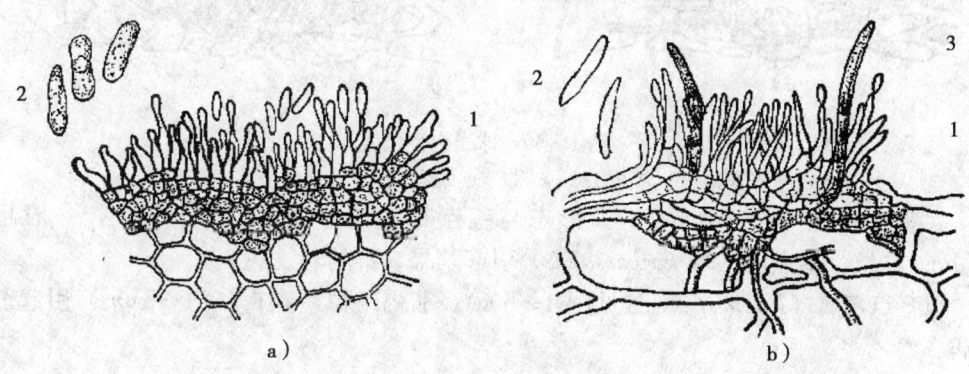

图 1—49　炭疽菌属
1—分生孢子梗　2—分生孢子　3—刚毛

盘二孢属（Marssonina）。苹果盘二孢（M. mali）引起苹果褐斑病。

叶点霉属（Phyllosticta）。棉小叶点霉（P. gossypina）引起棉花褐斑病（见图 1—50a）。

茎点霉属（*Phoma*）。甜菜茎点霉（*P. betae*）引起甜菜蛇眼病（见图1—50b）。

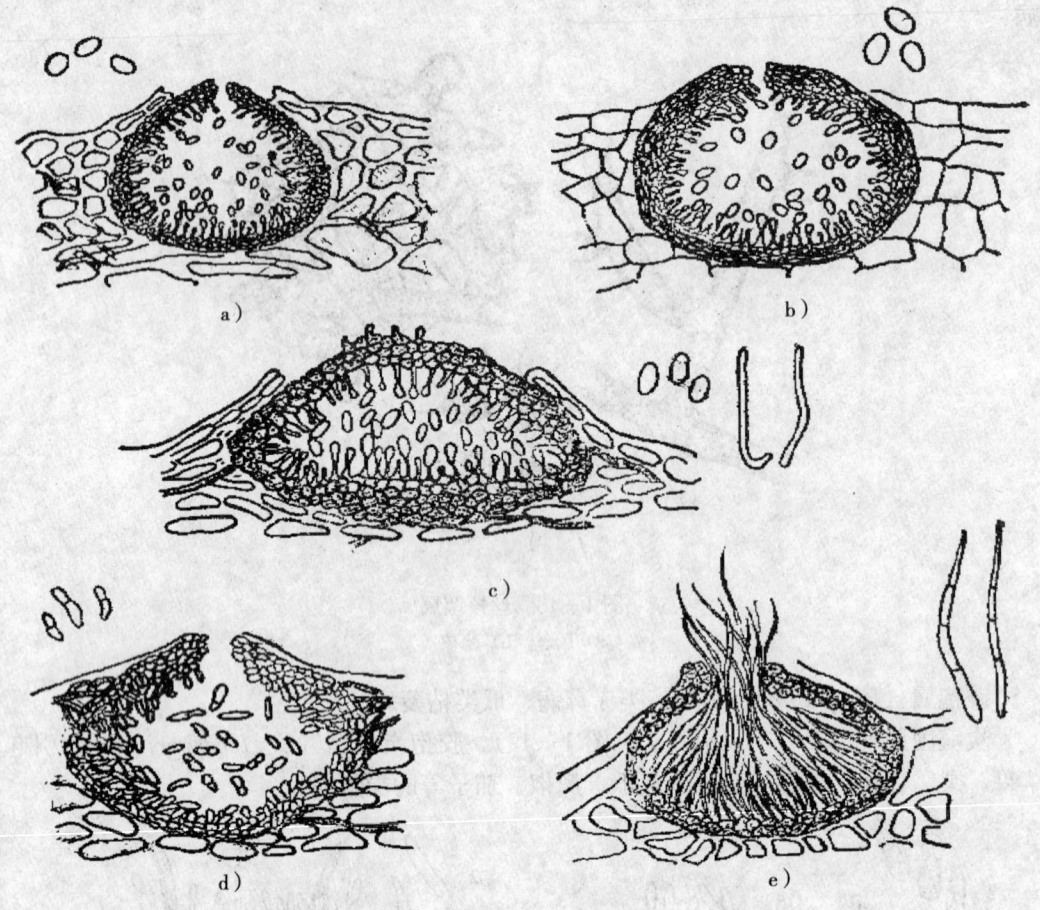

图1—50　球壳孢目代表
a）叶点霉属　b）茎点霉属　c）拟茎点霉属　d）壳二孢属　e）壳针孢属

大茎点菌属（*Macrophoma*）。形态与茎点霉属相似。分生孢子较大，一般超过15 μm。轮纹大茎点菌（*M. kawatsukai*）引起苹果、梨的轮纹病。

拟茎点霉属（*Phomopsis*）（见图1—50c）。茄褐纹拟茎点霉（*P. vexans*）引起茄褐纹病。

色二孢属（*Diplodia*）。棉色二孢（*D. gossypina*）引起棉铃黑果病。

壳二孢属（*Ascochyta*）（见图1—50d）。高粱壳二孢（*A. sorghi*）引起高粱粗斑病。

壳针孢属（*Septoria*）（见图1—50e）。颖枯壳针孢（*S. nodorum*）引起小麦颖枯病。

壳囊孢属（*Cytospora*）。梨壳囊孢（*C. carphosperma*）引起梨树腐烂病。

单元测试题

一、名词解释
1. 昆虫的世代
2. 滞育
3. 临界光周期
4. 孵化
5. 变态
6. 被蛹
7. 真菌的生活史

二、填空题（请将正确的答案填在横线空白处）
1. 适应自然光周期的变化，昆虫分_____、_____两种基本滞育类型。
2. 昆虫的个体发育可分为两个阶段，第一阶段称为_____，第二阶段称为_____。
3. 昆虫的种类繁多，变态类型可分为_____、_____、_____、_____、_____五个类型。
4. 全变态类型的幼虫个体差异很大，根据胚胎发育的程度和胚后发育中的适应，将幼虫分为四个类型_____、_____、_____、_____。
5. 菌物界的真菌门分为_____、_____、_____、_____、_____ 5个亚门。
6. 子囊果有_____、_____、_____和_____四种类型。

三、判断题（下列判断正确的打"√"，错误的打"×"）
1. 物镜有低倍物镜和高倍物镜，其放大倍数一般刻在物镜的镜筒上，例如4×、8×、10×、40×、45×、65×、90×、100×，分别表示4倍、8倍、10倍……。其中65~90倍叫高倍物镜。（　　）
2. 休眠和滞育均是不良环境引起的。（　　）
3. 具有休眠特征的昆虫，都需要在一定虫态休眠。（　　）
4. 使用低倍物镜和高倍物镜时，都可以使用粗调螺旋。（　　）
5. 兼性滞育是指昆虫在夏季和冬季都可以滞育。（　　）
6. 蝗虫的若虫腹足消失，只有3对胸足，属寡足型。（　　）
7. 螨类和蜘蛛都是蛛形纲的动物。（　　）
8. 鞭毛菌亚门真菌的共同特征是无性产生具2根鞭毛的游动孢子，因此通常称作鞭毛菌。（　　）

四、单项选择题（下列每题的选项中，只有1个是正确的，请将其代号填在横线空白处）

1. 下列都属于不完全变态的昆虫是_____。
   A. 蝗虫、蚜虫、蜻蜓、蓟马、跳蚤　　B. 蟋蟀、盲蝽、介壳虫、蝇、木虱
   C. 蝗虫、蚜虫、蜻蜓、蓟马、瓢虫　　D. 蟋蟀、盲蝽、介壳虫、蝇、叶蝉

2. 下列都属于同翅目昆虫的是_____。
   A. 叶蝉、飞虱、蚜虫、粉虱　　B. 沫蝉、介壳虫、木虱、小花蝽
   C. 蜡蝉、盲蝽、蚜虫、粉虱　　D. 介壳虫、菜蝽、粉虱、蓟马

3. 下面由都属于鞭毛菌亚门真菌造成的病害是_____。
   A. 水稻绵腐病、葡萄霜霉病、辣椒疫霉病、番茄疫病
   B. 甜瓜疫霉病、油菜白锈病、番茄早疫病、谷子白发病
   C. 黄瓜霜霉病、甜瓜疫霉病、马铃薯晚疫病、番茄早疫病
   D. 苋菜白锈病、莴苣霜霉病、番茄早疫病、白菜霜霉病

五、简答题

1. 简述显微镜的使用方法及保养注意事项。
2. 简述霜霉目的习性及形态特点。
3. 简述白粉菌目的特点。

单元测试题答案

一、名词解释

1. 1年发生1代的昆虫，其年生活史就是1个世代。1年3代的昆虫，其年生活史就包括3个世代。还有些昆虫需2～3年才能完成1个世代。

2. 自然情况下，在不利环境条件远没到来之前，就已进入休止状态，而且一旦进入，即使给予最适宜的条件，它也不会马上恢复生长发育，所以滞育具有一定遗传稳定性。

3. 引起昆虫种群50%的个体进入滞育的光周期。

4. 大多数昆虫在胚胎发育完成后，就要脱卵而出，这种现象称孵化。

5. 昆虫在胚后发育过程中由幼期状态变为成虫状态的现象。

6. 附肢和翅都贴在体上不能活动，腹部多数体节不能活动，蝶、蛾的蛹都是被蛹。

7. 真菌孢子经过萌发、生长和发育，最后又产生同一种孢子的整个过程。

二、填空题

1. 短日照滞育型　长日照滞育型
2. 胚胎发育　胚后发育

3. 增节变态　表变态　原变态　不全变态　全变态

4. 原足型　多足型　寡足型　无足型

5. 鞭毛菌亚门　接合菌亚门　子囊菌亚门　担子菌亚门　半知菌亚门

6. 闭囊壳　子囊壳　子囊盘　子囊座

三、判断题

1. ×　2. ×　3. ×　4. ×　5. ×　6. ×　7. ×　8. ×

四、单项选择题

1. A　2. A　3. A

五、简答题

（答案略）

第 2 单元

预测预报

- 第一节 番茄、辣椒病害的识别/66
- 第二节 农作物天敌的主要类群及识别/76
- 第三节 编制病虫害统计图表/106

第一节 番茄、辣椒病害的识别

 掌握番茄、辣椒病害的识别技术。

一、番茄病害

1. 番茄早疫病（见图2—1）

（1）症状。主要危害叶、茎和果实。叶片受害，初呈暗褐色小斑点，后扩大成圆形至椭圆形病斑，并有明显的同心轮纹，边缘呈现黄色或黄绿色晕圈。潮湿时病斑上生有黑色霉层。病害的发生常从植株下部叶片开始，逐渐向上蔓延，严重时病斑相连呈不规则形大斑，病叶干枯脱落。茎部发病多在分枝处，病斑呈黑褐色，椭圆形，稍凹陷。

 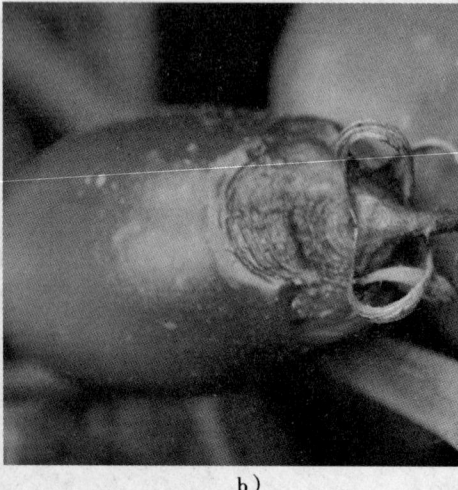 

a) b) c)

图2—1 番茄早疫病
a) 病叶 b) 病果 c) 病原菌分生孢子及分生孢子梗

果实发病多在果蒂附近或裂缝处形成近圆形凹陷病斑，也有同心轮纹。病果开裂，病部较硬，有时提早变红。空气潮湿时，其上生有黑色霉层，病果易早落。幼苗发病多在接近地面的茎部形成黑褐色病斑，并长有黑霉，严重时幼苗从发病部位折断。

(2) 病原。番茄早疫病病菌为茄链格孢菌（*Alternaria solani* Sorauer），属于真菌。病部霉层为病菌的分生孢子和分生孢子梗。分生孢子梗从寄主组织的气孔中伸出，单生或簇生，暗褐色，有 1~7 个隔膜，大小为（30.6~104 μm）×（4.3~9.19 μm），直或较直，梗顶端着生分生孢子。分生孢子呈长棍棒状，淡褐色，孢子大小为（85.6~146.5 μm）×（11.7~22 μm），具纵横隔膜，顶端长有细长的喙，无色，多数具 1~3 个隔膜，大小为（6.3~74 μm）×（3~7.4 μm）（见图 2—1）。

2. 番茄细菌性斑点病（见图 2—2）

(1) 症状。主要危害叶片和果实。叶缘及未成熟果实症状尤为明显。被害叶片出现深褐色至黑色小斑点，外围呈现黄色晕圈。青果染病，果面出现稍隆起的小斑，直径 1~2 mm，外观隐约可见的晕圈。被害果商品价值大为降低。

(2) 病原。病原为细菌，称丁香假单胞杆状细菌番茄致病型（*Pseudomonas syringae* v. *tomato* (Okabe) Younget al.）。病菌在种子上或随病残体遗落在土中存活越冬。播用带菌种子，可引起幼苗发病。病苗移至大田，并通过雨水溅射或整枝打杈等农事操作而传染。植地低湿或冷凉多雨的天气有利于发病。

图 2—2 番茄细菌性斑点病

3. 番茄溃疡病（见图 2—3）

(1) 症状。幼苗发病始于叶缘，由下部向上逐渐萎蔫，有的在胚轴或叶柄处产生溃疡状凹陷条斑，使病株矮化或枯死。成株发病，下部叶片凋萎下垂，叶片卷缩，似缺水状，有时植株一侧或部分小叶萎蔫。后期茎秆上出现狭长的褐色条斑，上下扩展，下陷或开裂，病茎增粗，常产生大量气生根，茎内中空或呈褐色。多雨或湿度大时，菌液从病茎或叶柄中溢出或附在其上，形成白色污状物。幼果受害后皱缩、畸形、发育慢。青果上病斑圆形，外围白色，中心粗糙黑色，萼表面生坏死斑，果面可见稍隆起的"鸟眼斑"。

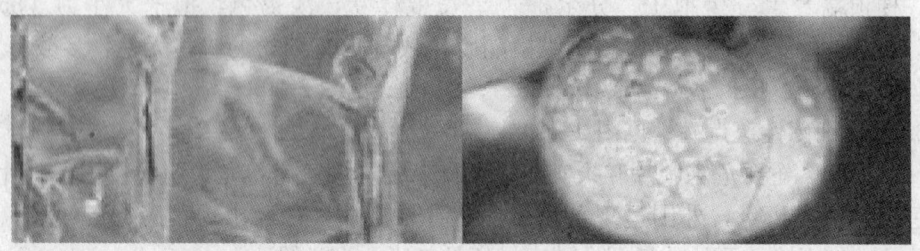

图2—3 番茄溃疡病

（2）病原。密执安棒杆菌番茄溃疡病致病型（*Clavibacter michiganense* subsp. *michiganense* (Smith) Davies etal）。

4.番茄疫霉根腐病（见图2—4）

（1）症状。该病危害植物茎基或根部。初发病产生褐色斑块，逐渐扩大后凹陷，严重时病斑绕茎基部或根部一周，致使地上部逐渐枯萎。纵剖病部，可见导管为深褐色。后期根茎腐烂，不长新根，植株枯死。

（2）病原。鞭毛菌亚门真菌——寄生疫霉（*Pytophthora parasitica* Dast.）。

5.番茄脐腐病（见图2—5）

（1）症状。该病又称蒂腐病，是一种由水分失调造成的生理性病害，发病后，青果易提早变红，果实小而有病斑，严重

图2—4 番茄疫霉根腐病

影响其经济价值。该病只发生在果实上，幼果至成熟果均会受害。病害由果蒂部，即花器部位或附近组织开始发生，病斑初期呈1～2 cm的水渍状暗绿色圆斑，扩大后最大可达半个果实，逐渐变为灰褐色。病部果实下陷呈扁平状，内部果肉细胞崩溃收缩，病表皮质柔韧。天气潮湿时，常产生绿色、黑色或粉红色霉层，病健交界处明显，病果健部常常提早变红。

（2）病原。该病为生理性病害，由以下原因造成：

1）土质黏重，或土壤偏酸，或土壤板结，或土壤缺钙、缺钾。

2）植株前期水肥供应充足，生长茂盛，后期突然干旱缺水。

图 2—5 番茄脐腐病

3）施用的有机肥未充分腐熟。

6. 番茄叶霉病（见图 2—6）

（1）症状。叶、茎、花和果实都能被侵害，以叶片发病最为常见。被害叶片最初在叶背面出现椭圆形或不规则形的淡绿色或浅黄色的褪绿斑，后在病斑上长出灰色渐转灰紫色至黑褐色的霉层。叶片正面病斑呈淡黄色，边缘不明显，后来病株叶片干枯卷曲。一般病株下部叶片先发病，后逐渐向上蔓延，发病严重时可以引起全株叶片卷曲、全株枯死。

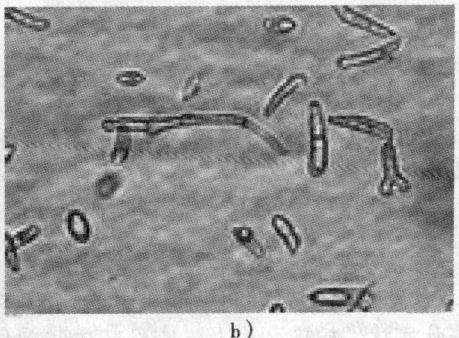

a)　　　　　　　　　　　　b)

图 2—6 番茄叶霉病
a) 病叶　b) 分生孢子

嫩茎及果柄上也会产生与上述相似的病斑，并可延及花部，引起花器凋萎或幼果脱落。果实受害，常在蒂部产生近圆形硬化的凹陷斑，并可扩大至果面的 1/3 左右，老病斑表皮下有时产生黑色针头状的菌丝块。

(2) 病原。为 Fulvia fucva (cooke) cif，属半知菌亚门褐孢霉属，异名为黄枝孢菌 (*Cladosporium fulvum* Cooke)。侵染所致。分生孢子梗成束从气孔伸出，稍有分枝，初无色，后呈褐色，有 1~10 个隔膜，节部稍膨大。分生孢子呈长椭圆形，初无色，单胞，后变褐色，中间长出 1 个隔膜，成为 2 个细胞。分生孢子大小为 (14~38 μm) × (5~9 μm)（见图 2—6）。

7. 番茄病毒病（见图 2—7）

图 2—7 番茄病毒病
a) 枝叶上坏死条斑 b) 茎上坏死条斑 c) 线叶症状 d) 蕨叶和花叶症状 e) 病果
f) 烟草花叶病毒 g) 黄瓜花叶病毒

(1) 症状

1) 花叶病。田间常见的症状有两种：一种是在番茄叶片上引起轻微花叶或微显斑驳，植株不矮化，叶片不变小、不变形，对产量影响不大；另一种番茄叶片有明显花叶，随后新叶变小，叶脉变紫，叶细长狭窄，扭曲畸形，茎顶叶片生长停滞，植株矮小，下部多卷叶，植株花芽分化能力降低，并大量落花、落蕾，果实少而小，对产量影响很大。

2) 坏死条斑病。该病也称条纹病。病株上部叶片呈现或不呈现深绿色与浅绿色相间的花叶症状。植株茎秆上、中部初生暗绿色下陷的短条纹，后变为深褐色下陷的油渍状坏死斑，逐渐蔓延扩大，以致病株萎黄枯死。病株果实畸形，果面散布不规则形褐色下陷的油渍状坏死斑。有时先从叶片开始发病，叶脉坏死或散布黑褐色油渍状坏死斑，后顺叶柄蔓延至茎秆，在茎秆上形成条状病斑。

3) 蕨叶病。初期症状，顶芽幼叶细长，展开比健叶慢或呈螺旋形下卷，叶片十分窄小，叶肉组织退化，甚至不长叶肉，仅存中肋。病株一般明显矮缩，下部叶片边缘向上卷起，严重的卷成管状，中部叶片微卷，主脉微现扭曲，上部叶片细小形成蕨叶。叶背叶脉呈淡紫色，叶肉薄而色淡，微现花斑。全株腋芽所发出的侧枝都生蕨叶状小叶，上部复叶节间短缩，呈丛生状。

(2) 病原。

1) 花叶病。该病主要由烟草花叶病毒（Tobacco mosaic virus，TMV）侵染引起。这种病毒的寄主范围很广，并且是一种抗性很强的植物病毒。其灭毒温度为90～93℃，10 min，稀释终点1∶1 000 000倍，体外保毒期很长，在无菌汁液内可维持致病力达数年，在干燥病组织内存活力达30年以上。在电子显微镜下，烟草花叶病毒的颗粒呈杆状，大小为300 nm×18 nm。能在寄主细胞内形成晶体状和针状内含体。

2) 坏死条斑病。该病主要由马铃薯Y病毒坏死条斑株系，及其与TMV、CMV复合侵染所致。这种病毒主要由蚜虫传播。主要特点为在番茄、辣椒上表现系统坏死条纹症状。

3) 蕨叶病。该病由黄瓜花叶病毒（Cucumber mosaic virus，CMV）侵染引起。这种病毒寄主范围也很广，除番茄外，辣椒、黄瓜、甜瓜、南瓜、莴苣、萝卜、白菜、胡萝卜、芹菜等蔬菜都能被害，还能为害多种花卉、杂草及一些树木。灭毒温度为60～70℃，10 min，稀释终点10 000倍，体外保毒期3～4天，不耐干燥。主要由蚜虫传播。在电子显微镜下颗粒呈球状，直径30 nm。

上述病毒各有若干不同的株系，并且大多能在番茄上混合侵染，造成复合性病毒病。由于这些不同株系的不同配合，病状上常出现种种变异，造成鉴别上的困难。

二、辣椒病害

1. 辣椒疮痂病（见图2—8）

(1) 症状。此病发生在幼苗、叶、茎和果实等部位，尤其在叶片上发生普遍。幼苗发病，子叶上生银白色小斑点，呈水渍状，后变为暗色凹陷病斑。幼苗受侵害常引起落叶，植株死亡。成株上叶片发病初期呈水渍状黄绿色的小斑点，后扩大变成圆形或不规则形、边缘暗褐色且稍隆起、中部颜色较淡稍凹陷、表皮粗糙的疮痂状病斑。病斑常连在一起，所以在叶片上有的仅具有几个大病斑，直径达6 mm。如叶片上病斑多时则病斑较小，此时植株受害最重。受害重的叶片，叶缘、叶尖常变黄干枯、破裂，最后脱落。如病斑沿叶脉发生时，常使叶片变为畸形。茎上初生水渍状不规则的条斑，后木栓化隆起，纵裂呈溃疡状痂斑。叶柄和果梗上的病斑大体与茎上病斑相似。果实上初生黑色或褐色隆起的小点，或为一种具有狭窄水渍状边缘的疱疹，逐渐扩大为1～3 mm隆起的圆形或长圆形的黑色疮痂斑。病斑边缘有裂口，开始时并有水渍状晕环，潮湿时疮痂中间有菌液溢出。

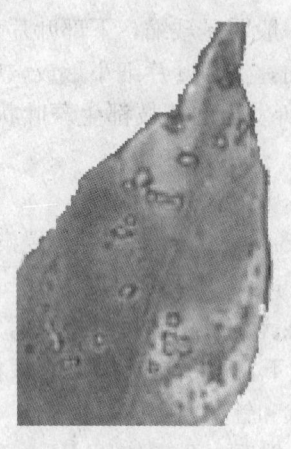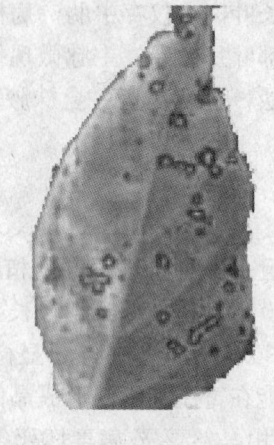

图 2—8 辣椒疮痂病
a) 病叶 b) 病原菌

(2) 病原。本病由黄单胞杆菌属细菌 [*Xanthomonas campestris* var. *vesicatoria* (Doidge) Dye.] 侵染引起。菌体为杆状，两端钝圆，大小为 $(1.0\sim1.5\ \mu m) \times (0.6\sim0.7\ \mu m)$，具有一条极生鞭毛，能游动。菌体排列成链状，有荚膜，无孢子，革兰氏染色呈阴性反应，好气性。在培养基上的菌落呈浅肉色，半透明，圆形。在马铃薯上，菌落呈黄色，繁殖分散，呈油乳状。该菌能使明胶中度液化，不能还原硝酸盐，不产生硫化氢，能使乳糖酸化，但无气体发生，分解淀粉迟缓。国外有报道证明，本菌可分为三个转化型，第一型只侵染辣椒，第二型只侵染番茄，第三型则对辣椒、番茄均可侵染。病菌发育最低温度为5℃，最适温度27～30℃，最高温度为40℃。致死温度为59℃，10 min。

2. 辣椒疫病（见图2—9）

(1) 症状。辣椒疫病在辣椒的整个生育期均可发生，茎、叶、果实、根都会发病。幼苗受害，茎基部初呈暗绿色水渍状软腐，之后病斑环绕茎部逐渐扩大，形成褐色至黑褐色并显著缢缩的大斑，茎、叶迅速萎蔫，病部易折断，常常造成苗期猝倒病。成株期多为害茎秆分枝处，产生暗绿色水渍状之后，变为褐色坏死长条斑，病部凹陷缢缩，植株上部萎蔫枯死，但维管束不变色，该症状有别于镰刀菌引起的枯萎病。

叶片受害产生暗绿色水渍状圆形或近圆形的病斑，直径2～3 cm。湿度大时整叶腐烂，干燥时，病斑呈淡褐色，病叶易脱落。果实受害始于蒂部，产生暗绿色水渍状病斑，湿度大时变褐软腐，表面长出白色稀疏霉层，干燥时形成僵果残留于枝上。根部受害变褐腐烂，整株萎蔫枯死。

(2) 病原。病原物为辣椒疫霉（*Phytophthora capsici* Leonian），属于鞭毛菌亚门疫霉属。在CA培养基上，菌落灰白色，呈放射状、絮状，气生菌丝中等旺盛。菌丝形

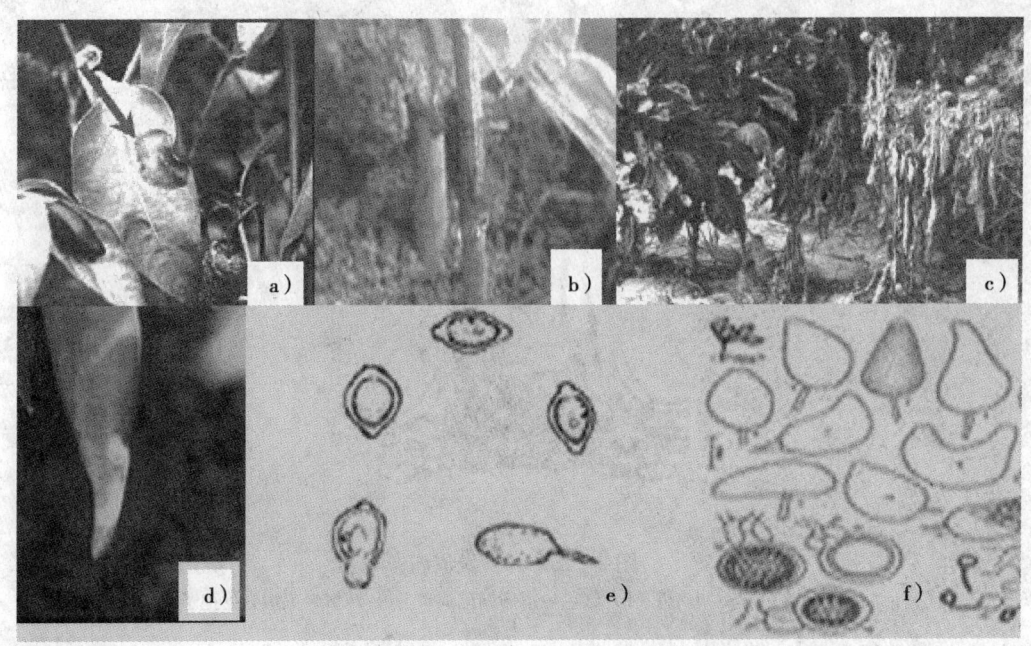

图 2—9 辣椒疫病
a) 病叶　b) 病茎　c) 病株　d) 病果　e) 孢子囊萌发　f) 雄器及藏卵器

态简单，宽 3.0~10.0 μm。孢囊梗呈不规则分枝或伞形分枝，细长，无色透明，宽 1.5~3.5 μm，顶生孢子囊。孢子囊形态变异较大，近球形、卵形、肾形、梨形、长卵形、椭圆形、长椭圆形或不规则形，呈淡黄色，孢子囊基部圆形或渐尖，(40~80 μm)×(29~52 μm)，平均 56.7 μm×42.2 μm，长宽比为 1.4~2.7，平均 1.9。具明显乳突 1~2 个，乳突高 2.7~5.4 μm。孢子囊脱落具长柄，柄长 17~61 μm。孢子囊成熟后直接萌发形成菌丝，或间接萌发释放出双鞭毛的肾形游动孢子，每个孢子囊含有 14~36 个游动孢子，(10~15 μm)×(8~10 μm)，鞭毛长 17~30 μm。游动孢子在水中游动片刻后鞭毛消失成为球形的休止孢，直径 8~10 μm。休止孢直接萌发形成芽管或间接萌发形成卵形的小孢子囊，(18~23 μm)×(6~8 μm)。有的菌株可产生厚垣孢子，呈球形或不规则形，顶生或间生，淡黄色，直径 18~28 μm。有性生殖为异宗配合，配对培养易产生大量藏卵器，藏卵器球形，直径 20~32 μm，壁薄，一般厚 0.5~2.0 μm，光滑，浅褐色，柄大多棍棒形，少数圆锥形。雄器围生，无色，球形或圆筒形，(10~20 μm)×(9~14 μm)，平均 12.9 μm×12.5 μm。藏卵器受精后形成卵孢子。卵孢子球形，直径 21~30 μm，平均 24.6 μm，淡黄色，壁光滑，厚 0.5~2.5 μm，不满器。

3. 辣椒炭疽病（见图 2—10）

(1) 症状。此病主要为害叶片和果实，特别是近成熟期的更易发生。一般引起叶部

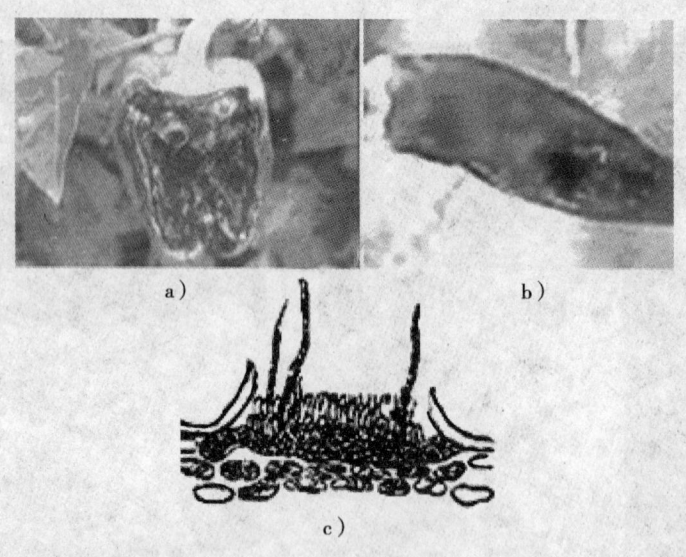

图 2—10 辣椒炭疽病
a) 黑色炭疽病后期病斑 b) 红色炭疽病凹陷病斑 c) 辣椒炭疽病分生孢子

炭疽的主要是黑色炭疽病,红色炭疽病则主要引起果实炭疽。

1) 黑色炭疽病为害果实及叶片均能受害,特别是成熟的果实及老叶易受侵染。果实受害,初为褐色、水浸状小斑点,褐色小斑点很快扩展成圆形或不规则形的凹陷病斑,斑面具隆起的同心轮纹,其上密生轮纹状排列的黑色小点(病菌的分生孢子盘)。潮湿时病斑周围有湿润状变色圈;干燥时病组织变薄,极易破裂。叶片发病,以老叶为多,初生褪绿色水浸状斑点,扩大后为圆形或不规则形,边缘褐色,中央灰白,后期斑面上也产生轮纹状排列的小黑点。茎和果梗有时也会受害,形成不规则的褐色凹陷斑,干燥时表皮易破裂。

2) 红色炭疽病为害幼果及成熟果实均能受害,产生黄褐色、水渍状、凹陷病斑,其上密生轮纹状排列的橙红色小点,潮湿时病斑表面溢出淡红色黏质物。

3) 黑点炭疽病为害以成熟果实受害严重。病斑与黑色炭疽病相似,但其上的小黑点较大,色更黑,潮湿时溢出黏质物。

(2) 病原

1) 黑色炭疽病。病原菌为胶孢炭疽菌 *Colletotrichum gloeosporioides* (Penz.) Sacc.,异名:黑刺盘孢菌 *C. nigrum* Ell. et Halst。分生孢子盘周缘生暗褐色刚毛,具 2～4 个隔膜,大小 (74～128 μm)×(3～5 μm)。分生孢子梗短圆柱形,无色,单胞,大小 (11～16 μm)×(3～4 μm)。分生孢子长椭圆形,无色,单胞,(14～25 μm)×(3～5 μm)。

2) 红色炭疽病。病原菌为胶孢炭疽菌 *C. gloeosporioides* (Penz.) Sacc.,异名:辣

椒盘长孢菌 G. piperatum Ell. et EV.。分生孢子盘无刚毛，分生孢子椭圆形，无色，单胞，大小（12.5~15.7 μm）×（3.8~5.8 μm）。有性阶段为围小丛壳 Glomerella cingulata (Stomem.) Spauld. Et Schrenk。

3）黑点炭疽病。病原菌为辣椒炭疽菌 C. capsici，异名：辣椒丛刺盘孢菌 Vermicularia capsici Syd.。分生孢子盘周缘及内部均密生长粗而壮的刚毛，尤其内部刚毛更多。刚毛呈暗褐色或棕褐色，具隔膜，大小（95~216 μm）×（5~7.5 μm）。分生孢子新月形，无色，单胞，大小（23.7~26 μm）×（2.5~5 μm）。

4. 辣椒病毒病（见图 2—11）

图 2—11　辣椒病毒病

（1）症状。辣椒病毒病常见的症状有花叶、黄化、坏死和畸形 4 种。

1）花叶。分为轻型花叶和重型花叶两种类型。轻型花叶病叶初现明脉轻微褪绿，或显现浓、淡绿相间的斑驳，病株无明显畸形或矮化症状，一般不造成落叶；重型花叶病除表现褪绿斑驳外，叶面凹凸不平，叶脉皱缩畸形，或形成线叶。植株生长缓慢、严重矮化、果实变小。

2）黄化。叶明显变黄，出现落叶现象。

3）坏死。病株部分组织变褐坏死，表现为条斑、顶枯、坏死斑驳及环斑等症状。

4）畸形。病株变形，如叶片变成线状，即蕨叶；或植株矮小，分枝增多，呈丛生状。

有时几种症状同时在一个植株上出现，或引起落叶、落花、落果，严重影响辣椒的产量和品质。

(2) 病原。关于辣椒病毒病的毒源，世界各地报道的有10多种，我国已发现8种，包括黄瓜花叶病毒（CMV）、烟草花叶病毒（TMV）、马铃薯Y病毒（PVY）、烟草蚀纹病毒（TEV）、马铃薯X病毒（PVX）、辣椒脉斑驳病毒（PepVMV）、苜蓿花叶病毒（AlMV）和蚕豆萎蔫病毒（BBWV）。其中CMV可划分为4个株系，即重花叶株系、坏死株系、轻花叶株系及带状株系。

由于多种病毒引起相似的症状，不同年份、不同栽培条件下，病毒的种类、株系有明显的变化。如吉林省鉴定出当地主要毒源是CMV、TMV、PVY等；广东省鉴定出PVY、CMV、TMV；辽宁则鉴定出TMV、CMV、TEV、PVY等。

黄瓜花叶病毒（CMV）是辣椒上最主要的毒源之一，可引致辣椒系统花叶、畸形、蕨叶、矮化等症状。有时复合其他病毒侵染产生叶片枯斑或茎部条斑等症状。

烟草花叶病毒（TMV）是甜椒上位于第二位的毒源，主要是前期为害，常引起急性型坏死枯斑或落叶，后心叶呈系统花叶，或叶脉坏死，茎部斑或顶梢坏死。

马铃薯Y病毒（PVY）在辣椒上现系统性轻花叶和斑驳，引致花叶、矮化、果少等症。病毒粒子弯曲长杆状，质粒大小730 nm×11 nm，钝化温度52～62℃，稀释限点100～1 000倍，体外存活期2～3天。

马铃薯X病毒（PVX）引致甜椒产生系统性重花叶和深绿色镶脉。病毒粒子弯曲杆状，大小515 nm×12 nm，钝化温度68～76℃，稀释限点100 000～1 000 000倍，体外存活期数周。

第二节 农作物天敌的主要类群及识别

培训目标 → 掌握天敌识别技术，识别农作物天敌40种以上。

一、瓢虫

成虫体小至中型。半球形，也有长卵形，体色鲜艳。头小，嵌入前胸很深。触角11节，偶有8、9、10节，前端3节膨大呈锤状。下颚须末节呈斧头状，两侧向末端扩大或两侧相互平行。足短，跗节隐4节，第3节小。可见腹板5～6节，第1腹板上有后基线（见图2—12、图2—13）。

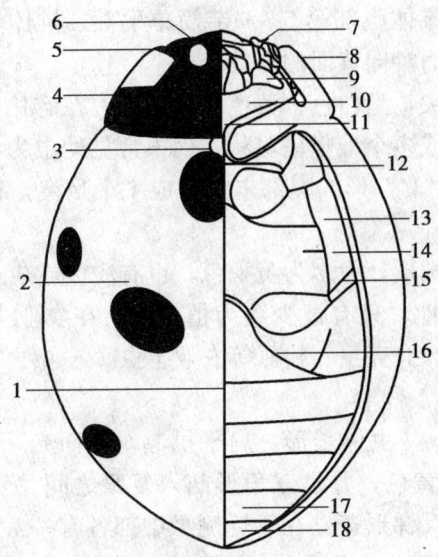

图 2—12 瓢虫成虫的外部形态

1—鞘缝 2—鞘翅 3—小盾片 4—前胸背板 5—复眼 6—头部 7—触角 8—前胸背板后折 9—下颚须端节 10—前胸腹板 11—纵隆线 12—中胸腹板后侧片 13—后胸背板前侧片 14—后胸腹板 15—后胸腹板后侧片 16—后基线 17—第5腹节 18—第6腹节

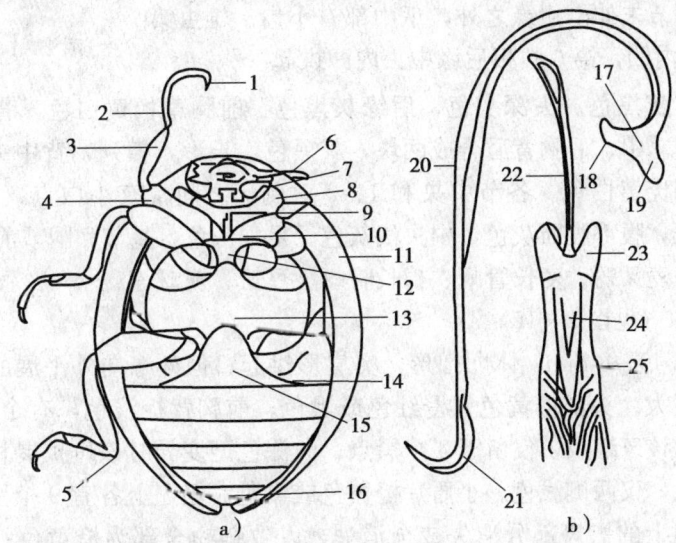

图 2—13 瓢虫成虫外形和雄性外生殖器（仿 gordon, 1985）

1—爪 2—跗节 3—胫节 4—腿节 5—胫节端距 6—触角 7—下唇须 8—前胸腹板 9—纵隆线 10—前胸腹板突 11—鞘翅缘折 12—中胸腹板 13—后胸腹板 14—后基线 15—第1腹板 16—第6腹板 17—弯管 18—弯管囊内突 19—弯管囊外突 20—弯管体 21—弯管端 22—基柱 23—基片 24—阳基中叶 25—阳基侧叶

雌体大于雄体，一般雌体腹部第5～6节简单平截。雄体呈现一定的弯曲。检查标本时，凡是腹部末节下陷而翻向背面的都是雌虫。

卵常为长卵形，两头尖，呈白色、黄色或橘黄色，在孵化之前变为灰色或墨色。卵壳上有网状隆纹。卵单产或多个堆竖呈块状。棉田常见幼虫为纺锤形或椭圆形。头部向下，蜕裂线有"V""Y""U"形。腹部末节形成1个足突，在化蛹时起固着躯体的作用。

蛹为裸蛹，长圆或卵圆形，大多为黄褐色，也有浅色或杂有红色的。

瓢虫绝大多数为捕食性，只有极少数为植食性，在农业生产上造成危害的仅有几种。因为瓢虫可捕食蚜虫、介壳虫、粉虱等农业害虫。

1. 十三星瓢虫（见图2—14）

雌虫体长6～6.20 mm，虫体长形，扁平拱起，背面光滑无毛。头部黑色，前缘黄色，并呈三角形凸入复眼之间。前胸背板黄色，中部有一大梯形斑，在靠近侧缘中部各有一圆形黑斑。鞘翅基色为橙红色，共有13个黑斑。前胸背板和鞘翅的缘折橙红色，腹面除中、后胸后侧片黄白色和腹部第1～5腹板外缘部分橙红色外，全为黑色。足腿节以上橙红色，以下黑色。第5腹板后缘齐平，第6腹板后缘尖圆凸出。足细长，腿节末伸出翅缘之外，爪中部有小齿。雄虫第5腹板后缘全线内凹，第6腹板后缘中央内凹拱起。

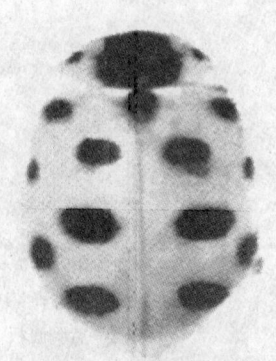

图2—14 十三星瓢虫

老熟幼虫体灰黑色。头深灰色，后缘灰黑色。前胸背板黄白色，背盾4块，灰黑色，长形，纵列。中、后胸背盾合成两块，灰黑色，长形，横列，背中央有黄白色方形小斑。后胸侧刺疣黄白色。各节中央和1、2对刺疣之间常有小白点。胸部腹面灰色，中央有淡灰色斑，腹部腹面灰色，中央浅灰色。足深灰色，基节和腿节前端浅灰色。

捕食棉蚜、麦叉蚜、麦长管蚜、棉长管蚜、豆蚜、槐蚜等。

2. 异色瓢虫（见图2—15）

雌虫体长5.40～8 mm。体卵圆形，突肩形拱起，但外缘向外平展的部分较窄。体色和斑纹变异很大。头部橙黄色、橙红色或黑色。前胸背板浅色，有个"M"形黑斑，向浅色型变异时该斑缩小，仅留下4个黑点；向深色型变异时该斑扩展相连以至前胸背板中部全为黑色，仅两侧浅色。小盾片橙黄色或黑色。鞘翅上各有9个黑斑，向浅色型变异的个体鞘翅上的黑斑部分消失或全消失，以致鞘翅全部为橙黄色；向深色型变异时，斑点相互连成网形斑，或鞘翅基色黑而有2、4、6个浅色斑纹甚至全黑色，腹面色泽也有变异；浅色型的中部黑色，外缘黄色；深色型的逐步黑色，其余部分棕黄色。鞘翅末端7/8处有个明显的横脊痕是该种的重要特征。第5腹板外凸，第6腹板后缘弧形凸出。雄虫第5腹板后缘弧形内凹，第6腹板后缘半圆形内凹。

图 2—15 异色瓢虫

卵梭形。初产橙黄色或黄色。卵粒排列整齐成块。

老熟幼虫体黑色。头部黑色，脱裂线呈"U"字形。触角 2 节，长不及头宽的 1/10。前胸背板具两个大的半圆形背盾，其前侧后缘约有 15 个刺突。中、后胸背面各有 2 个近椭圆形背盾，内侧各具 1 个二叉状刺毛，背侧线处各具 1 个三叉状矮刺和数根不分叉的矮刺，侧线处为 1 个不分叉的矮刺。腹部 1~8 节各具 3 对矮刺，背矮刺三分叉，侧矮刺二分叉，侧下矮刺不分叉。腹部第 1、4、5 节背矮刺及第 1~5 节侧矮刺淡黄色或橙黄色，其余矮刺黑褐色。腹部第 1~5 节背矮刺区有一个三角形淡黄至橙黄色区域。

蛹体橘黄色。前胸背部后缘中央有个黑斑。中胸后侧有个黑斑，端部黑色。后胸背中央有个黑斑。腹部背面第 2~5 节中央有 2 个黑斑，第 3、4 节黑斑大。腹部第 2~5 节黑斑外侧有橘黄色斑。腹末有四龄幼虫蜕皮。蜕皮的矮刺仍为橘黄色。

捕食棉蚜、麦二叉蚜、麦长管蚜、甘蓝蚜及各种叶螨。根据室内测定，异色瓢虫的成虫和幼虫除了捕食棉蚜外，还可捕食棉铃虫的卵和低龄幼虫。其日最大平均捕食量，成虫捕食棉铃虫卵 70 粒左右，幼虫未见捕食棉铃虫卵；对棉铃虫初孵幼虫，成虫捕食 70 头，四龄幼虫为 69 头。异色瓢虫各个发育阶段对棉蚜的最大捕食量是：一龄幼虫期 48 头；二龄幼虫期 75 头；三龄幼虫期 152 头；四龄幼虫期 530 头；全幼虫期 800 头；成虫期 4 525 头；全生育期为 5 325 头。

3. 菱斑瓢虫（见图 2—16）

雌虫体长 4.40~4.901 mm。虫体椭圆形，呈半圆形拱起，背面光滑无毛。头部白色。复眼黑色。前胸背板暗黄色，有 7 个黑斑。中央中线两侧各有一长点形黑斑，排成"八"字形。后缘中部有一窄条形小黑斑，在其两侧各有 1 个不规则形黑斑，在两侧缘后部各有一逗号形黑斑。小盾片黑色或黄褐色，边缘黑色。鞘翅暗黄色，各生 8 个大小不一的黑斑。鞘缝和腹面黑色。腹部外缘及端末部分呈褐色或黄褐色。中胸后侧片黄色。足黄色。第6腹板后缘尖弧形凸出。雄虫第5腹板后缘齐平,第6腹板后缘弧形内凹。

卵呈长卵形,黄白色。

老熟幼虫体黑色。头灰色,两侧有2个黑斑。前胸背板前缘灰黄色,前侧角和前缘紫色,后缘中央有个三角形紫色斑。中、后胸背盾2个近方形紫色斑,后侧角有紫色小斑。腹部第1节刺疣从中央到两侧的1、2、3对依次为黑色、淡红色、淡红色。第4腹节刺疣全为淡红色,有时近于白色,背中的第1对刺疣基部淡红,白色范围较大,其余各节体侧第3对刺疣为淡红色或白色,余均为黑色。腹背各节中央有小白色。胸部腹面灰色,中央色略淡,各节有2对毛瘤,腹部腹面灰色,各节有3对毛瘤。足深灰色。第3腹节侧下刺疣紫色。第4腹节6个刺疣皆紫色,其余刺疣黑色。四龄体长7 mm。其特征与三龄同。

蛹全体黑红色。前胸背板前侧角各有个红斑,后缘中央有1个大红斑。腹部第1~5节背中两侧各有1个黑斑,黑斑外侧红色,背中线红色。

捕食棉蚜、麦长管蚜、甘蓝蚜、叶蝉。

4. 方斑瓢虫(见图2—17)

图2—16 菱斑瓢虫　　　图2—17 方斑瓢虫

雌虫体长3.50~4.50 mm,虫体长圆形,呈弧形隆起。头部黄色具黑斑,也有少数头部全黑色。复眼黑色。前胸背板黑色,具有6个黑色斑纹,其中4个横列于中部,2个于基部与后缘相接而形成2齿形斑,斑点相连形成黑色大斑。小盾片黑色。鞘翅黄色,鞘缝黑色,每个翅有7个黑色斑点,各斑变异很大,常保持四边形的形态。腹面黑色,中、后胸后侧片白色。足端部黄褐色,腿节有不明显黑斑。第5腹板后缘中部舌形微微凸出,第6腹板后缘圆凸。爪不分裂,基部具齿。雄虫第5腹板后缘基本齐平,第6腹板后缘平截。

老熟幼虫体灰色。头灰白色,两侧及后缘深灰色。前胸背板浅黄色,背盾合成2

块,近方形,灰黑色。中、后胸背盾各合成2块,灰黑色,中、后胸中央处有"工"形黄斑(有的为白色)1个,中胸黄斑有时为"T"形,侧面有2个黄白色斑,上着生刺瘤。腹背第1节刺瘤从中央到两侧1、2、3对依次为黑色、黄白色、黄白色,第4节刺瘤均为黄白色,而中央1对刺瘤及其附近的白色范围大而明显,其余各节除体侧第3对刺瘤为黄白色外,其余均为黑色。腹背各节中央有小白色,后缘常有白细线,尤以第7节最为明显。胸部腹面浅灰色,足间白色。腹部腹面浅灰色,中央色浅,各节均有3对毛瘤,但不明显。前足腿节前端白色,后端及胫节黑色,中、后足腿节后端黑色,前端及胫节白色。

捕食蚜虫、叶蝉,有时可取食粉蚧、粉虱。

二、草蛉

草蛉又名草蜻蛉,属于脉翅目草蛉科。草蛉是一种常见的捕食性昆虫,成虫和幼虫均可捕食,主要捕食蚜虫、叶螨、介壳虫及各种昆虫的初龄幼虫、卵等。近年来,国内外利用草蛉防治棉铃虫、叶螨等害虫已取得较好的效果。

成虫口器咀嚼式。前后翅相似或前翅宽大,翅脉复杂如网状,翅多无色透明。前缘横脉不分叉,Rs只有一条与R相连,由Rs上再分为平行的许多条。在Rs与R_1之间也有一条横脉。阶脉2或3组,排列整齐有如阶梯,划分成许多长方形的翅室。如图2—18所示。

幼虫体呈纺锤形,触角细长,上颚长而略弯无齿。体两侧多有瘤突,丛生刚毛。足端两爪间都有明显的中垫。草蛉幼虫在有蚜虫孳生的植物上极为常见,捕食蚜虫很凶,所以有"蚜狮"之称。成虫在枝叶上产卵。卵有长柄,茧圆球形,白色。草蛉有趋光性,晚上常飞到灯下。

新疆常见的种有大草蛉 *Chrysopa pallens*、丽草蛉 *C. formosa*、叶色草蛉 *C. phyllochroma*、黄褐草蛉 *C. yatsumatsui*、普通草蛉 *Chrysoperl. carnea*、中华通草蛉 *C. sinica*。

1. 普通草蛉

成虫体长 10 mm,前翅长 12 mm,后翅长 11 mm。触角比前翅短,第1、2节同色。头部两侧的颊斑和唇基斑多相连。前翅基部的径中横脉连在内中室的上边,翅脉全部为绿色。胸部和腹部背面中央有黄白色纵带。

在棉田捕食蚜虫、叶蝉、叶螨、棉铃虫卵及幼虫。

2. 中华通草蛉(见图2—19)

成虫体长 9~10 mm,前翅 13~14 mm,后翅 11~12 mm,翅展 30~31 mm。体黄绿色,胸部和腹部背面两侧淡绿色,中央有黄色纵带。头部淡黄色,颊斑和唇基斑各1对,但大部分个体每侧的颊斑和唇基斑连接呈条状。下颚须和下唇须暗褐色。触角较前

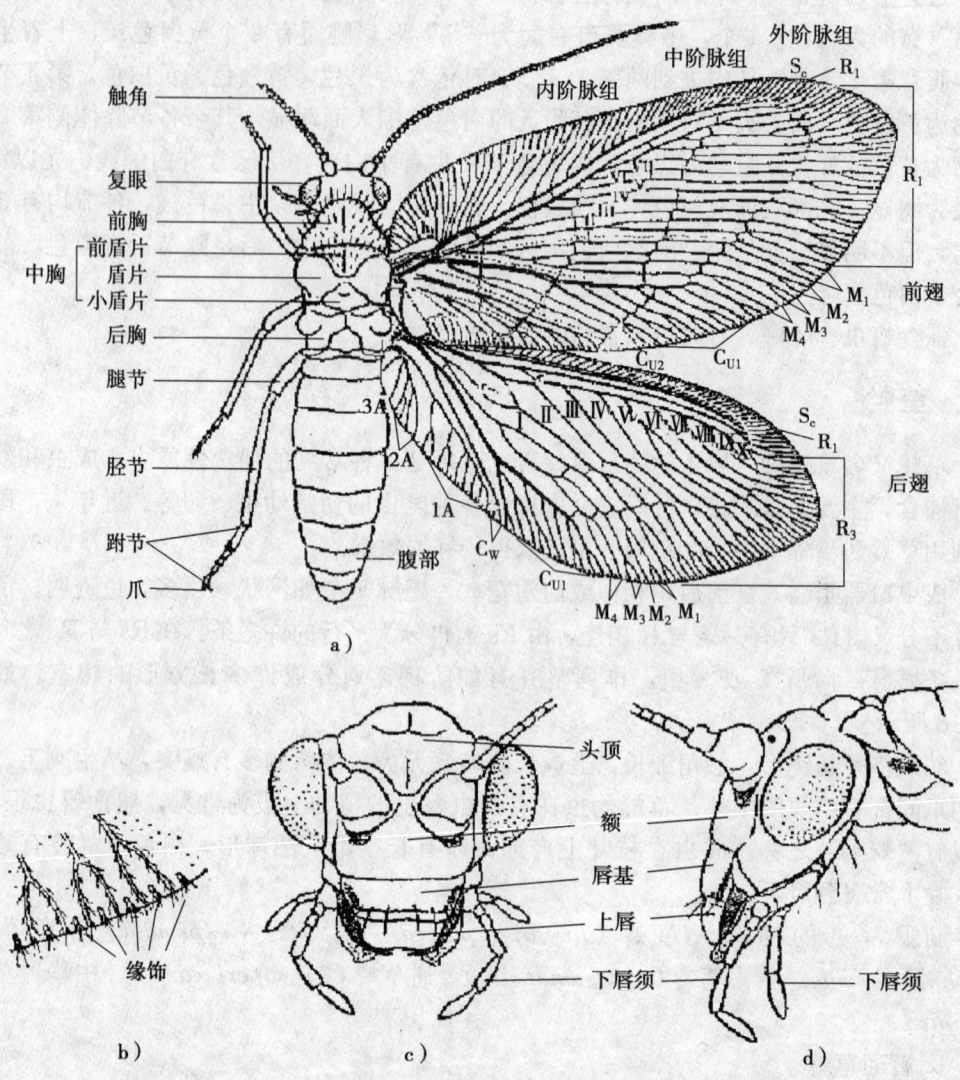

图 2—18 脉翅目成虫特征
a) 脉线蛉体翅背视 b) 翅边缘部分放大 c) 大草蛉头部正面 d) 大草蛉头部侧视

翅短,呈灰黄色,基部两节与头部同色。翅狭长,端部较尖,翅脉黄绿色,前缘横脉的下端、径分脉和径横脉的基部、内阶脉和外阶脉均为黑色。翅基部的横脉也多为黑色,翅脉上有黑色短毛。足黄绿色,跗节黄褐色。

卵椭圆形,丝柄白色,初产时绿色,快孵化时褐色。多单粒散产于植物叶背面。

一龄幼虫初孵化时胸部浅红色,腹部前4节红褐色,后6节黄色,以后变成红棕色。

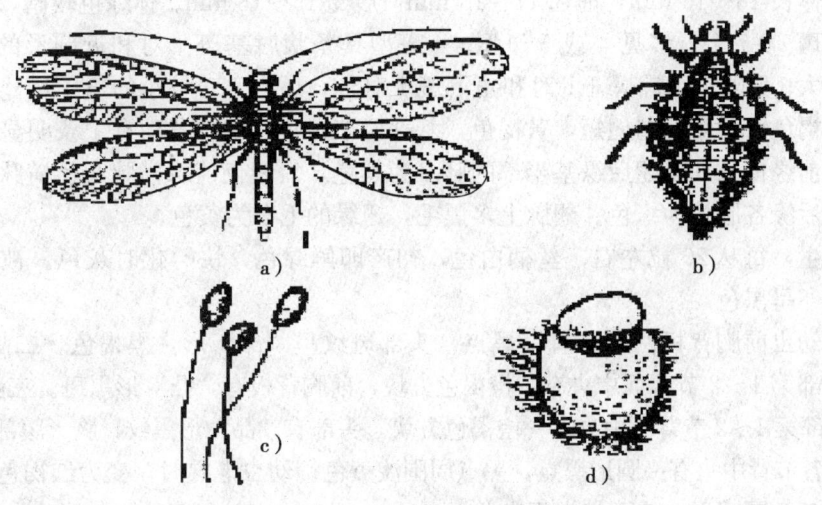

图 2—19 中华通草蛉
a) 成虫 b) 幼虫 c) 卵 d) 蛹

头部有 2 个 "广" 形黑纹，前胸背板有 "W" 形黑纹。二龄幼虫体背线细，两侧有褐色带。头部有 "八" 字形纹，前胸背板有 "H" 形黑色斑纹。三龄幼虫背面和气门上线红褐色，头部有褐色倒 "八" 字形纹，头两侧过单眼到上下颚有褐色纹通过。

茧白色，表面光滑无杂物。

3. 大草蛉（见图 2—20）

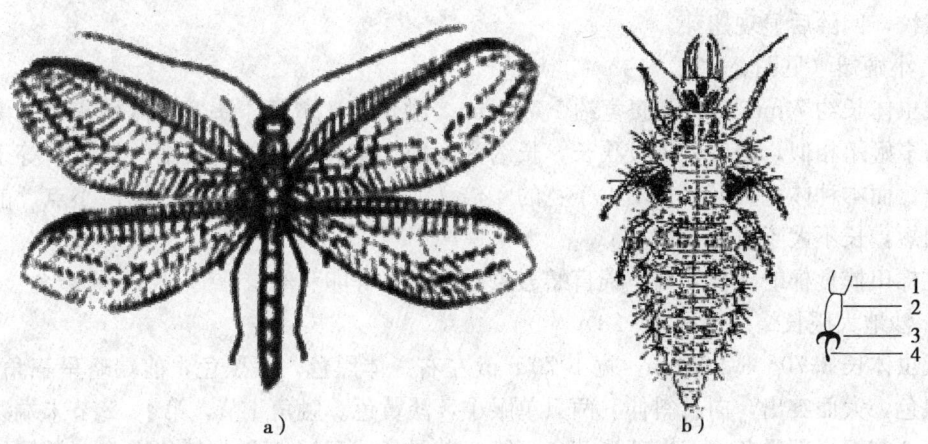

图 2—20 大草蛉
a) 成虫 b) 幼虫
1—胫节 2—跗节 3—爪 4—中垫

成虫体长13～15 mm，前翅17～18 mm，后翅15～18 mm。体绿色较暗，头部黄绿色，有黑斑2～7个，多见4或5斑型。4斑型具条状唇基斑1对和近圆形的角下斑1对，均较大；5斑型除唇基斑1对和角下斑1对外，还有1对较小的角中斑。下颚须和下唇须黄褐色。触角较前翅短，黄褐色，基部两节绿色。胸部背面有1条明显的黄色纵带。前翅前缘横脉列及翅后缘基半部的脉多为黑色，后翅仅前缘横脉及径横脉的大半段为黑色，后缘各脉均为绿色。翅脉上多黑毛，翅缘的毛多为黄色。

卵丛生，每丛20粒左右，丝柄白色，初产卵鲜绿色，快孵化时灰色。被草蛉黑卵蜂寄生的卵呈黑色。

一龄幼虫前胸背板两侧各有一黑点，头部斑纹呈"凸"形，黑褐色。二龄幼虫中、后胸及腹部第1～2节背面中央有一橙褐色方块，前胸背板有"凸"形黑斑。三龄幼虫中、后胸及腹部第1～2节背面中央有一橙褐色方块，头部有"品"形黑纹，胸、腹部背中线明显，腹部各节背中央有一圆形黑点，黑点周围淡黄色。幼虫老熟时，变为红褐色。

茧白色，圆球形，表面光滑无杂物。

三、蝽类天敌

1. 蠋敌（见图2—21）

雄虫触角红黄色，第3、4节黑色。体上黄褐、黑褐至灰黑色，有点浅红色。体下黄色，满布刻点。一列小点在腹下两侧，近于第3～6节的前缘。前、中足基部各有1小点。足浅褐色，腿节有细黑点。卵圆筒形，略小于小米粒。初产时乳白色，孵化前米黄色。若虫初孵化时米黄色，十几分钟后胸部逐渐变为深黑色，腹部背板呈现出4～5条黑色横纹，四龄后显现翅芽。

2. 小姬蝽（见图2—22）

成虫体长约7 mm左右，腹宽约1.75 mm。触角第1节短于头宽。体褐灰色，黑色斑纹与窄姬蝽相似，但后者体较狭长，长约为宽的5倍。前足腿节较细，长几乎等于宽的7倍。而本种体宽长形，长不大于宽的4倍。前翅革片上常有不规则深色小点。前足腿节粗短，长不大于宽的5倍。

在棉田捕食棉蚜、棉叶蝉、棉盲蝽若虫和棉铃虫等卵和幼虫。

3. 沙地大眼长蝽（见图2—23）

成虫体长3.70～3.90 mm，宽1.70 mm左右。体黑色。头黑色，前端略呈三角形。复眼黑色，大而突出，向右斜伸，两只单眼小，淡黄色。触角4节，第1、2节末端淡黄色，第3节下半部黑色，上半部淡黄色，第4节最长，呈淡黄色，各节均着生斜伸的短毛。前胸背板上有粗刻点，小盾片黑色且呈三角形，其上也有粗刻点。前翅基部革质黄色。足黄色。

卵一端略大，其上有环形排列的5个"T"字形脊纹，卵壳表面有粗刻点。孵化前，

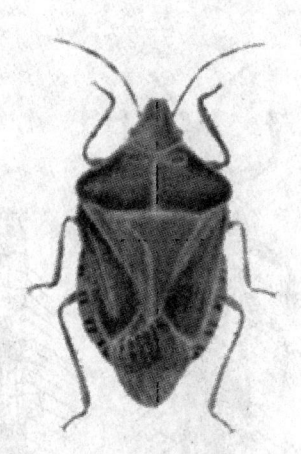

图 2—21 蠋敌

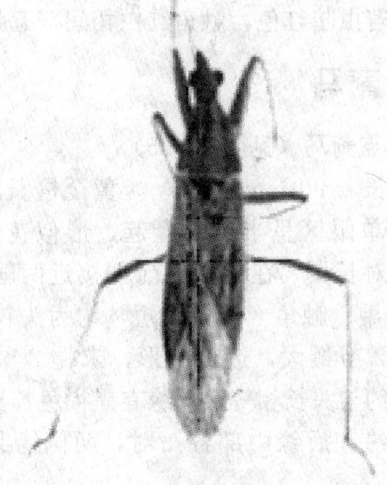

图 2—22 小姬蝽

略大的一端有两个红色眼点。

若虫一龄淡黄色,复眼紫红色,大而突出。初孵若虫腹部背面第4、5、6节各有一椭圆形红斑。二龄橙黄色。翅芽不明显。三龄翅芽已开始显现。四龄翅芽达到或超过腹部第2节。腹背两侧有淡红色斑。五龄紫黑色。翅芽基部黑色,端部灰色。

4. 黑食蚜盲蝽(见图2—24)

成虫体长4.80 mm左右,体黑褐色。触角比体短,第2节最长。前胸背板有黑色小点,除中线及周缘呈黄褐色外,上身黑色,有光泽。前胸背板的胝黑色,环状颈片淡黄色。小盾片三个顶角色淡,中央黑色,呈倒"V"字形。前翅有刻点。爪片端部、革片中央和端部外缘与楔片交界处以及楔片顶角各有1个黑色大斑点,是本种的显著特征。膜片透明。足赭褐色,腿节与胫节有色较浓的斑纹。腹部黑色。

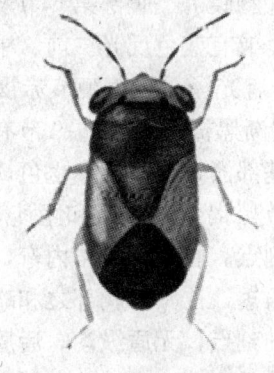

图 2—23 沙地大眼长蝽

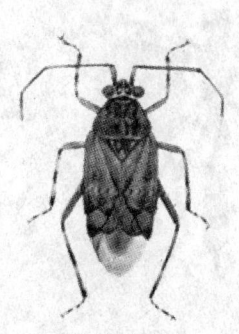

图 2—24 黑食蚜盲蝽

卵茄子形，长约 1 mm。卵盖椭圆形，赭褐色，上有较小指状凸起。若虫共有 5 个龄期。初孵若虫暗红色，触角红白相间。五龄若虫大致为赭褐色，全身被有长毛。

四、捕食蓟马

1. 塔六点蓟马（见图 2—25）

成虫体长 0.90 mm 左右，淡黄至橙黄色，头顶平滑。单眼区呈半球形隆起，形似花菜。单眼间有 1 对长鬃，在单眼区前方接近两触角窝有 1 对短鬃。触角 8 节，较短，约为头长的 1.5 倍，第 2 节最大，近似圆形，末端 2 节最小。前胸长约与头长相等，周缘有黑褐色长鬃 6 对，靠近前缘和后缘中部各 1 对，两侧缘共 3 对。

2. 新疆纹蓟马

触角较短粗，第 2 节端部、第 3 节基部 2/3 及第 4 节基部 1/3 淡黄白色，其余部分暗。前翅两暗带较短，两暗带间白色部分显著长于暗带，两暗带后缘连接部分较窄，约占翅宽 1/5～1/4。后胸盾片花纹前部为网纹，后部为横向前弯的线纹，两侧为纵纹。

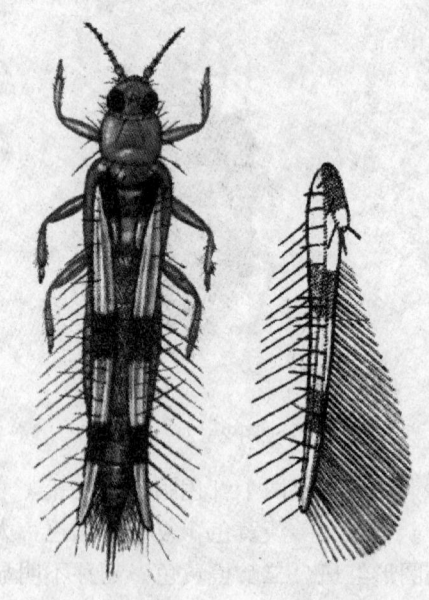

图 2—25　塔六点蓟马

五、姬蜂

1. 夹色姬蜂（见图 2—26）

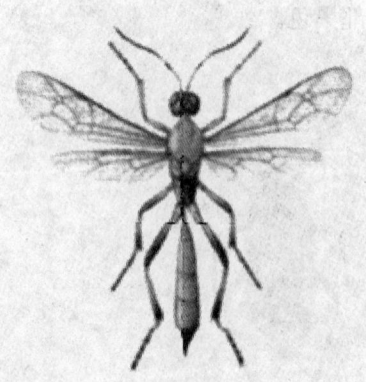

图 2—26　夹色姬蜂

成蜂体长 9～11 mm。黑色和赤褐色相间。头、后胸、并胸腹节、腹部第 5 节及以后各节、产卵管鞘黑色，或有蓝色反光。前、中胸及腹节基部 4 节赤褐色，有光泽。触角鞭节赤褐色，雌蜂自第 5 节起至末端渐黑褐色，但 7～9 节有淡黄色环。翅痣黑褐色，基部淡黄色。足赤褐色，中、后足腿节下方、端跗节黑褐色，跗节和距淡黄色。头光滑，有粗而稀的刻点。唇基前缘略内弯，中央有 2 个齿状凸起。触角短，比头、胸部之和略长，至末端稍粗。中胸具细刻点，无盾纵沟，后盾片两侧有小凹陷。并胸腹节基区短，中区六角形。翅短，小翅室近五角形。腹部长矛形，密布刻点。第1节柄部光滑，后柄部具纵隆线，气门在后端1/4处。第2背板较平，基半多纵行皱纹，疮疤浅。产卵管鞘短，与腹末节等长。

在棉田可寄生黄地老虎、玉米螟幼虫，从寄主蛹内羽化，为跨期寄生，单寄生。雌蜂常以穿刺寄主后，以体液为食。

2. 地老虎细颚姬蜂

雌蜂体黄褐色，眼眶黄色。上颚长，基部变细，端部两侧平行，20°～30°扭曲，上端齿亚筒形，长为下端齿的2.5～3倍。触角略粗短，鞭节有15～52节。中胸盾片高度拱起，盾纵沟缺如。小盾片略拱。并胸腹节中拱。基横脊完整。气门区具细弱刻点。前翅盘亚缘室端骨片不与基骨片相连。R+M脉微曲。第一亚盘室具稀毛。后翅具5～8根端翅钩。腹部细长。疮疤卵形。

雄蜂第6～8腹板被半卧细毛。阳茎基侧突端部稍尖。

已知寄生小地老虎和棉铃虫。

六、茧蜂

1. 螟蛉绒茧蜂（见图2—27）

成虫体长约2.30 mm。体黑色，腹部腹面带黄褐色。足大体黄褐色，后足基节（除末端）黑色，后足腿节末端、胫节两端或仅末端、全部跗节或仅后足跗节及爪暗褐色，翅基片灰褐色，翅脉及翅痣淡黄褐色。头密布细毛，有光泽。颜面密布刻点。中胸盾片后方中央及盾纵沟位置上刻点较密。并胸腹节具网状皱纹。前端明显比体长。径脉第1段从翅痣中央稍外方伸出，与肘间横脉等长或比之稍短，连接处外方曲折明显，比回脉短。小脉较长，比第1盘室下缘中央稍基方伸出。腹部第1、2节

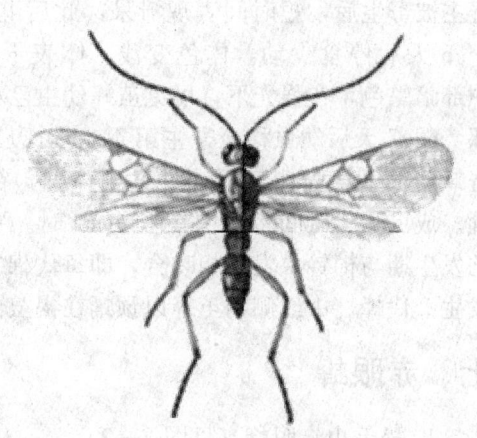

图2—27 螟蛉绒茧蜂

背板具粗糙网状皱纹，第1节背板梯形，第2节背板横长方形，皱纹近于纵列，侧缘光滑，以后各节平滑有光泽。

卵爪形，有柄，卵表面有龟裂花纹。

一龄幼虫呈圆筒形，体透明，体节、消化道不明显。上颚发达，呈淡黄褐色。二龄幼虫圆筒形，体透明，可见体节。消化道呈管状，明显可见。上颚发达，淡褐色。三龄幼虫圆筒形，体节明显有13节。消化道呈管状，半透明。上颚发达，褐色。四龄幼虫呈肾形，并有龟裂纹。体乳白色，有13节。气门网状。消化道内充满叶绿体。五龄幼

虫体有13节，背部密布棕褐色刚毛。上颚强大，暗褐色。

茧白色或稍带黄色。一般十余个或二十余个小茧平铺成一块，偶尔不规则重叠。小茧圆筒形，两端稍细，顶钝圆，质地较厚。羽化孔在茧的一端。

寄主范围广，但以鳞翅目夜蛾科幼虫为主。在棉田可寄生棉铃虫、斜纹夜蛾、银纹夜蛾、玉米螟、小地老虎等。产卵的部位多在寄主幼虫腹部第4~9节，少数在中、后胸两侧。产卵成功率以二龄末至三龄初为最高，产卵于寄主体内，多寄生。被寄生的寄主幼虫，至后期行动明显迟缓，体色变淡。蜂幼虫多从老龄寄主中胸及腹部第4~6节两侧钻出。幼虫钻出后，寄主不久就死亡。

2. 中红侧沟茧蜂（见图2—28）

成虫黑褐色，体长3.50~4.20 mm。触角丝状，18节，深黑。中胸背板无盾纵沟，侧板有斜纵沟。前翅具有3个肘室，第2室略小，呈三角形，径脉第1段与肘间横脉等长。后足径距短，约为第1跗节长度的1/3。

茧浅绿色，较光滑，发亮，略似麦粒状。

已知在棉田内寄生棉铃虫、黄地老虎、银纹夜蛾。寄主被寄生后，短时间表现滞呆，此后继续爬行取食，4~5天后停食少动，体色变浅，体表干燥而无光泽，中部暗黑色，在强光下，可见茧蜂幼虫已移动到寄主中部。6~7天后幼虫移至寄主第4、5对腹足之间，随后寄蜂幼虫子从腹侧气门线处钻到体外，在附近结茧化蛹；成虫羽化时间多集中在上午10时。中红侧沟茧蜂的发生期与棉铃虫发生相吻合，即每代棉铃虫发生期可发生2代蜂。中红侧沟茧蜂以预蛹在褐茧内以滞育状态越冬。

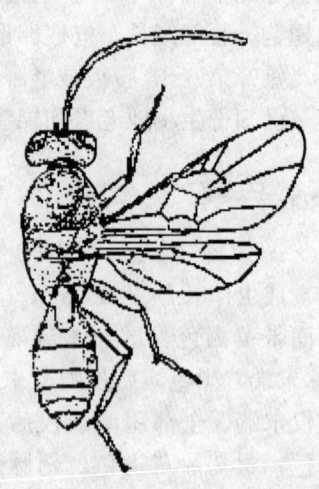

图2—28 中红侧沟茧蜂

七、赤眼蜂

1. 松毛虫赤眼蜂（见图2—29）

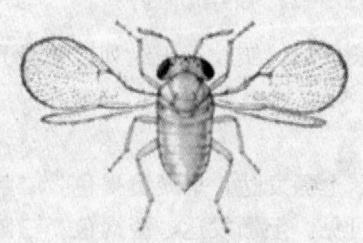

图2—29 松毛虫赤眼蜂

雄蜂体长0.5~1.4 mm。触角毛长。常出现前翅发育不全的个体。前翅上的缘毛相对较长，翅面上的毛及行列相对减少。雄性阳基背突有明显的宽圆的侧叶。阳茎与其内突特长，两者全长相当于阳基的长度，短于后足胫节。

李丽英等试验（1983），松毛虫赤眼蜂由于生活地域的不同，对温度的适应能力有差异，因此，反映到在相同温度条件下，发育历期是不同的。在棉田已知寄生棉铃虫、玉米螟、烟青虫的卵。

2. 广赤眼蜂

雄蜂体暗黄色，头、前胸及腹部黑棕色。触角毛甚长而末端尖锐。前翅臀角缘毛相当于翅宽的 1/6。外生殖器的阳茎基背突强骨化，广三角形，有较宽的圆弧形侧缘，基部明显收窄。阳茎稍长于其内突；而两者之和稍长于阳基的全长，短于后足胫节。

雌蜂体色与雄蜂相同。产卵器与后足胫节等长。

据李丽英等试验（1973—1979），广赤眼蜂（玉米螟型）的适温范围为 18～28℃；最适温度为 20℃；发育起点温度为 11.33℃；有效积温为 128.72 日·℃。已知广赤眼蜂在棉田可寄生棉铃虫、烟青虫、玉米螟、黄地老虎、警纹地老虎、银纹夜蛾、甘蓝夜蛾和苜蓿夜蛾的卵。

八、蚜茧蜂

菜蚜茧蜂（见图 2—30）：

雌蜂黄褐色，体长 1.9～2.1 mm。头横形，比胸部宽，褐色，圆滑有光泽。触角 13 节，自柄节至鞭节末端由黄褐色渐变为深褐色。前胸黄褐色，中胸背板和侧板、小盾片、后胸、并胸腹节褐色。中胸盾片、小盾片圆滑有光泽。盾纵沟仅上部深而明显。并胸腹节具五边形小室。翅密被细毛，翅脉淡褐色；痣后脉为径脉长的 2.3 倍；没有中间脉和第 1 径间脉，第 2 径间脉一般色淡且明显。中脉仅存第 2 径间脉下一小段。腹部褐色，腹柄节背板、第 2、3 节背板间缝黄色。腹柄节微皱，具中脊。足黄褐色。雄蜂体比雌蜂小。

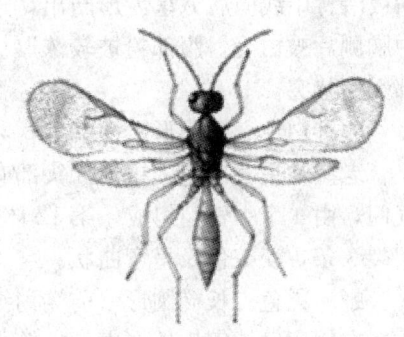

图 2—30 菜蚜茧蜂

卵菱形。幼虫白色，头部具大而凸出的上颚。蛹黄褐色，卷曲于丝质的茧内。

九、寄蝇

1. 黑角长须寄蝇（见图 2—31）

成虫体长 14～16 mm。具侧额鬃，侧尾叶端部细长，尖锐，急剧弯曲，肛尾叶短，侧颜被长毛，有外侧额须。颊、侧额、侧颜和胸部侧片被黑毛，颊长超过复眼纵轴的长度，喙细长，前胸侧板上方和前胸腹板裸。翅前鬃不短于背中鬃。小盾片具多数钉状心鬃。中脉心角为直角或小于直角，无赘脉，R4+5 脉基部具有数根小鬃。前翅脉不发达。后足胫节具 3 根背端刺。

2. 伞裙追寄蝇（见图 2—32）

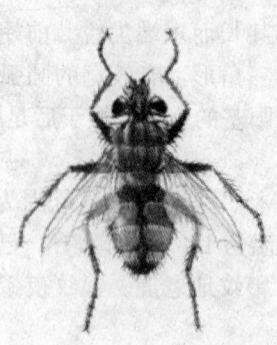 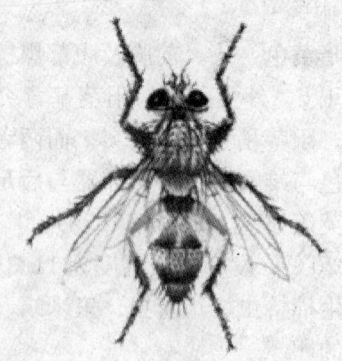

图 2—31　黑角长须寄蝇　　　　图 2—32　伞裙追寄蝇

成虫体长 7~10 mm。复眼裸。腹部各节背板后缘具黑色横带，腹部各背板基部的粉被沿背中线向后方呈齿形凸出，连成一条白色粉条。腹部第 5 背板全黑色。触角短，中胸侧片被白毛，腹部粉被较浓厚。第 3 背板后的黑斑显著小于背片长的 1/2。阳茎基部无瘤状突。

卵乳白色。椭圆形，前端尖，卵表面凸起，贴于虫体一面扁平。

老熟幼虫黄白色。蛆形。头部有 1 对尖锐的黑色口钩。第 2 体节的后缘有黄褐色前气门，由 4 个小气门组成。第 12 体节内凹，有 1 对黑褐色后气门，气门孔为棕褐色，气门裂 3 条，淡棕色，呈弯曲状。

蛹赤黑色。长椭圆形，前端稍细，背面稍隆起。

在棉田已知寄生地老虎、棉铃虫、玉米螟幼虫。

3. 饰额短须寄蝇（见图 2—33）

雌虫体长 10~14 mm，复眼密被淡色短毛。触角第 2 节不短于第 3 节的 1/2，下颚须短小，短于触角第 3 节。侧颜宽，被短小稀毛。颊被黄白色毛，无鬃。胸部灰黑色，前胸背板裸，中胸背板两侧及所有各侧片被黄白色毛。翅灰色透明，腹部灰黑色，覆灰白色粉被。雄虫腹部两侧各具红黄色花斑，腹面基部被黄白色毛，腹部其他部分均被黑毛。头部两侧各具 2 根外侧额鬃。

图 2—33　饰额短须寄蝇

十、食蚜蝇

1. 黑带食蚜蝇（见图 2—34）

雌成虫体长 7~10 mm。头黑色，被黑色短毛。单眼区后方密覆黄粉，额大部分覆黄粉，被较长黑毛。腹部第 5 节背片近端部有一长短不定的黑横带，其中央可前伸或与近基部的黑斑相连。雄成虫头黑色，覆黄粉，被棕黄毛，头顶呈狭长三角形，额前端有1对黑斑。

触角橘红色，第3节背面黑色。面部黄色，颊大部分黑色，被黄毛。中胸盾片黑色，中央有一狭长灰纹，两侧的灰纵纹宽，在背板后端汇合。足黄色。腹部第2节最宽。侧缘无隆脊。背面大部分黄色，第2~4节除后端为黑横带外，近基部还有一狭窄黑横带，第2背片前黑带约在基部1/3处，第3、4节横带约在基部1/4处。第4节后缘黄色，第5节全黄色或中央有一黑斑。腹面黄色或第1~4腹片中央具黑斑。

成长幼虫淡灰黄色，后端杂有白色和黑色斑块。体光滑，半透明。背中线白色，有时前端或后端不明显，中部常为黑短线所间断，其外缘有一条红褐色纵带。背侧线白色。体壁乳头状小丘光滑无刺。后呼吸管短。气门板黄褐色，宽大于长。气门褐色。气门孔白色。气门Ⅰ、Ⅱ间夹角约65°，与气门Ⅱ、Ⅲ夹角几乎相等。气门Ⅲ与中沟平行。气门间小疣较大，长形。

2. **短刺刺腿食蚜蝇**（见图2—35）

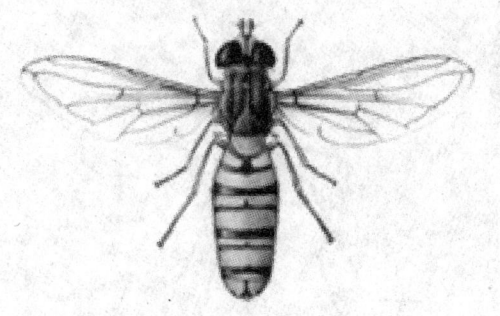
图2—34 黑带食蚜蝇

图2—35 短刺刺腿食蚜蝇

成虫体长9~10 mm。额与颜黄色，毛同色。触角基部第2节深褐色，第3节棕黄色，口缘深褐色。雌蝇正中具有1条前宽后窄的黑色纵纹。小盾片黄色，毛同色。中侧片后端大半部、腹侧片上端（接近中侧片处）白色，上被白毛。雄蝇后足转节具1短粗刺，此刺即本名之由来。腹部棕黑至黑色，第2腹节背板有大型黄斑1对，相互远离，第3、4背板各有一条黄色宽横带，接近背板前缘，第4、5节背板后缘黄色。雄蝇尾节呈棕黄色。雌蝇第5、6背板仅边缘呈棕黄色。成虫刚羽化时，额与颜、中胸背板两侧缘、第2~4腹节背板上的横带均为黄绿色。

老熟幼虫全体翠绿色，背中线上有1条前窄后宽的黄白色纵带。腹部后端常杂有不同程度的黑斑。尾端呼吸管短，深褐色。第1~3体节上各有刺突8个，第4~10体节上各有刺突10个，尾板两侧各具1刺。后呼吸管明显短于体刺毛。气门板淡黄褐色，气门褐色。

蛹壳背部绿色，间以黄褐色纹。腹面及尾端褐色。复眼淡黄色。体柔嫩肥胖，头和胸较宽,呈卵圆形。腹部较窄,呈椭圆形。

3. 黑盾壮食蚜蝇(见图2—36)

雌虫体长10 mm。眼被密毛,颜两侧无黑毛,额具黑毛,正中纵条界线不清。小盾片黑色或中间及后缘呈淡黄色。足大部呈黑色,前、中足腿节端部1/5及前、中胫节基半部及末端呈棕黄色。腹部第2背板有1对大型黄白色到棕黄色斑。雄虫颜两侧被黑毛。

图2—36 黑盾壮食蚜蝇图

十一、食蚜瘿蚊

1. 食蚜瘿蚊(见图2—37)

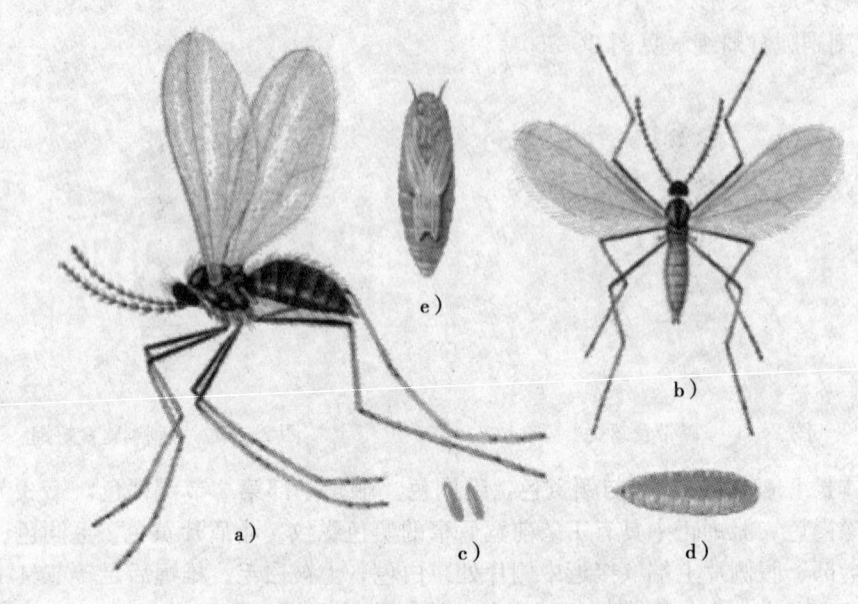

图2—37 食蚜瘿蚊
a)雌成虫 b)雄成虫 c)卵 d)幼虫 e)蛹

雌虫深褐色,全身密被长毛。头褐色,复眼黑色,在头顶完全愈合。触角黄褐色,基节2节,鞭节12节,触角约等于体长,念珠状,各个鞭节圆柱形,上着生刚毛。胸部背面隆起,棕褐色,后胸色浅。翅脉4条R_1达基部1/3处,Rs达翅端,Cu最后分开,Cu_2达翅后缘。翅面、翅脉、翅后缘密被长毛,Cu脉上方有皱褶和1条由绒毛组成的毛纹。足细长,为体长的3倍以上,呈褐色。腿节、胫节背面,尤其是端部色深,腹面色淡。跗节5节,第1节最短,第2节最长,具爪及爪垫,爪镰刀状。腹末端具产卵瓣。

雄虫触角比体长，各鞭节有 2 个膨大部分，基部膨大部分呈球形，端部膨大部分呈圆柱形。生殖突基节宽大，生殖刺突细，上生殖板中央有三角形凹陷，下生殖板呈心脏形，阳茎稍短于生殖突基节。

幼虫呈橙黄色至淡红色，体呈纺锤形。胸部具胸骨，胸骨分叉，叉口较窄。腹部第 1~7 节背面有 6 根刚毛，腹部末节有硬化瘤 14~15 个，体末有 2 个端突，其上各着生小刺 4 根。

2. 食螨瘿蚊（见图 2—38）

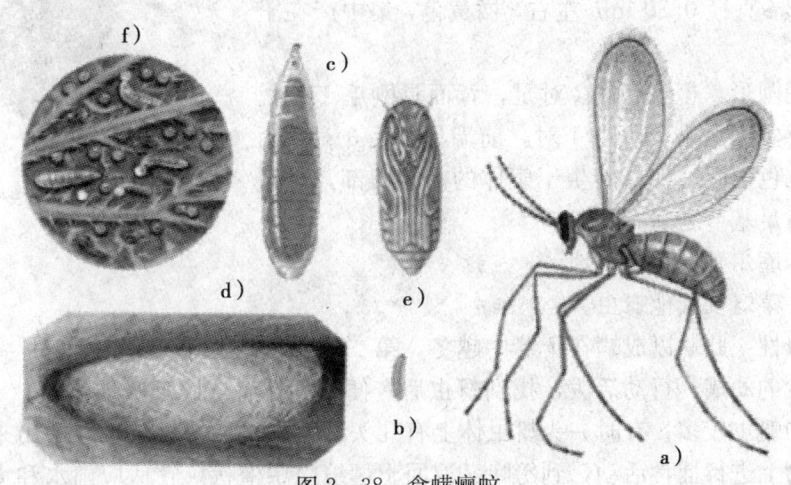

图 2—38　食螨瘿蚊
a）雌成虫　b）卵　c）幼虫　d）老熟幼虫结茧　e）蛹　f）取食红蜘蛛的幼虫

雌虫体黄褐色，全身密被长毛。头、喙为黄色，复眼黑色，在头顶完全愈合。触角褐色，基节 2 节，鞭节 12 节，触角比体短，各鞭节基部膨大呈圆柱形，后端缩呈颈状。胸部、腹部、足呈黄色。

雄虫触角比体长，26 节（基节 2 节，鞭节 24 节），呈念珠状，各鞭节基部呈球形，其上具一圈刚毛。腹末具向上曲的抱器 1 对。

幼虫橘红色，前端色淡，中部后较深。胸骨片分叉，叉口甚宽，叉端向前方两侧斜伸。

蛹的头前有 1 对白色长毛，头后前胸处有 1 对比头前毛短的黑褐色毛状呼吸管。

十二、捕食螨类

1. 食蚜绒螨（见图 2—39）

成螨体长 2.1 mm，宽 1.4 mm 左右。成熟抱卵雌螨长达 3.3 mm，宽 1.9 mm 左右，暗赤色。从背后看呈心形。体躯密生长度相似的粗短刚毛，刚毛上具有短小分枝，呈羽毛状。整个体表上的刚毛像一层绒，故称绒螨。前足体背面中央具有硬化的肩形感觉区。感觉区前半部的两侧各有一较宽的侧板，在侧板凹陷的下方各有1对黄色的眼，着生在眼柄上。螯肢上具动趾和定趾。动趾弯而尖，定趾基部宽，末端呈三角形。须肢腿节粗壮，长为膝节的2倍，宽为胫节的2倍。步足4对，第1对最长，第4对次之，第3对最短。生殖孔纵裂，位于第4对步足基节末端之间。

卵圆形，直径 0.20 mm 左右，橘黄色，集中产在土室中。

幼螨椭圆形，橙红色，3对足，背面具刚毛11对。前足体上感觉区后端具刚毛1对，前端具刚毛3对，两侧有1对红色的眼。口器着生于躯体的前端腹部，生殖孔在第4对足基节之间。

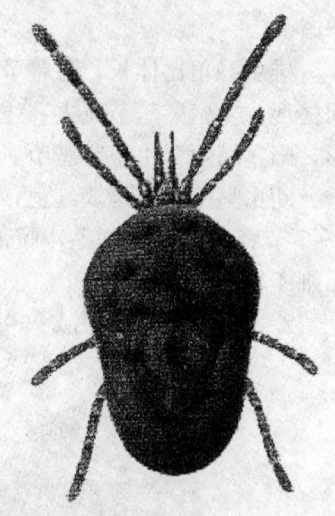

图2—39 食蚜绒螨

分布：库尔勒、焉耆等地。

寄主：菜蚜及其他蚜虫。

生活习性：此螨以成螨在土缝中越冬，第二年4月产卵于土室内，4月中下旬卵孵化。刚孵化的幼螨，行动活泼，找到蚜虫后，便爬到体背或腹部吸取体液。5月底6月初蔬菜上的蚜虫较多，有时一头蚜虫体上有几头绒螨。早晨幼螨从土缝中出来爬至蚜虫的寄主植物上进行捕食活动，到傍晚又返回土壤缝隙中潜伏。它适应雨水和大风的能力较弱，大风雨后，种群数量大大减少。

2. 食卵赤螨（见图2—40）

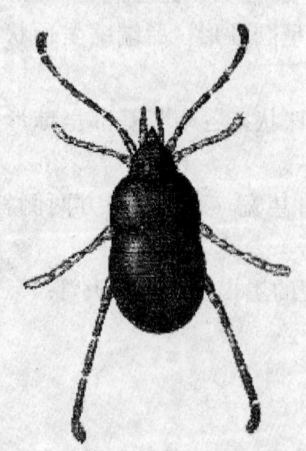

图2—40 食卵赤螨

成螨体长 0.9～1.1 mm，宽 0.5～0.6 mm，赤色，长椭圆形，后体部中央两侧稍向内凹，体躯密被短毛。从背面看，前端尖，后端圆钝，近前看足体后方最宽。前足体上具硬化的感觉区，感觉区中央两侧的下后方，有1对单眼。须肢具拇爪复合体。动趾坚固，长而直，呈针状，基端向内弯，形似剪刀，能缩入伸出。足4对，以第4对最长，第1对次之，第2对最短。第2、3对足呈淡黄白色。各足跗节末端具2爪，无爪间突。生殖孔纵裂，位于第4对足基节之间。

卵接近圆形，淡红色，长 0.18 mm，宽 0.14 mm 左右，一般数粒产在一起。幼螨初孵时乳白色，呈圆形，足3对。

若螨足 4 对，基本与成体相似，但体色较淡，为橙黄色，两端为橙红色。体梢呈圆形，中央不内凹。

寄主：捕食地老虎卵、棉铃虫卵，以及红蜘蛛等。

生活习性：食卵赤螨在棉花、蔬菜、绿肥和杂草等植物上都有分布，不论若螨和成螨，活动能力都很强，爬行速度快，多在叶背面和草丛中活动，捕食鳞翅目害虫的卵、蜻类、蝉类害虫的卵及粉虱、红蜘蛛等。成螨产卵在棉铃苞叶或萼片内，有的产在叶螨较多的叶片背面，每处产卵 5～8 粒。白天活动捕食，晚上隐伏于植株基部附近的土缝中。有自相残杀的习性。在新疆地区，一般早春多出现在田埂上，油菜出苗后便转移到田内捕食害虫卵等。

十三、蜘蛛

1. 六点圆蛛（见图 2—41）

雌蛛体长 5～6 mm。背甲褐色，前端颇宽，头部隆起，颈沟凹深。二眼列等长，前眼列后曲，后眼列端直，前后侧眼基部靠近。螯肢黄色，螯爪赤褐色。触肢、颚叶黄褐色，下唇基部褐色，宽大于长，眼端尖圆，白色。胸板黄褐色，被有黑色长毛。步足黄至黄褐色，有的个体腿、胫、后跗节端部为深褐色。腹部背面黄褐色，生活时腹部周缘稍带绿色，被有稀疏的针状刚毛，正中部有 4 个黑色筋点，呈梯形排列；沿中线后方两侧各有 3 个黑点相对应排列，形成扁状。腹部腹面中央呈灰褐色，外雌器基部及其后方两侧有白色鳞斑。纺器黑褐色。

雄蛛体长 4.60 mm。体形同雌蛛，腹部背面前部有较长的刺状毛。

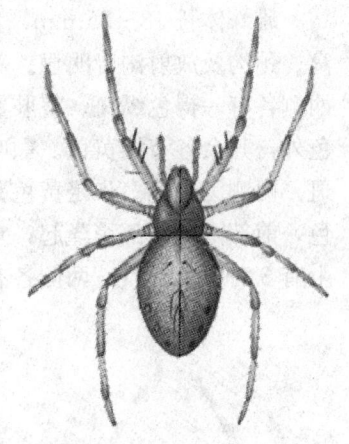

图 2—41 六点圆蛛

2. 灌木新圆蛛（见图 2—42）

雌蛛体长 8 mm 左右。背甲黄褐色，中央及两侧各有一条暗褐色纵纹。前眼列微后曲，后眼列略平直。中眼域长宽约等，前边稍大于后边。螯肢前齿堤 4 齿，后齿堤 3 齿。胸板黑或黑褐色。步足黄橙色或褐色，膝、胫节及跗节的关节处具有黑褐色轮纹。腹部背面黄褐色，中央具 3 对明显的浅黄色斑纹，后端正中央斑纹呈条状，在上述斑纹外侧都具有黑褐色弧形斑，在弧形斑的外面有一浅黄色细边。腹部侧面各有 4 条黑褐色斜纹。腹部腹面中央有黑色纵斑。雄蛛体长 6～8 mm，体色斑纹与雌蛛同，仅头胸部两侧纵纹较宽。第 1 步足有一角状突起。

卵袋呈圆形或椭圆形，由白色粗丝构成，少数为金黄色，丝质不密，结构松弛。有的卵袋上还覆有一层旧的丝网，直径 6～20 mm，以 15 mm 为多见。卵粒直径 0.5～

1 mm。卵粒为淡黄、淡紫、黄色、深黄色等。卵粒饱满有光泽。每个卵袋平均含卵粒60粒左右。

3. 大腹圆蛛（见图2—43）

雌蛛体长12～22 mm，体色与斑纹多变异，一般呈黑或黑褐色。背甲扁平，前端宽，中窝横向，颈沟明显。胸板中央有一"T"字形黄斑，周缘呈黑褐色轮纹。腹部背面前端有肩突，心脏斑黄褐色，其两侧各有2个黑色筋点，呈梯形排列。腹背后部直至体末端有一棕色叶斑，边缘有黑色波纹，叶斑两侧为黄褐色。腹部腹面中央褐色，两侧各有一黑色条斑。纺器黑褐色。外雌器垂体呈黑色，弯曲部柔软，黄白色，有环纹，末部褐色，坚硬，边缘卷起。

雄蛛体长12～17 mm，中窝横凹呈坑状，步足较雌蛛长。第Ⅱ对步足胫节末端较粗，下方内侧角有粗刺，后跗节基半部有一弧形弯曲。

4. 横纹金蛛（见图2—44）

雌蛛体长18～25 mm，背甲颇扁平，灰黄色，密被银白色绒毛稀疏的棕色细毛，中窝、颈沟及放射沟皆明显。头部后端、颈沟内侧有3个纵行褐色斑纹呈叉状排列；胸部两侧各有一褐色纵斑。螯肢黑色，端部内侧显黄色，螯爪黑色。触肢除跗节末节为棕褐色外，其余各节均黄色。颚叶、下唇基部黑色，端部黄褐色。胸板正中央有一黄白色条斑，两侧为黑色。步足黄色并具大块黑斑及黑色轮纹，多黑刺。腹部长椭圆形，背面黄色，前部两侧肩部稍隆起，自前至后共有10～11条黑色横纹。腹部腹面有一黑色纵带，上有3对黄色圆点，两侧各有一条淡黄色纵斑。纺器棕红色。

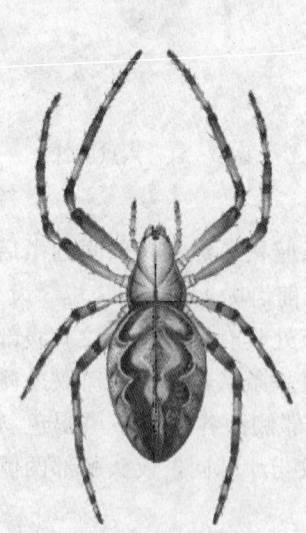
图2—42 灌木新圆蛛

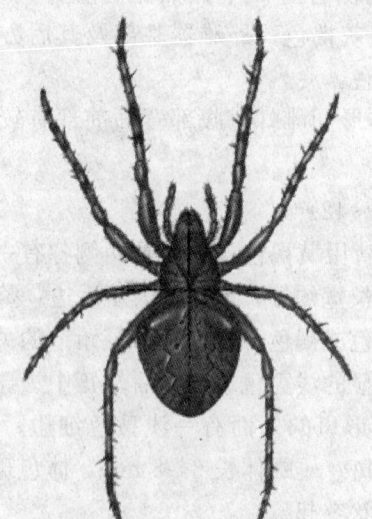
图2—43 大腹圆蛛

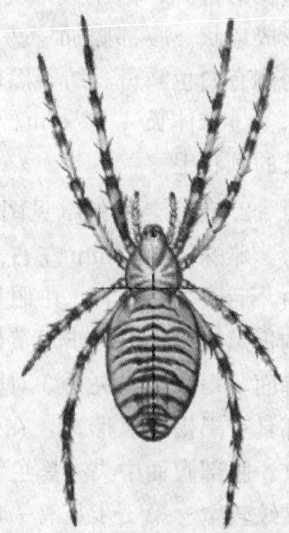
图2—44 横纹金蛛

雄蛛体长约 5.5 mm，体色不如雌蛛鲜丽，腹部背面呈淡黄色，无黑色横纹。

多在阳光充足的灌木丛、草丛或其附近的田边布网，网为垂直圆网，通过网中心有 1 条上下相对的锯齿状白色丝带。一般在清晨结网。

5. 叶金蛛（见图 2—45）

图 2—45 叶金蛛

雌蛛体长 15～20 mm。头胸部长大于宽，中央稍隆起，黑色，边缘黄色，密被白色绒毛，中央有略呈"V"字形横斑，头部狭窄。眼区占据整个头部。前眼列平直，后眼列极前曲，中眼区长大于宽，前边小于后边。中窝横向。螯肢呈黄色，垂直，其前面和外侧有大块黑斑，前齿堤有 4 齿，以第 1 齿为最小，第 3 齿最大；后齿堤 3 齿，以第 3 齿为最大，与前齿堤之第 3 齿并列。触肢黄色，多褐色长刺。颚叶宽大，基部黑褐色，较窄，端部宽而尖，黄白色，具灰色毛丛。下唇长宽略等，基部为灰褐色，端部显黄白色。胸板呈心形，周缘呈黑色，中央有一大"丰"字形黄斑。步足细而长，具黑色轮纹。腹部颇扁平，略呈五角形，其后半部之两侧缘呈裂开状。在腹背之尾端中央有 4 条黑褐色点线呈平行排列。腹部腹面为黄或黄褐色，中央具大形黑斑，而两侧围有黄色块斑，在黄斑之外侧缘密布不规则的黑色斑纹。纺器褐色。外雌器之垂体形如鹦鹉之喙。

6. 彭妮红螯蛛（见图 2—46）

雌蛛体长 6.80 mm。头胸部红棕色。前眼列微后曲，后眼列微前曲，各眼约等大。中眼域宽大于长，后边长于前边。螯肢窄长，前齿堤 3 齿，后齿堤 2 齿。步足黄橙色，后跗节和跗节的末端带暗黑色。胸板黄橙色，两侧暗褐色。腹部背面有一红棕色纵斑，其前半部为中部稍膨大的心脏斑，后半部的两侧约有 6 对"八"字形斑。中央纵斑的两侧为 2 条黄白色鳞状纵斑。腹部的两侧橙褐色。雄蛛体长 5.90~6.60 mm。形态结构与雌蛛同。

7. 芦苇卷叶蛛（见图 2—47）

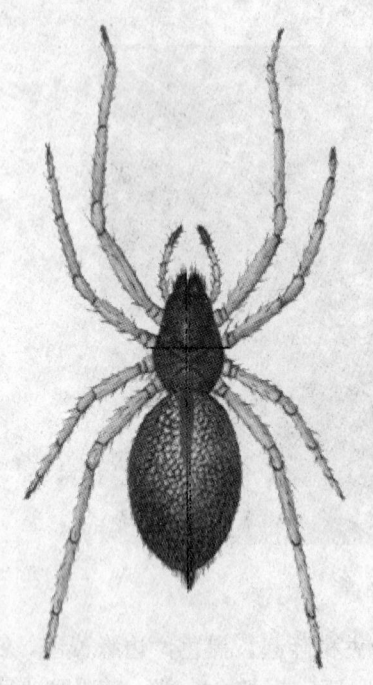

图 2—46　彭妮红螯蛛

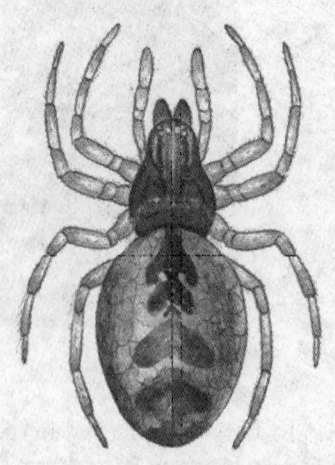

图 2—47　芦苇卷叶蛛

雌蛛体长 2.3~3 mm；雄蛛体长 2.5 mm。背甲深棕色，头部颇隆起，色泽较浅，显黄褐色，自中窝至眼区被有白色细毛。中窝、颈沟、放射沟明显。8 眼中仅前中眼黑色，前、后侧眼紧靠。胸板棕褐色，具细毛。步足黄褐色，多毛，无轮纹。腹部背面基色为淡棕色，密被黑及褐色细毛，斑纹呈深棕色，前二分之一部位为数列横向之"山"字形斑，越向后斑纹越短，第一横列山形斑之两侧各向前侧斜行。

8. 草间小黑蛛（见图 2—48）

雌蛛体长 2.8~3.2 mm。头胸部赤褐色，具光泽，颈沟、放射沟及中窝等色泽较深。前、后齿堤均具 5 齿，但前齿堤之齿较大。胸板赤褐色。步足黄橙色。腹部卵圆形，灰褐或紫褐色，密布细毛。腹背中央有 4 个红棕色凹斑，背中线两侧有时可见灰色斑纹。

雄蛛体长 2.5~3.5 mm。头胸部赤褐色。螯肢基节外侧有颗粒状凸起形成的摩擦脊；内侧中部有一大齿，齿端具 1 根长毛。前齿堤有 5 齿，后齿堤具 4 齿。触肢器之膝节末端腹侧有 1 个三角形突片。

9. 纵条蝇狮（见图2—49）

雌蛛体长9～11 mm。背甲红褐色，眼区后方正中有1黑色条纹，向两侧放出2～3条斑纹，整个背甲被有白毛。眼区黑色，占头胸部1/2以下，前边稍大于后边。前眼列微前曲，第2眼列位于第1、3眼列之间。螯肢棕红色，前齿堤2齿，第1齿大，后齿堤有1大齿。胸板前方窄，黄色。第1步足最长，粗壮，胫节腹面有刺4对，后跗节有刺2对。腹部长椭圆形，后端尖细。腹背黄褐色，正中央有1条不连续的褐色细纵纹，两侧有黑褐色宽纵带，后半段色浓，并有1～2对黑色斑点。腹部腹面3条黑褐色纵纹。

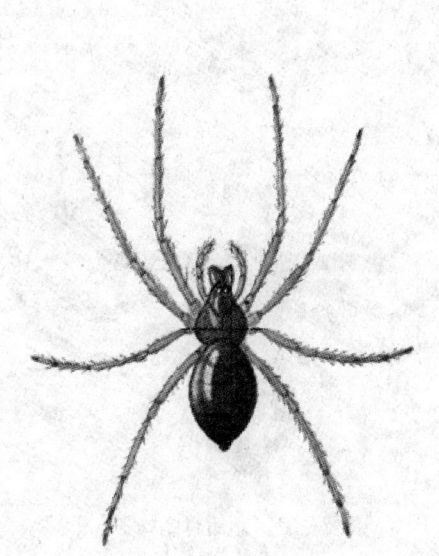

图2—48 草间小黑蛛

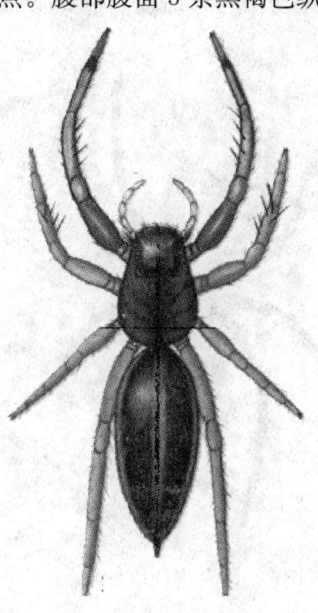

图2—49 纵条蝇狮

雄蛛体长7 mm，黑褐或黑色或具有白斑。前齿堤2齿具中段，后齿堤1齿于螯爪处。腹部腹面生殖沟至纺器前有3条纵纹，触肢胫节呈三角形，末端尖向内弯曲，跗舟短。

10. 拟环纹豹蛛（见图2—50）

雌蛛体长10～14 mm。头胸部背面正中斑呈黄褐色，前宽后窄，正中斑前方具1对色泽较深的棒状斑，中窝粗长，呈赤褐色。背甲两侧的侧纵带呈暗色。前眼列平直并短于第2眼列，第2行眼大。额高为前中眼的2倍。胸板黄色，在第1/2、2/3、3/4对步足基节间的部位各有1对黑褐色斑点。步足褐色，具浅色轮纹，各胫节有2根背刺。腹部心脏斑呈枪矛状，其两侧有数对黄色椭圆形斑，前两对呈"八"字形排列，其余数对左右相连，每个斑中各有1个小黑点。外雌器中部有窄长凸出，末端膨大。雄蛛体长8～10 mm。体色较暗。胸板呈黑褐色。卵袋呈扁圆形，灰白色，直径80 mm左右。每个卵袋含卵100粒左右。

11. 刺跗肖蛸蛛（见图 2—51）

雌蛛体长 6～8.5 mm。体扁平，头胸部长大于宽，前狭后圆。头胸部两侧及后端深褐色，颈沟前的三角区为黄色。前、后眼列均后曲，前、后中眼均小于相对应的侧眼，前、后中眼间距均大于相对应的侧眼间距，中眼域梯形。前齿堤 1 齿；后齿堤无齿。触肢灰白色，具黑色条斑。下唇长度达颚叶前 2/3 处。胸板长与宽相等。第Ⅰ、Ⅱ胫节有分刺，后跗节有 3 对腹刺。腹部后缘间后凸出，呈三角形，背中有 1 对菱形褐斑，其后有一大型"山"形斑纹。腹部腹面及纺器呈灰褐色。

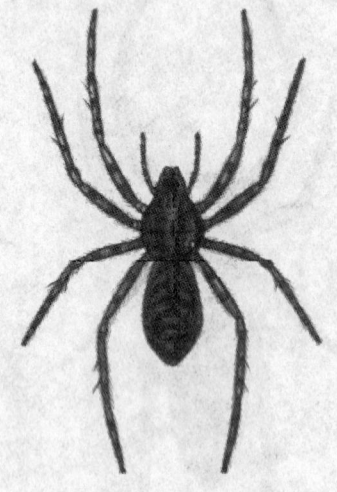

图 2—50 拟环纹豹蛛

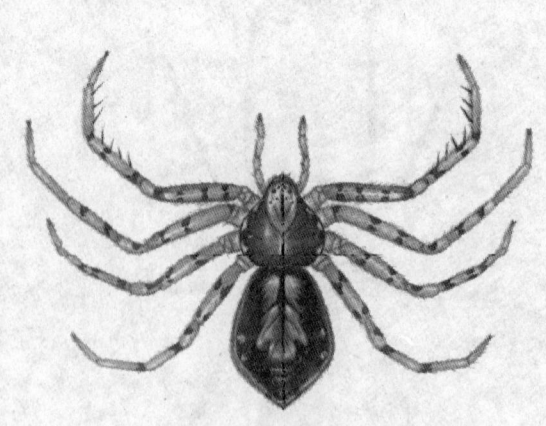

图 2—51 刺跗肖蛸蛛

雄蛛体长 4.8～5.1 mm。体色较雌蛛深，腹部窄，两侧平行。触肢器之胫节外末角有 2 个大型舌状凸起。

12. 黑色蝇虎（见图 2—52）

雌蛛体长 8～13 mm。背甲黄褐色，边缘黑褐色。头胸部两侧平行。眼区黑色，占头胸部 1/2 以下，长为宽的 2/3。前列眼微后曲，第 2 列眼位于第 1、第 3 列眼中部偏后，眼区后方两侧为黑褐色纵带。螯肢前齿堤 2 齿；后齿堤 1 齿。胸板黄褐色，步足具黑刺，有黑褐色轮纹。第Ⅰ、Ⅱ对步足等大，第Ⅰ对步足胫节下方有 3 对黑刺。腹部背面淡黄色，中央淡色斑与背甲正中斑相对应。在此斑后 1/3 处有 1 对淡黄色圆斑，末端有 1 对黄色小圆斑，中央斑的后半部有 5～6 条黑色弧横斑，等距排列。腹部腹面淡黄色并有多条黑点组成的条斑。

雄蛛体长 8～12 mm。体色较深。第 1 步足粗壮，胫节内侧有黑毛，后跗节内侧丛生白毛。腹部腹面有一大倒三角形黑斑。触肢腿节近体端背面黑色，其余各节白色。触肢器之跗舟密被白毛，插入器外缘无尖角。

13. 短胸长蟹蛛（见图2—53）

雌蛛体长7.6~10.5 mm。体黄绿色。体背具由褐色细点组成的纵带，背甲中央的褐纵纹较宽，其前端分为2支，后侧眼后侧各有一短的褐色线纹。两眼列均后曲。螯肢前齿堤2齿；后齿堤无齿。胸板黄色，布有长毛，毛着生处有褐色点斑。步足黄色多刺，密部褐色小点斑。各后跗节、跗节腹面有黑色毛丛。腹部长椭圆形，黄褐色，腹背中央前后贯穿一棕褐色纵带纹。腹部腹面黑褐色，正中央有一褐色宽纵带。

 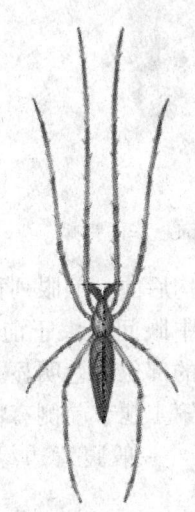

图2—52　黑色蝇虎　　　　图2—53　短胸长蟹蛛

雄蛛体长7.2~7.7 mm。体形与雌蛛相似。第Ⅰ、Ⅱ步足跗节下有3对刺；后跗节下有2刺。腹背纵带两侧有白色鳞斑，外侧呈灰褐色。

14. 华丽肖蛸（见图2—54）

雌蛛体长13 mm。胸板淡黄褐色，边缘有褐色窄边，而中央无浅色三角形长斑。腹部前宽后窄，略呈圆锥形。其他形态特征与直伸肖蛸基本相似。雄蛛体长9.5 mm。螯肢与头胸部等长，螯爪基部外侧无凸起。螯肢近螯爪基部的一端有一较大的针刺，末端分叉。前齿堤有10齿，第1、2齿大，并与针刺排列成三叉状，后齿堤8齿，依次逐渐变小，其中1~3齿的间距较长。后齿堤11齿，近螯爪基部有1大齿，随后有10齿，最后1小齿并列于前齿堤倒数第3~4齿之间。触肢器的插入器末端稍弯曲，呈膜状，伴随插入器而伸展。

雄蛛螯肢基部内侧有一凸起；雄蛛螯肢近螯爪基部的一端有一针刺，并与前齿堤的第1、2齿排列成叉状，这是该种与其他肖蛸不同之点。

15. 鞍形花蟹蛛（见图2—55）

雌蛛体长5.8~7 mm。体黄褐色，背甲两侧有较宽的灰褐色纵纹。头部有向前伸出

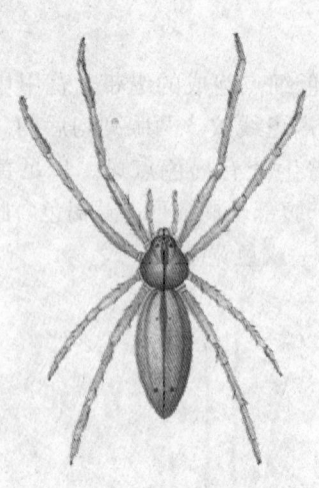
图 2—54 华丽肖蛸

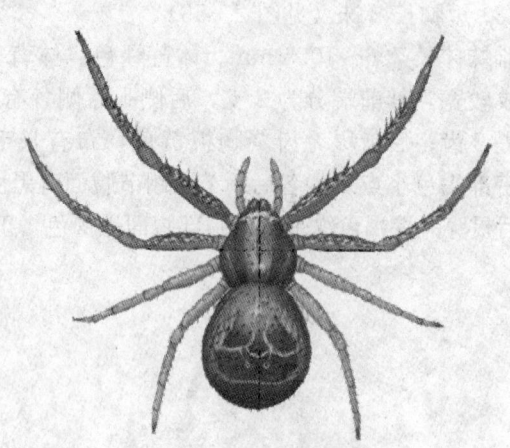
图 2—55 鞍形花蟹蛛

的长毛。二眼列均后曲,前眼列稍短于后眼列,各中眼小于侧眼,前侧眼最大,前、后侧眼球愈合。前中眼间距大于前中侧眼间距。前、后两眼列之间有一白色横行条纹相隔,尤其侧眼球的部位白色明显。Ⅰ、Ⅱ对步足粗壮,并长于Ⅲ、Ⅳ足,色泽较深,具黄、白色斑纹。第1腿节前侧有粗刺3～4根,胫节腹面有刺4对以上。腹部后端宽圆,背面色泽多变异,一般腹背边缘及整个腹部腹面布满粉白色与淡黄色相间的斜行条纹。

雄蛛体长 6～7 mm,体形构造与雌体同,唯体色较深,为棕褐色,尤其是背甲呈黑棕色。前2对步足相对比雌蛛细长,而腿节、膝节为赤棕色。腹背的斑纹、胸斑及腹部腹面全为赤棕色。

卵袋在卵室内,白色,长 7～8 mm,宽 2.05～3 mm。每个卵袋平均有卵 50 粒左右。卵椭圆形,长 0.9～1 mm,宽 0.8～0.9 mm。初产时为乳白色,表面有一层黏胶状物质,干涸后呈淡黄色。

十四、其他天敌

1. 薄翅螳螂(见图 2—56)

雌虫体长 57～60 mm,淡绿色或淡褐色。前胸背板长 15.7 mm,侧角宽 4.4～5 mm。前足基节长等于或略长于前胸背板后半部。前足基节内面基部有一长形黑色斑,腿节内面中央有一枯黄色内斑。前翅略带革质,后翅在腹端超过前翅。

雄虫体长 47～56 mm。前胸背板长 12.4 mm,侧角宽 2.2～3.1 mm。浅而透明。

在棉田捕食棉铃虫、地老虎、蚜虫、叶蝉、盲蝽、蝼蛄等害虫。

2. 青翅蚁形隐翅虫(见图 2—57)

雌虫头部呈扁圆形,具黄褐色的颈。口器呈黄褐色,下颚须3节,黄褐色,末节片

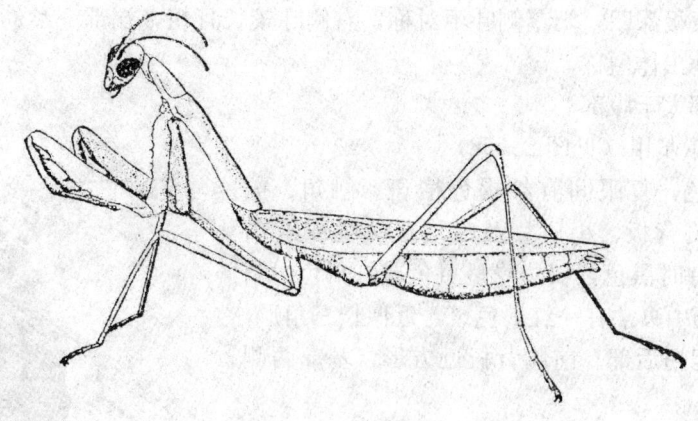

图 2—56 薄翅螳螂

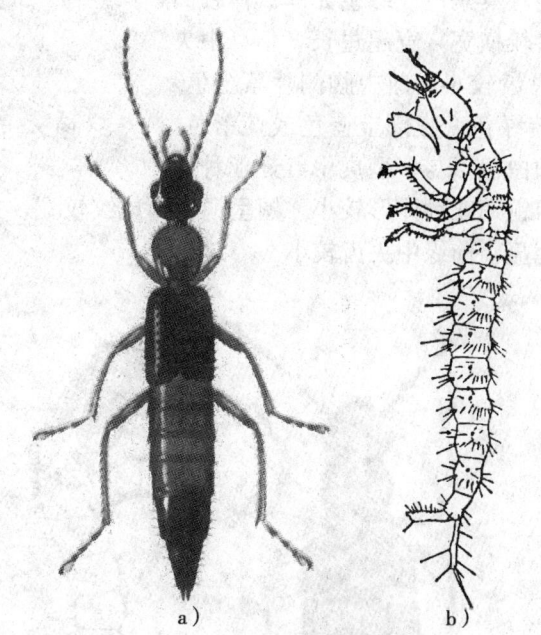

图 2—57 青翅蚁形隐翅虫
a) 成虫　b) 幼虫

状。触角11节，末端稍膨大，着生于复眼间额的侧缘，基部3节呈黄褐色，其余各节褐色。前胸较长，呈椭圆形。鞘翅短，蓝色有光泽，仅能盖住第1腹节，近后缘处翅面散生刻点。足黄褐色，后足腿节末端及各足第5跗节呈黑色。腿节稍膨大，胫节细长，第4跗节叉形，第5跗节细长，后足基节左右相接。

腹部呈长圆筒形，末节较尖，有1对黑色尾突。

雄虫第6腹板深凹,阳茎侧叶不对称,右侧叶较长且粗,端部一龄幼虫头大,体呈圆锥形;一龄幼虫体匀称。

离蛹,头部大于腹部。

3. 赤胸梳爪步甲(见图2—58)

雌虫头黑色,复眼间有红褐色横斑。触角、颚须、唇须、前胸背板、小盾片及足均呈黄色或红褐色。前胸背板有时黑色,仅边缘呈黄色或红褐色。鞘翅黑色,两鞘翅中央常有一红褐色斑,近似长三角形,自鞘翅基缘伸至翅后部。前胸背板近方形,基部两侧各有一凹洼。

4. 多型虎甲铜翅亚种(见图2—59)

成虫体背面呈铜色,具紫色或绿色光泽。体腹面具强烈金属光泽。上唇较横宽,宽超过长3倍,中央凸起不明显,前缘中央齿较小。前中胸侧片紫金色,后胸侧片紫色,边缘蓝绿色,腹部宝蓝色或蓝紫色。胸部腹面、足和下唇须白色。与多型虎甲红翅亚种的主要区别是:多型虎甲铜翅亚种体形较小,翅呈铜色,斑纹较宽;上唇较横宽,宽超过长3倍,中央凸起不明显,前缘中央齿较小。

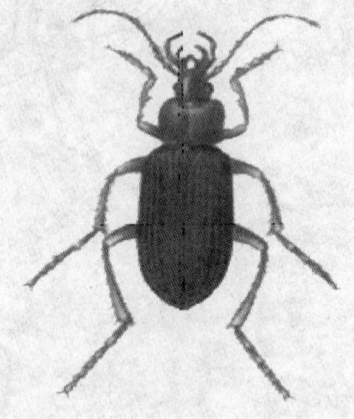

图2—58 赤胸梳爪步甲

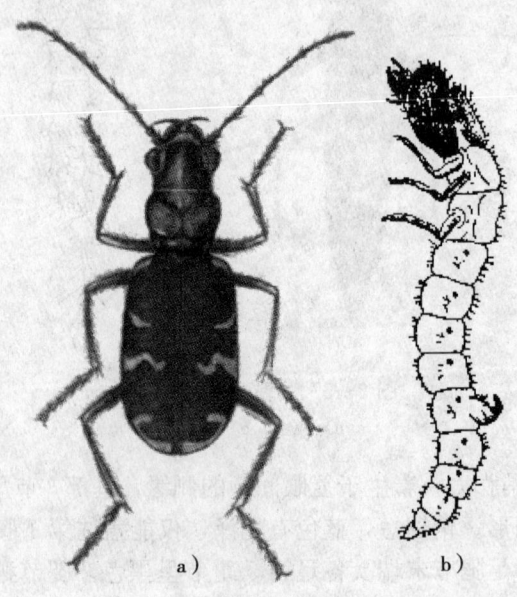

图2—59 多型虎甲铜翅亚种
a)成虫 b)幼虫

预测预报

十五、微生物天敌

微生物天敌也叫病原性天敌,就是能够引起害虫的疾病发生流行和死亡的致病性真菌、细菌、病毒、立克次体、螺旋体、支原体等微生物。当前在生产上使用比较广泛的害虫病原微生物主要是真菌、细菌和病毒。这些天敌对害虫的作用都是寄生在害虫的虫体上,引起害虫发生严重的传染性疾病,并能在适宜的气候条件下暴发流行,或者产生杀虫毒素,扰乱害虫的身体代谢平衡,从而引起害虫的大量死亡。

1. 病原细菌

病原细菌在害虫的微生物天敌中是数量最多的。细菌能感染很多种类的昆虫,最主要的是鳞翅目、膜翅目和双翅目的昆虫。细菌不但能感染昆虫的幼虫发病,而且有的成虫和螨类也能被感染发病。尤其是芽孢杆菌类细菌,具有对外界不良环境的抵抗能力强,繁殖快,发病周期短,毒力持续时间长,容易进行人工培养等优点。所以,在害虫的微生物防治中占有重要的位置。现在,在生产上应用最广泛的主要是苏云金杆菌,也就是 Bt 制剂。现在大面积推广种植的转基因抗虫棉株里边的 Bt 基因,就是根据苏云金芽孢杆菌杀虫晶体蛋白氨基酸的序列,人工合成的 Bt 杀虫蛋白基因。这是科学家通过花粉管通道的方法,把杀虫基因转到棉花里边去,培育而成的抗虫棉。

2. 病原真菌

在昆虫的病原物生物中,由真菌引起的疾病约占昆虫疾病种类的 60%。害虫被真菌寄生后,常表现出表皮不正常,不想吃东西,懒洋洋不想活动的现象,直到虫体死亡。死亡后的虫体僵硬、干枯,所以也叫硬化病或僵病。现在应用比较多的病原真菌有白僵菌和绿僵菌。

白僵菌和绿僵菌主要靠分生孢子传播疾病。分生孢子借助风、雨和虫体的相互接触,传播到健康的虫体上,通过虫体的表皮,穿过皮肤或体壁进入体腔。少数种类能从呼吸道和消化道侵入虫体,生长发育成菌丝。菌丝在虫体里边直接吸收害虫的体液,并不断繁殖,先后进入害虫的血淋巴、脂肪体、气管和肠道等组织,直到充满整个虫体,引起血淋巴的病理变化或形成肠道堵塞,妨碍虫体的血液循环。同时产生毒素,致使虫体死亡。最后菌丝吸干了虫体的水分,使死虫的尸体变成干硬的僵尸。在害虫死亡前后,菌丝长满虫体腔内部器官,直到全部被菌丝充满并十分坚实为止。接着长出分生孢子梗,穿过虫体表皮在体外产生分生孢子,借助风、雨或害虫天敌昆虫等因素传播蔓延,扩大再侵染,引起暴发流行。

害虫感染白僵菌以后,初期表现为运动呆滞,食欲减退,静止的时候身体侧倾或头部俯伏,萎靡无力,表皮失去原来的光泽。随着病情的发展,虫体开始吐黄水或排出软粪,即上吐下泻的症状,时间不长,害虫就会死亡。刚死的虫体体躯松弛,身体柔软,内部组织液化,2~3 h 以后虫体开始变硬,3~4 天以后全身长满白毛。白僵菌的寄主范

单元 2

围很广,利用白僵菌防治效果较好的害虫有棉铃虫、黏虫、菜青虫、玉米螟、大豆实心虫和金龟子等40多种。由于白僵菌是通过体壁直接侵入,所以像蚜虫、红蜘蛛等害虫也容易被传染发病。

3. 昆虫病毒

在自然界,昆虫病毒病也很普遍,一般情况下,昆虫病毒专寄生昆虫,对人、畜无害,所以,被用来防治农林害虫的潜力很大,现在用在棉铃虫防治上的以颗粒体和核型多角体病毒为主。病毒感染昆虫的途径一是通过取食感染,另外是通过皮肤感染。棉铃虫幼虫感染核型多角体病毒以后,开始不表现症状,体色呈暗褐色,但皮肤有褪色现象,有时带灰白色,同时虫体膨大,内部器官和表皮细胞多数已被感染。4~5天以后才表现出不安宁状态,细胞和组织开始液化解体,停止取食,到处爬行,最后用腹足倒挂死亡。虫体表面脆软,一碰就破,流出褐色和灰白色脓液。棉铃虫幼虫对核型多角体病毒的敏感性随幼虫龄期的大小而变化。据试验、一龄幼虫的死亡高峰在感染后第6天,死亡率为85%,二龄幼虫的死亡高峰在感染后第8天,死亡率为80%。田间防治剂量以每亩40g制剂稀释喷雾防治效果较好。喷雾喷药时间选在阴天或傍晚。因为气温在33℃以上的晴天,在太阳紫外线的照射下,病毒容易被杀伤,虫体不易感染,从而影响防效。

第三节 编制病虫害统计图表

 → 掌握编制病虫害统计图表技术。

绘制统计图、表的目的,在于概括测报资料和便于比较,达到简明扼要一目了然。根据测报资料和目的绘制图、表,可将几个不同项目放在同一张图、表里进行比较,或将一定时间内影响某一件事发生的几个因素绘成一个图、表,比较相互之间的关系。有的图、表通过数理统计分析后绘制,可更清楚地看出相互之间的相关性。

统计图、表的设计,要求能够全面反映事物的特征和规律性。如果图、表的设计和应用不当,往往会得出错误的结论,贻误工作。

一、制图

制图一般有图像、图解和图表三类。图像是最直观的制图,由于景象接近实际,比较有说服力。在图像不能表达的情况下,可采用图解。图解可分内剖透视解剖图和综述图解两种。图表就是常见的统计图,形式很多,有线图、空间线图、长条图、圆形图、频数直方图和频数多边形图等。

线图可以表示某种现象随另一种现象而变化的情况,也可以表示某种现象在一定时间内的动态。画相关图通常在直角坐标系上制作。在平面上取两条互相垂直并相交于O点的x_1x和y_1y轴,把x_1x轴叫横轴或x轴;把y_1y轴叫纵轴或y轴,统称为坐标轴。交点O叫做坐标轴的原点。这种原点、互相垂直的两条数轴合在一起叫直角坐标系(见图2—60)。

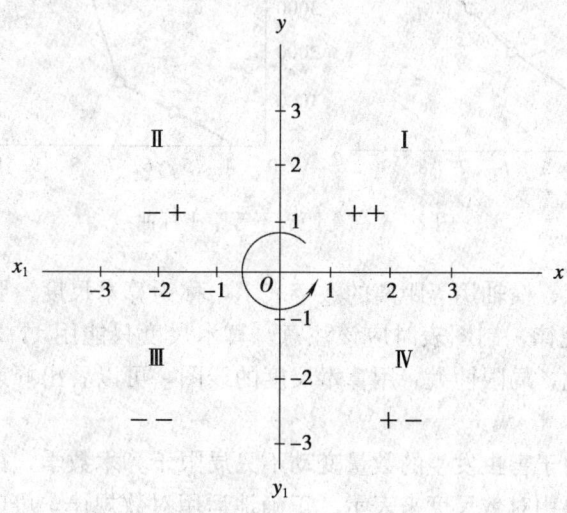

图2—60 直角坐标

坐标轴把平面分成$\angle xoy$Ⅰ象限++,$\angle yox_1$Ⅱ象限-+,$\angle x_1oy_1$Ⅲ象限--,$\angle y_1ox$+-Ⅳ象限。

建立了直角坐标系后,就可以将观察所取得的两个变量之间的一对数据,分别在直角坐标系上找出它相应的点,得到一个点群。过点群中间画一条直线或曲线,称为经验直线或经验曲线。这种图形即为相关图。

按数轴的数学规律从坐标轴的原点到x,第一个变量x叫做自变量;原点到y,第二个变量y叫做因变量,且为第一个变量x的函数。在数学中,对于两个互相联系着的变量x、y,如果变量x每取一个数值,变量y依照一定的规律总有一个数值和它相对应。所以数轴要有一定数值的等距离划分。例如,玉米螟各代发生量的消长规律,由于使用不等距的坐标,发蛾情况形成直线上升。如果把同样的数字绘在等距的坐标图上,就成为一条很明显的二次函数曲线。如图2—61所示。

1. 制作不同类型的数据图

为了使统计分析和制作线图趋于严密,有时需要把原始资料用数学代换处理。

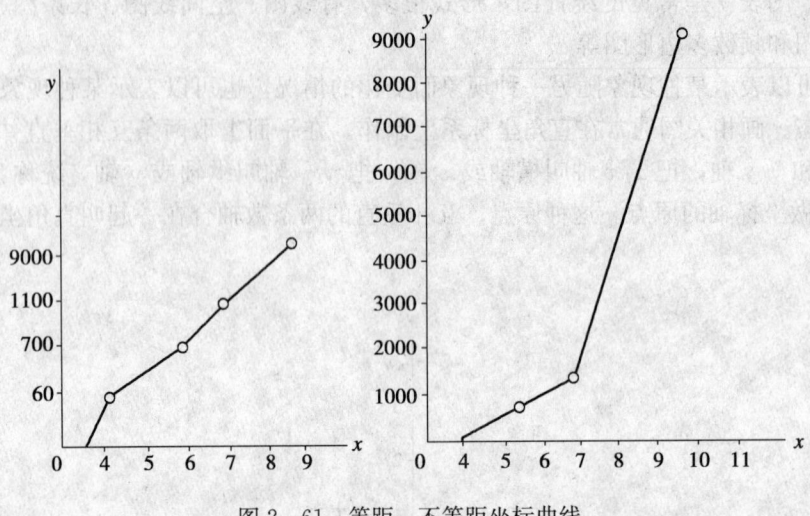

图 2—61 等距、不等距坐标曲线

（1）算术图。纵、横轴用等距离的数字表示，称为算术尺度。要求纵横两尺度都必须符合一定的数学规律，制图表时应该注意。算术尺度只能用 1，2，3，…或 10，20，30，…来表示其变化，局限性大。用算术尺度的线图，可以看出峰期，但微小的变动不易看出。

（2）对数图。由于害虫发生的数量变动不只局限于算术数学，往往有极大或极小的极端数字，所以需要用对数尺度来表示。正确地运用对数规律，可以更容易、更明确地找出现象的必然性和偶然性。用对数尺度的线图，可以缩小高峰和低峰的距离，使变化曲线更为明显。

一个数字用对数表示时首先看最大数或最小数的定位或定值。如表 2—1 中的真数 165，它的对数的首数等于真数中整数部分的位数减去 1，即 3－1＝2；真数 40 即 2－1＝1。尾数从常用对数表中查出，分别为 2 175 和 6 021。真数 165 和 40 的对数值分别为 2.217 5 和 1.602 1。

表 2—1   百株三叶蚜量对数值

年份	百株三叶蚜量		年份	百株三叶蚜量	
	真数	对数值		真数	对数值
1997	165	2.217 5	2000	160	2.204 1
1998	175	2.243 0	2001	120	2.075 2
1999	40	1.602 1	2002	80	1.903 1

(3)百分率曲线图。百分率尺度一般用于分析害虫各虫态的发生始盛期、高峰期、盛末期。如分析发蛾高峰:

$$发蛾率\% = \frac{每天蛾数}{总蛾数} \times 100$$

以发蛾率为纵轴 y,月/日为横轴 x,现用农六师 105 团测报站 2006 年诱越冬代棉铃虫成虫资料,可以绘出一条发蛾消长曲线(见图 2—62)。

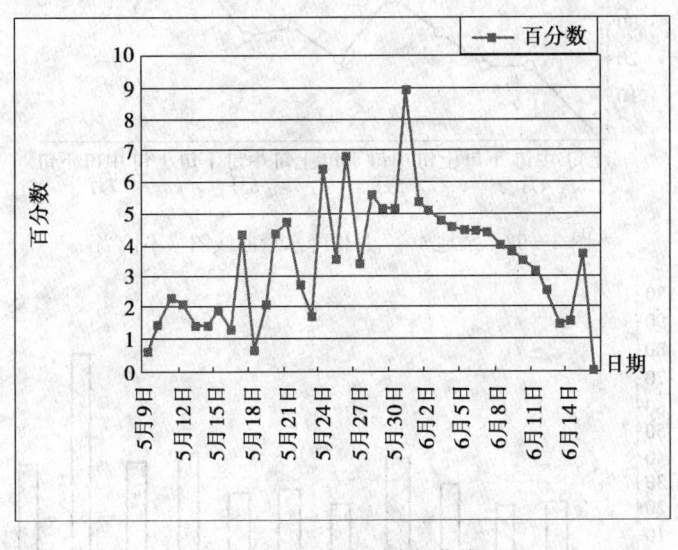

图 2—62 棉铃虫消长曲线

百分率曲线图,只有在全世代或全年发蛾终止以后才能作出,平时作不出曲线图。

2. 制作连续性变量图与非连续性变量图

观测调查病虫后必然会得到一批变数。变数有连续性和非连续性两类。

(1)连续性变量图。连续性变数一般是用计量表示的数据,其各个变量并不限于整数,两个相邻的数值之间可以容许其他数值存在,变数大小可以精确地测量出来,所以又叫可量性状。如气温的升降就是连续性的。气温由 8℃ 上升到 20℃ 是逐步的,18℃ 与 20℃ 它之间可量出许多个变数,如 18.0,18.1,18.2,18.3…;而 18.1 与 18.2 之间仍可找出 18.11,18.12,18.13…许多个变数。因此,连续性变数是无限的。

(2)非连续性变量图。非连续性变数是用计数方式表示的数据,两个相邻变数之间不容许另一个变数存在。这类变数只可以逐个去数,不可以去量,所以又叫可数性状。如降水量就没有连续性,降水量多的那一天到最少的那一天,并不是逐步上升或下降。在处理降水量资料时不能绘成曲线图(见图 2—63),而应该绘成直方图(见图 2—64)。

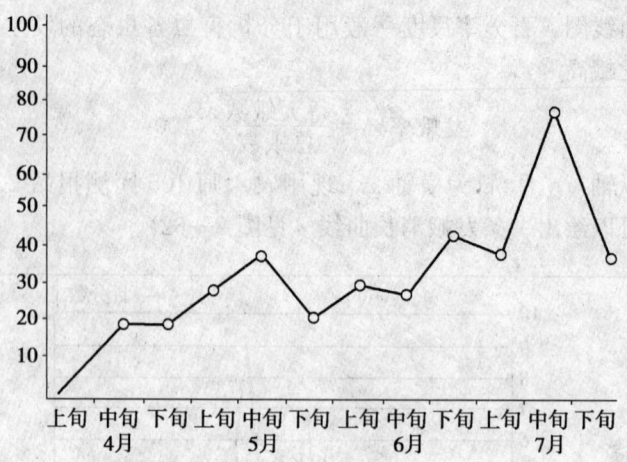

图 2—63 某地 4—7月份降水量曲线图（不恰当）

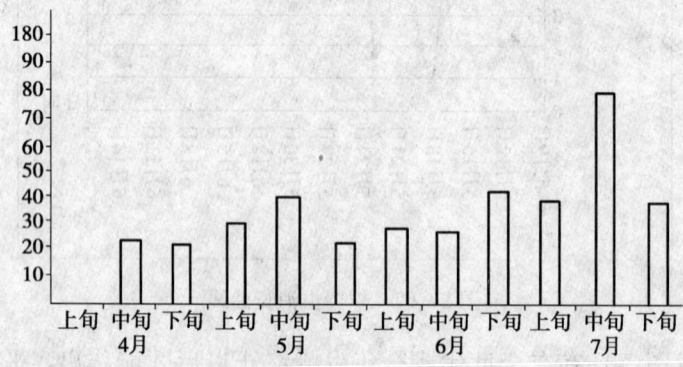

图 2—64 某地 4—7月份降水量直方图（正确）

3. 制图数据的系统性

经整理的资料，必须具有系统的概念。如果提供一些片断的资料就不可能正确地总结某一病虫的发生规律。所以，整理资料时，要尽量保持其系统性和完整性。

例如，××××年6月16日，在某地调查两个不同类型棉田的棉铃虫幼虫发育进度，所得数据列成表2—2，并绘出图2—65。

表 2—2　　　　　不同类型棉田内棉铃虫幼虫发育进度

棉田类型 \ 虫龄 头数	1	2	3	4	5	6
一类	3	5	30	84	60	11
二类	8	15	74	36	20	5

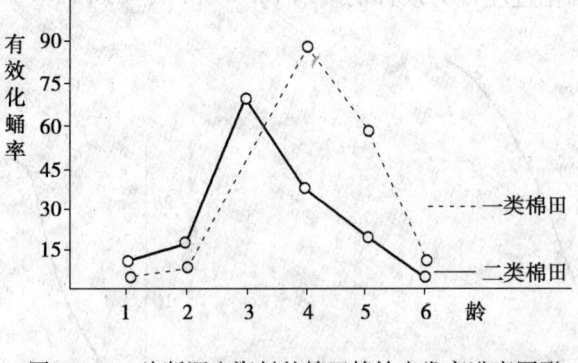

图 2—65　片断调查资料的棉田棉铃虫发育进度图形

一般棉铃虫的发育进度应该是直线上升的。如图 2—66 呈两条曲线,说明一天的调查资料还不能准确反映棉铃虫幼虫发育进度与品种的关系。因为仅一次的调查是局部的、片断的。通过多次调查两个类型棉田内棉铃虫化蛹率或某一虫龄的百分率绘出两条直线,便可准确地反映出棉铃虫发育进度与棉田类型的关系(见图 2—66)。

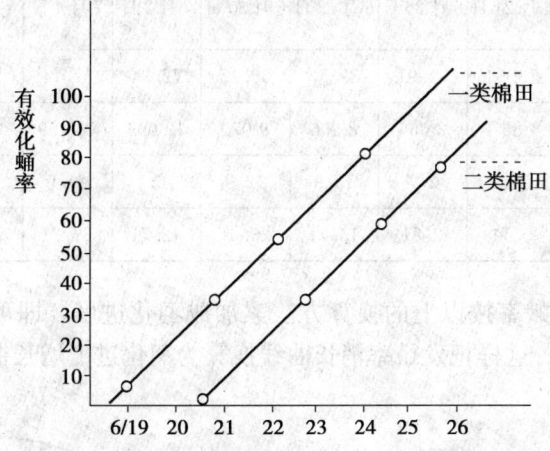

图 2—66　连续调查资料的棉田棉铃虫发育进度图形

4. 制作消长曲线与增长曲线图

消长曲线有增有减,而增长曲线有增无减,但二者之间有一定相关。如化蛹进度是增长曲线(见图 2—67),发蛾率是消长曲线(见图 2—68)。发蛾率是羽化进度总数的微分。在数学上,微分用来反映局部量,积分反映整体量。整体量是局部量积累的结果,所以化蛹进度增长曲线又称积分曲线,发蛾率消长曲线又称微分曲线。第一次发蛾率等于同天的羽化进度,第二次发蛾率加上上一次的羽化进度数即为第二次的羽化进度。如 6 月 26 日发蛾率 2.7 加上 6 月 24 日的羽化进度 0.11,即为 6 月 26 日的羽化进度 2.81,

又如，6月28日的羽化进度，为该日发蛾率10.9＋2.81＝13.71（见表2—3）。

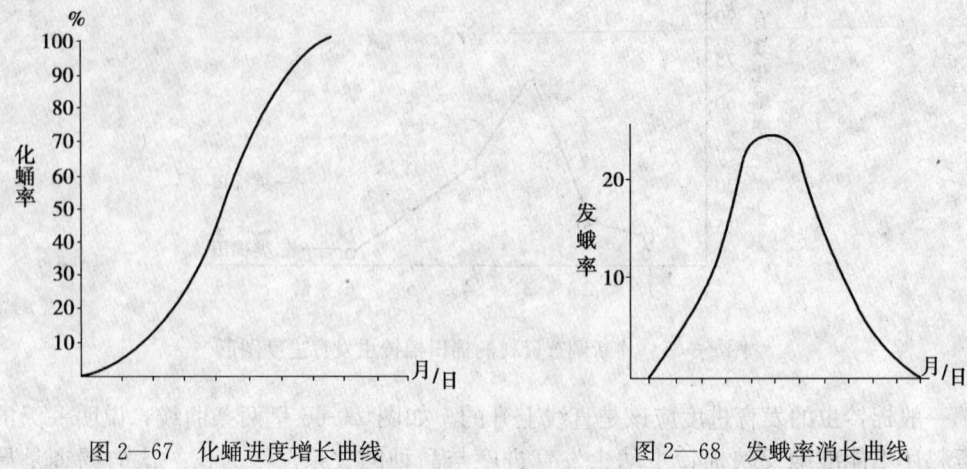

图2—67 化蛹进度增长曲线　　　　　图2—68 发蛾率消长曲线

表2—3　　　　　　　　棉铃虫消长曲线换算为增长曲线

项目＼日期	6月22日	6月24日	6月26日	6月28日	6月30日	7月2日	7月4日	7月6日	7月8日	7月10日
化蛹进度（%）	3.60	13.54	31.91	39.52	66.17	72.34	87.14	99.9		
发蛾量（头）		86	2 066	8 206	9 070	12 093	18 459	7 807	8 250	5 625
发蛾率（%）		0.11	2.7	10.9	12.9	16.1	24.5	10.4	11.0	7.5
羽化进度（%）		0.11	2.81	13.71	26.61	42.71	67.21	77.61	88.61	96.11

根据表2—3的发蛾率按以上的换算方法累加成羽化进度，即可将消长曲线变成增长曲线（见图2—69）。这样把发蛾率消长曲线换算为羽化进度增长曲线，则用化蛹进度

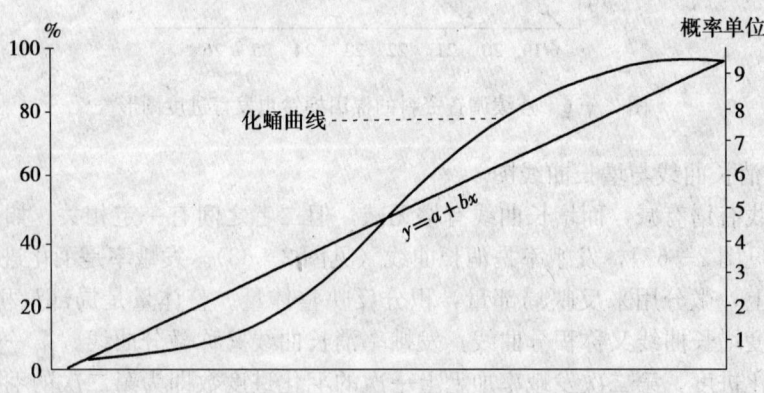

图2—69 消长曲线转化为增长曲线

曲线加上蛹的历期,就能得出羽化进度曲线,即可在病虫测报中应用。

一般消长曲线称为常态曲线或正态分布曲线(见图 2—70)。始盛点为拐点。在消长曲线内的面积为 100%,高峰点与横轴画一垂直线即为 50%,拐点之外面积为 15.87%。高峰点另一端取 15.87% 到 50% 的等距离的一点,即 100%－15.87%＝84.13%。因此,将昆虫某一虫态发育进度达到 15.87% 作为始盛期,达到 50% 作为高峰期,达到 84.13% 作为盛末期。

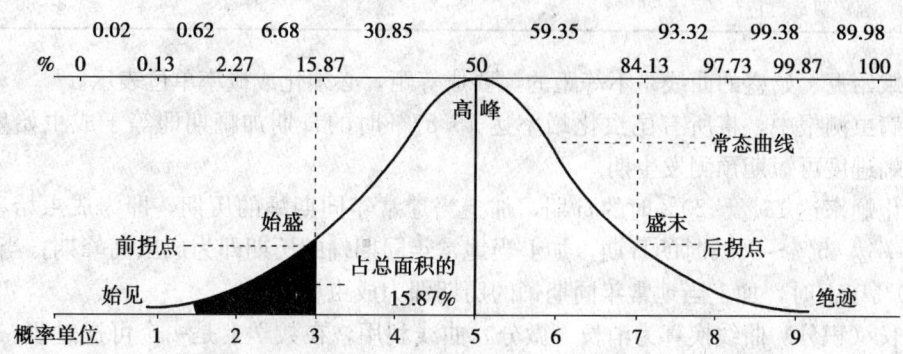

图 2—70　发蛾率常态(正态)曲线

图 2—71 是用 Excel 电子表格绘制的 2003 年农十三师棉铃虫消长曲线图,根据统计标准,统计各代棉铃虫的发生期(见表 2—4)。

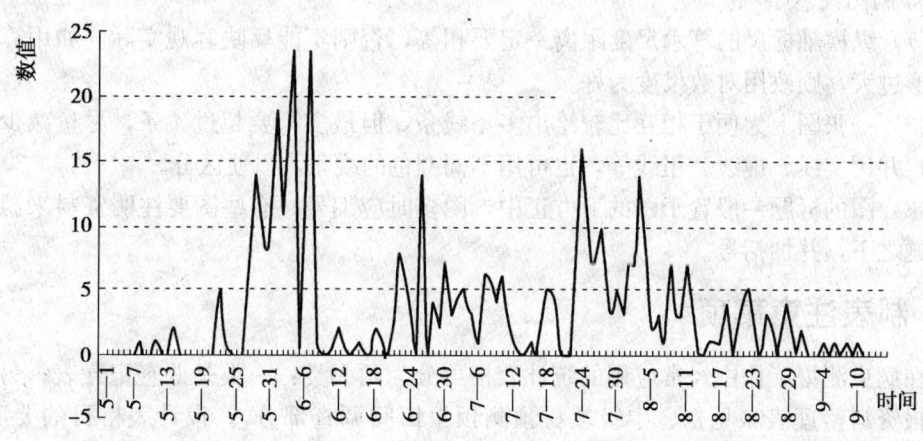

图 2—71　棉铃虫发蛾率消长曲线

表2—4　　　　　　　　棉铃虫发生期监测表

项目		越冬代	一代	二代	三代
成虫发生期	起止日期	5～8 6～16	6～16 7～14	7～14 8～14	8～14 9～10
	始盛期	5～28	6～22	7～23	8～18
	高峰期	6～2	6～30	7～29	8～23
	盛末期	6～6	7～7	8～7	8～30

发蛾始见、始盛的曲线是不等距的，要成等距，必须化成概率单位表示。

在病虫测报中，将所有昆虫化蛹率达15.87%时的日期加蛹期即等于成虫始盛期，利用化蛹进度可短期预测发生期。

当化蛹率达16%～20%时的日期，加上当地常年同期蛹的历期，即为成虫始盛期；当化蛹率达45%～50%时的日期，加上当地常年同期蛹的历期即为成虫高峰期；当化蛹率达80%以上时，加上当地常年同期蛹的历期即为成虫盛末期。

增长（积分）曲线换算为消长（微分）曲线利用，在数学上是一个可逆过程。具体方法是，先查阅概率单位代换检索表，得出化蛹率相应的概率单位。由于概率单位的数学性质把S形曲线变为直线，根据直线回归方程 $y=a+bx$ 算出 a，b。因为在概率单位代换检索表中，概率单位5等于百分率50%，5恰是消长曲线的高峰点，可以化蛹数最多的一天为高峰点，设为 y，5在直线上的概率单位以 pr 表示。

5. 制图注意事项

（1）纵横轴标尺的算术尺度距离一定要相等，否则不能反映客观实际。如用算术尺度图形过大，则改用对数尺度为好。

（2）一张图上为便于相互比较绘出多条线条，但最多不要超过4条，尽量减少线条交叉，并用实线、虚线、粗线等，也可用不同颜色的线条，以便区分。

（3）图的标题一般置于图的下方正中，图多时应编号。有些图要注明资料来源可列于标题之下，并加括号。

二、制表注意事项

在病虫测报工作中经常应用的统计表格可分为两大类：一类是调查记载表；另一类是测报资料整理表（见初、中级教材预测预报田间调查部分）。设计表格目的要明确，科学性强，应用价值高。

1. 明确制表的目的

调查的数据必须经过整理，才能应用于统计预报。设计数据整理表同样要求突出主题，目的明确，科学性强。整理时必须找出影响某一种病虫发生程度或发生时期的主要和次要因素。在错综复杂的因素中，找出主要因素往往要有一个由繁到简的过程。最初调查的项目较多，取得与病虫发生的有关因素也就多，这就需要把调查得到的大量数据连贯起来反复思索，并在实际工作中随时注意某一种病虫发生轻重与地势、土质、植被、茬口、品种、栽培条件、耕作制度、周围环境、天敌以及气候等条件的关系，积累多年的经验。同时，采用数理统计方法，求得预报因素与预报量的关联程度，就会找出规律性的东西，设计整理表就有了科学依据。

测报资料不外乎都是与病虫发生时期、发生程度和发生范围有关的数据。例如，诱捕器每天诱到的昆虫，首先把害虫与益虫分开，每种害虫分别记载雌、雄数量，同时在发生盛期抽查成虫卵巢发育进度。虽每年因受气温的影响，发生时期有所差异，但年年积累资料，再把完整的数据加以整理，即可用数理统计方法预测发蛾盛期高峰日。同时，诱蛾数量也是预测发生量的一项重要因素。还可进一步探索该代某一时期的雌蛾数量与幼虫发生程度的相关性，根据蛾量预测幼虫发生量。现以一代黏虫发蛾量与小麦条锈病发病程度为例介绍如下。

(1) 黏虫。对1987—1998年一代黏虫的测报资料整理表明，影响一代黏虫发生轻重的主要因素是蛾量、卵量和气象条件。根据历年观测获得的越冬代成虫发蛾期间的有效蛾量、小谷草把诱卵量及其与幼虫发生程度的关系，制成一代黏虫发生量整理表。

预测害虫发生期，经常用期距数值。因此，各虫态的盛期高峰日在发生期整理表中是一项重要内容。如由发蛾盛期高峰日到卵盛期高峰日的天数就是期距。一代黏虫发生期整理表设计见表2—5。

表2—5　　　　　　　一代黏虫发生期整理表

| 年份 | 始蛾日期（月/日） | 发蛾盛期高峰日（月/日） | 小谷草把诱卵 | | 卵高峰日 | 二、三龄幼虫盛期 | 蛾高峰日至二、三龄幼虫盛期期距 | 卵高峰日至二、三龄幼虫盛期期距 |
			始期（月/日）	盛期（月/日）				
1981	3/19	4/15	4/1	4/5～20	4/17	5/8	23	21
1982	3/24	4/10	3/30	4/8～17	4/17	5/11	31	24
⋮	⋮	⋮	⋮	⋮	⋮	⋮	⋮	⋮
1987	3/13	3/31	3/28	4/1～8	4/3	5/4	34	31
1988	3/1	4/6	3/29	4/6～17	4/11	5/13	37	32

(2) 小麦条锈病。据各地多年观察，在种植感病品种的情况下，影响小麦条锈病发病的主要因素是气象条件，其次是菌源数量。3月下旬至4月下旬气温偏高，5月上、中旬气温偏低；4月份特别是4月中、下旬和5月上旬雨日多，降水量偏多，有利于发

病，加之外地菌源多，会引起条锈病大流行。把1961—1977年观测的4月中旬降水量，4月上旬雨日，3月下旬至4月上旬平均气温及小麦条锈病发生程度整理成表2—6。

表2—6　　　　　　　　小麦条锈病与气象因素的关系整理表

年份 要素	1961	1962	1963	1964	1965	1966	1967	1968	1969	1970	1971	1972	1973	1974	1975	1976	1977
发病程度	0	0	++	+++	+	+	0	0	++	0	0	+	+	0	++	0	0
降水量（mm）	0	4.4	30.8	122.4	1.0	1.8	0	0	34.8	0	7.9	0	3.8	1.5	28.8	0	2.6
雨日	0	2	5	9	2	1	3	0	3	0	3	2	2	4	0	2	0
平均气温（℃）	13.3	7.7	9.2	9.6	9.4	9.7	11.1	12.7	9.1	9.2	11.7	8.8	12.1	11.2	11.5	8.2	11.8

制表时要反复推敲，使表的内容、标题、线条、数字等都符合统计要求。尽量避免重复项目，消灭空白栏和不必要的备注栏。

2. 科学严谨，保证数据资料的质量

（1）标题必须简要说明该表内容，置于表顶部中央。表号（如表1，表2，…不要加括号）在左方，与标题有一定间距。该表材料产生的地点、时间，可用括号置于标题之后。

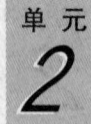

（2）统计表的标目分为纵行标目和横行标目。标目文字简明，必要时标目后用括号加注单位，如（℃）、（月/日）、（mm）等，但全表数字属于同一单位的，则用括号注于标题之后。标目如要注释，在标目右上角记 *、** 等符号，置于表的底线直下方，用小字体加脚注。注释文字不应填入表内。

（3）表内数字小数点、个位数、十位数…，应上下相对，即在同一垂直线上，以便核算。小数位力求一致，一般1～2位小数为宜。统计数字缺时，以短横线"—"表明。备注栏如不必要，不应设置，更不应设空白的备注栏。

（4）统计表一般不宜设计成很复杂的大表，但有时限于实际需要，表很长甚至占几页，每页表首均应重复写标目，并在表顶部左方写上"续表×"。

统计图、表都是为观测和整理病虫资料而设计的。长期积累观测资料是农业病虫数理统计预报的基础。病虫测报站必须建立健全测报资料档案管理制度，将每年调查的测报资料进行统计整理，实行一病一虫一年一档制，登记造册、专柜、专人保管，严防丢失，以确保测报资料的系统和完整，这是提高测报水平的根本。

单元测试题

简答题

1. 番茄病毒病有哪几种症状类型及病原物的种类？

2. 番茄脐腐病的致病原因是什么?
3. 辣椒病毒病有哪几种症状类型及病原物的种类?
4. 农作物天敌的主要类群有哪些(每个类群列出 2~3 种天敌)?
5. 消长曲线和增长曲线有什么区别?
6. 根据消长曲线图如何划分昆虫的发生期?
7. 制表有哪些注意事项?

单元测试题答案

简答题(答案略)

第3单元

综合防治

- 第一节 起草综合防治计划/120
- 第二节 综合防治措施的实施/131

第一节 起草综合防治计划

 → 掌握葡萄、瓜的主要病、虫害综合防治技术。

一、葡萄主要病、虫害的综合防治

1. 葡萄霜霉病的综合防治

(1) 彻底清除果园病残体。收集病叶、病果、剪除病枝,集中烧毁或深埋,减少越冬菌源。

(2) 加强栽培管理。尽量摘除近地面的不必要的叶片,控制副梢生长,保持良好的通风透光条件,生长期适时灌水,注意园内排除积水,降低地面湿度,避免病菌侵入。避免偏施氮肥,适当增施磷、钾肥。在酸性土壤中可施石灰,提高葡萄的抗性。

(3) 喷药保护。抓住病菌侵入前的关键时期,用1:0.7:200波尔多液防病较好,或用40%乙磷铝200倍液,或58%甲霜灵锰锌400~600倍液,或50%克菌丹400~500倍液,或25%甲霜灵可湿性粉剂1 000倍液或、64%杀毒矾400~500倍液,或60%百菌通600~800倍液,每隔10~15天喷1次,连续2~3次,或交替使用效果更好。

2. 葡萄白粉病的综合防治

(1) 注意田间卫生。葡萄埋土前,结合修剪剪除病枝,清除落叶、落果,集中烧毁,减少越冬菌源。

(2) 加强栽培管理。增施有机肥,提高植株抗病力,及时摘心绑蔓,修剪副梢,以保持架面的良好通风透光条件,减轻病害的发生。

(3) 喷药保护。发芽前喷洒波美3~5度石硫合剂,铲除越冬菌源。生长期在发病初期可喷70%甲基托布津800~1 000倍液;25%粉锈宁2 000倍液;50%退菌特800倍液,波美0.2~0.3度石硫合剂;2%农抗120水剂150~200倍液;50%硫悬浮剂200~400倍液。此外喷洒0.5%的碳酸钙(加入少量肥皂粉),也有控制病害发生的作用。秋季埋土前喷洒25%粉锈宁可湿性粉剂2 000倍液,减少越冬菌量。

3. 葡萄黑痘病的综合防治

(1) 选用抗病品种。由于品种间抗病性有显著差异,所以在历年发病严重的地区应选用既抗病又具有优良园艺性状的品种。

(2) 清除菌源。在生长期中,及时摘除不断出现的病叶、病果及病枝。秋季清扫落叶、病穗，冬季修剪时，仔细剪除病枝、僵果，刮除主蔓上的枯皮，清扫地面枯枝落叶、果粒、果皮等残体，集中深埋或烧毁。

（3）加强栽培管理。合理施肥，增施磷钾肥，不偏施氮肥，增强树势。同时加强枝梢管理，结合夏季修剪，及时绑蔓，去除副梢、卷须和过密的叶片，避免架面过于郁闭，改善通风透光条件。及时清除地面杂草和杂物，保持地面清洁。土质黏重的葡萄园，需多施农家肥进行土壤改良，增强土壤的通透性；地势低洼的雨后要及时排水；酸性大的要适量施用石灰。适当疏花疏果，控制果穗负载量。

（4）药剂防治。在葡萄发病芽前全面喷布一次铲除剂，消灭枝蔓上潜伏的病菌。常用的铲除剂有：0.3％五氯酚钠加 1～30 倍石硫合剂、10％硫酸亚铁加 1％粗硫酸混合液、80％二硝基邻甲酚钠盐、40％福美砷等。葡萄展叶后开始喷药，以开花前和落花70％～80％时喷药最为关键。可根据降雨及病情决定喷药次数。一般可在开花前、落花70％～80％果实如玉米粒大时各喷一次。有效药剂有：70％甲基硫菌灵、40％百菌净、70％霉奇洁、80％普诺、50％多菌灵、1∶0.5∶160～240 波尔多液、70％代森锰锌、40％锰锌克菌多、11％可杀得等。80％大生 M-45、杜邦易保等也有较好防效。新近培育的"红地球"葡萄对铜较敏感，不宜使用波尔多液等铜制剂。

（5）消毒新建的葡萄园或苗圃，对苗木、插条要严格检验，烧毁重病苗；对可疑苗木进行消毒处理。即在萌芽前，用上述铲除剂或 3％～5％硫酸铜、15％硫酸铵，整株喷药或浸泡 3 min，进行消毒。

4. 葡萄白腐病的综合防治

防治葡萄白腐病应采取铲除侵染源、加强栽培管理和喷药保护相结合的综合治理措施。

（1）清除越冬菌源。冬季结合修剪，彻底剪除病果穗、病枝蔓，刮除可能带病菌的老树皮，清除园中枯枝蔓、落叶、病果穗等，并集中烧毁或深埋。冬季深翻果园，可将病残体埋入土壤深层加速其腐烂分解，减少翌年初侵染源。生长季节结合管理勤检查，及时剪除早期发病的果穗，以减少再侵染源，抑制病害发展速度。

（2）加强栽培管理。提高结果部位，可以减少病菌的侵染机会；做好中耕除草、雨季排水和其他病虫害防治等经常性的田间管理工作，创造有利于植株生长、不利于病害发生的良好生态环境；增施有机肥和钾肥，避免偏施氮肥，改善土壤结构；根据果园的肥力水平，合理修剪、疏花疏果，及时摘心、抹副梢、绑蔓，调节植株挂果量。这些措施均可增强植株生长势，提高植株抗病力。

（3）药剂防治

1）地面撒药。重病园，可于病害始见期间，于地面撒药灭菌。福美双、硫黄粉、碳酸钙以 1∶1∶2 的比例，均匀混合后，撒施在葡萄园土面上，每公顷撒 30～45 kg，进行地面消毒。地面压沙、敷草等措施也有一定的预防作用。

2）喷药保护。第一次喷药应掌握在病害的始发期，一般在6月中旬开始，以后每隔7~10天喷一次，连续喷3~5次，直至采果前15~20天停止。喷药时要仔细周到，重点保护果穗。喷药后遇雨，应于雨后及时补喷。为了提高药剂的黏着和耐冲刷性，可在配好的药液中加入0.03%~0.05%的皮胶或其他展着剂，以提高药效。有效药剂有50%退菌特可湿性粉剂600~800倍液、70%代森锰锌可湿性粉剂700倍液、50%扑海因可湿性粉剂1 500倍液等。一般不使用铜制剂，因为病菌对铜制剂抗性较强。

（4）套袋。重病区可在最后一次疏果后，进行套袋，预防病菌感染。套袋前应对葡萄进行全面喷药，在果实采收前半个月，选择晴天（切忌雨天）去除纸袋，以利果实着色。开袋后及时喷药保护。

5. 葡萄根癌病的综合防治

由于根癌土壤杆菌的致病机制特殊，加上苗木带菌传播，病菌通过伤口侵入，因此防治根癌病应把药剂防治、生物防治、植物检疫和农业防治等措施相结合，才能取得理想的效果。

（1）严格执行检疫措施。禁止从病区调运葡萄苗，对引进的葡萄苗要进行消毒后，才能种植。

（2）繁育无病苗木。选择未发生过根癌病的土地作苗圃，不从病园中剪取枝条或接穗；在苗圃或初定植园中，发现病苗后立即拔除，捡净残根，集中烧毁，并用1%硫酸铜液消毒土壤。

（3）苗木消毒处理。在苗木或砧木起苗定植前，认真检查，剔除病株。定植前将嫁接口以下部位用1%硫酸铜液浸泡5 min；或用2%石灰水浸1 min；或用0.1%砷汞液浸泡3~5 min，然后洗净；或用3%次氯酸钠液浸3 min；或用80%抗菌剂402乳油500~1 000倍液浸葡萄苗或插条30 min，均可以预防根癌病菌随苗木传播。

（4）农业措施。在上架、嫁接、埋条等操作中注意不使葡萄受伤，防止冻害，及时防治地下害虫，以减少伤口被病菌侵染的机会。人工修剪枝蔓后的剪口要进行消毒，防止病菌侵入。合理施肥，适当施用酸性肥料，使之不利病菌的生长。注意病区灌溉水的流向，以防病菌传播蔓延。

（5）药剂防治。发现病株时，扒开根围土壤先将病瘤切除，直至露出无病的木质部，然后用药涂抹伤口。药剂可选用10%抗菌剂401液25倍；80%抗菌剂402乳油200~250倍液；40%福美砷可湿性粉剂40~50倍液（加入0.3%洗衣粉效果更好）；30% DT悬浮剂20~30倍液；10%双效灵水剂10倍液涂茎；或石硫合剂渣子等都有防治效果。树龄大或休眠期用药，浓度可大些；树龄小或处生长期，浓度要小一些，以免产生药害。

6. 葡萄日灼病的综合防治

（1）园地、品种、架式选择。建园时尽量选择排灌方便的地块，选择抗日灼病的品种，采用棚架或双篱架栽培。朝西的山坡地不宜采用单篱架。地势高燥、排水良好的葡萄园发病轻，而地势低洼、排水不良的园片发病较重。同时，黏重土壤园发病较重，而沙壤土和轻壤土园发病较轻。土壤贫瘠、偏施氮肥的果园，幼嫩叶片多，水分蒸腾量大，发病率较高，而土壤肥沃、疏松的果园，发病率低。棚架栽培的葡萄发病较轻，而篱架栽培的葡萄发病较重。南北行向的，西面发病重；东西行向的，南面发病重。在同一果园内，不同树势的树发病程度不同。树势中庸的发病较轻，而树势强健、旺长枝叶量大，蒸腾水分多，发病较重，但树势衰弱的发病最重。因此，要增加树体的营养，同时控制好结果量，使枝条长势旺一些。日灼多发生在向阳面，所以可采取以下办法进行防治：即"一藏、二遮、三打伞"。一藏，就是把果穗藏起来，即从阳面转移到阴面；二遮，就是如果果穗旁边有空枝，就将空枝拉过来绑好，给果穗造成遮阴的条件；三打伞，就是用旧报纸等将果实盖上，可有效地防止日灼病的发生。

(2) 尽早套袋。疏果后立即喷一遍杀菌剂，然后尽早完成套袋，过迟套袋，气温升高，易发生日灼。晴天套袋应于露水干后进行，尽可能避开中午气温较高的时段，上午10点前或下午4点后套袋为宜，气温急剧变化时（气温比前一天超过10℃时）不套袋。

1) 套袋前的管理

喷药：葡萄萌芽前喷1次5波美度石硫合剂，铲除树体潜伏病虫。展叶后喷1次2 000倍世高（10%苯醚甲环唑水分散粒剂），预防茎叶病害发生。

整穗：先对果穗进行整理，剪除小穗、顶穗，摘除小粒、病粒，然后再喷1次50%退菌特500倍或50%福美双600倍或25%甲霜灵500倍液。待药液风干后即可开始套袋，力争在24 h内套完。

2) 套袋时间。以果粒长到绿豆粒大小时套袋为宜。过早容易损伤果柄，影响果实生长；过迟则达不到应有的效果。每天套袋时间以上午9~11时、下午2~6时为宜。

3) 纸袋的选择。葡萄套袋最好选用由木浆纸制作、并用杀菌剂浸过的专用纸袋。其纸质好，耐雨淋水湿，可使用2年。也可用报纸自制纸袋，但自制纸袋透光性较差，不利着色，怕雨淋水湿，应尽量少用。

4) 套袋方法。套袋时先将纸袋撑成筒状，让果穗处于纸筒中央，避免果穗与纸壁直接接触。然后将袋口用铁丝扎紧，注意铁丝不要扎在果柄上，以防损伤果柄。

5) 摘袋。葡萄摘袋应根据品种、果面着色情况以及纸袋种类而定。青色品种可以不摘袋，带袋采收。红色品种可根据上市时间，在采前1~2周摘袋，以促进浆果着色、增甜。摘袋时不要一次性摘除，应分步进行，先将纸袋在果穗上部戴帽，过3~5天后再全部去掉。

(3) 及时灌水。套袋后立即灌水，并保持田间湿度，可以减轻或预防日灼病发生。

(4) 改良土壤性状。增施有机肥，深翻改土，使土壤疏松，增加其通透性和保水性,避免过多施用速效氮肥等可有效预防日灼病的发生。

(5) 增加遮阴措施。南北向朝西的葡萄,太阳直射的果穗套袋后,在袋上罩一张报纸或撒一把嫩草遮阴,可减轻日灼的发生。

(6) 其他管理

1) 套袋葡萄应加强肥水管理,多施有机肥,适当控制速效氮肥,保持土壤湿度正常。注意排水,地势低洼的果园要注意雨后排水,降低地下水位。

2) 加强枝蔓管理,及时整理枝蔓,去须打梢。在果实接近成熟时,适当摘除果穗附近的老叶及过密枝蔓,以改善通风透光条件。

3) 搞好病虫防治,保护好叶片。根据病虫发生特点,科学选用农药,按照"预防为主,综合防治"原则,采用药剂混用、病虫兼治方法,自葡萄套袋后每隔10~15天喷药1次。喷0.2%硫酸二氢钾或5%草木灰浸出液2~3次,同时注意园内卫生,剪掉的枝条、病叶、病粒要及时清扫干净,集中销毁。

7. 葡萄缺铁病的综合防治

可在果树叶芽萌发后,用0.3%~0.4%硫酸亚铁溶液,每隔5~7天喷1次,共喷2~3次,喷施时,最好在喷液中加入少量湿润剂,且尽量将整片叶喷湿,以提高喷施效果,硫酸亚铁溶液随配随用,避免氧化沉淀失效,或采用0.2%~1%硫酸亚铁注射入树干内或涂树干,也可以在树干上钻小孔,每树塞入1~2 g硫酸亚铁,采用环施法时,将硫酸亚铁与有机肥(家畜粪尿)按1∶10~20的比例混匀,在春季萌发前环状根施,成龄果树每株用量20~25 kg,采用柠檬酸铁或尿素铁在根部埋瓶法,使根从瓶中不断吸取铁素,对控制果树缺铁病也有明显效果。

8. 葡萄缺硼病的综合防治

(1) 叶面喷硼。花前、盛花期连续喷施2次0.1%~0.3%的硼砂(或硼酸)溶液,缺硼症状明显消退,座果率和果实品质显著提高。

(2) 土壤施硼。一般在病株超过10%以上的葡萄园,在秋施有机肥的基础上,病株每株追施硼砂50 g,以补充硼的不足。

(3) 多采用叶面喷施。一般喷施浓度为0.1%~0.2%的硼砂溶液或0.05%~0.1%的硼酸溶液,亩用量为30~100 kg。以植株充分均匀湿润为宜,喷施2~3次,在春梢萌发后或花前各喷施1次,也可在盛花期及果期喷施,宜在晴天下午4时后或早晨喷施,喷后6 h内,如果遇到降雨,应重新喷施。

9. 葡萄斑叶蝉的综合防治

(1) 在葡萄生长时期,使葡萄枝叶分布均匀、通风透光良好;秋后清除葡萄园的落叶、枯草,消灭其越冬场所,能显著减少害虫的数量。

(2) 第一代若虫盛发期是药剂防治的有利时期,可结合其他虫害防治,喷施75%辛硫磷3 000倍液、40%氧乐果1 500~2 000倍液,或50%敌敌畏800~1 000倍液、90%

敌百虫 1 200 倍液等，都可收到良好的效果。后期该虫各虫态混合发生时，可选用 80%乙酰甲胺磷 2 000 倍液。

10. 葡萄缺节瘿螨的综合防治

(1) 在生长季节标记发生植株，繁育苗木的种条不能从发生株上采撷，以防传播。新购进的葡萄苗木或插条，必须认真检疫和消毒。在 3~5 波美度石硫合剂中浸 2 min（苗木根部须避浸泡防苗木死亡），有很好的防治效果。

(2) 发现被害枝，当即剪掉深埋。

(3) 早春萌芽成绒球期，细致喷洒波美 4~5 度石硫合剂，萌芽展叶期间喷洒 25%亚胺硫磷乳油或 50%乙酰甲胺磷 1 000 倍液，或波美 0.2 度石硫合剂。展叶前期喷灭扫利、功夫菊酯、杀蜗利果等触杀性强的菊酯类农药也有防治效果。

11. 东方盔蚧的综合防治

(1) 杜绝虫源。注意不要采带虫接穗，苗木和接穗出圃要及时采取处理措施。果园附近防风林，不要栽植刺槐等寄主林木。

(2) 保护和利用天敌。少用或避免使用广谱性农药，以保护天敌，并充分发挥天敌的作用，可捕食一部分介壳虫，从而减少打药的次数，是生产无公害果品的有效途径。

(3) 人工防治。种植人员无论何时发现有中心虫株，应立即在树下铺一纸张及时刮掉虫体，收集烧毁。

(4) 药剂防治。冬季和早春，喷 3~5 波美度石硫合剂或 3%~5%柴油乳剂，消灭越冬若虫。

生长期抓住两个防治关键：一个是 4 月上中旬，虫体开始膨大时，喷 0.5 波美度石硫合剂或 50%敌敌畏 1 500 倍液。第二个是 5 月下旬至 6 月上旬，卵孵化盛期可喷波美 0.1~0.5 度石硫合剂或 50%杀螟松乳油 1 000 倍液。葡萄休眠期、发芽前，人工刮除老翘皮，露出介壳虫体，喷 3~5 度石硫合剂，消灭越冬的介壳虫。注意喷药仔细，枝条的阴面处一定要喷到，可压低越冬基数。生长季节，在 5 月中下旬第一代卵孵化盛期，可以喷施 20%速灭杀丁乳油 2 000 倍液，或 2.5%功夫乳油 2 500~3 000 倍液，或 50%杀螟松乳油 1 000 倍液，或 80%敌百虫 1 000 倍液，或 1.8%阿维菌素乳油 3 000~4 000 倍液，或 10%天王星乳油 4 000~5 000 倍液。如果第一代错过防治，也可在第二代卵孵化盛期即 8 月份喷施上述几种药剂。

二、瓜田主要病害的综合防治

1. 瓜类枯萎病的综合防治

目前对瓜类枯萎病的防治，各国都采取了不同的防治措施。如日本采用以嫁接换根为主的方法，美国推行以抗病育种结合轮作的方法，我国则采取以种植抗病品种与轮作倒茬为中心的综合防治措施。

(1) 实行轮作。与非葫芦科作物进行 5 年以上的轮作，也可实行水旱轮作。瓜田应尽量选择中性或微碱性的沙壤土种植。

(2) 选用抗病耐病品种。现已知西瓜栽培品种中，一般四倍体西瓜比二倍体西瓜抗病性强，如 730013、730016、黑籽少籽、翠 3、翠 5 等；西瓜品种有依姆波利亚、118、奥新宝、抗病苏红宝、京抗 2 号、京抗 3 号、京欣 3 号、聚宝 1 号、红优 2 号、郑抗 1 号等；引进国外品种有 Calhoungray（美国）、Summit、Smokylee（美国）等。

甜瓜育成品种：国内有新疆西域 1 号、广州蜜瓜等，国外有日本安浓 1、2、3 号、法国 Doublon、美国 PerlitaFR 等；引进国外种质资源有：P1414723（美国）、CmL7～187（法国）、MashadNO. NO. 2（法国）等。

(3) 种子处理。播种前采用温汤浸种法：55℃温水浸种 20 min；药剂浸种：40% 甲醛 150 倍液浸种 30 min，或用 50% 多菌灵可湿性粉剂 500 倍液浸种 1～2 h，80% 抗菌剂 "402" 2 000 倍液浸种 2 h，然后用清水冲洗干净，催芽待播；药剂拌种：以干种子重量 0.2%～0.3% 的敌克松、拌种双或多菌灵拌种；或用 100 g 增产菌拌 1 kg 种子；种子包衣剂按 1∶30 倍，即 5 g 种衣剂可包 150 g 种子。

(4) 土壤处理。土壤冬前深翻晒垄，开挖丰产沟，重茬田采取移沟法对阴阳土进行交换，酸性土壤可施用消毒石灰或喷洒石灰水；有枯萎病史的田块，播前用五氯硝基苯、多菌灵、敌克松等杀菌剂喷洒于丰产沟或将药土施入播种穴，进行土壤消毒。

育苗用土应选用非菜地、非瓜田土，加肥料配制成营养土；纸筒可选用吉林轻工业设计研究所研制的蜂窝纸筒，其成苗率高。

(5) 嫁接防病。瓜类枯萎病菌具有明显的寄主专化性，西瓜嫁接常用的砧木有：葫芦、瓠瓜、西葫芦、南瓜、丝瓜等共砧。各地的试验及生产实践表明，葫芦砧和瓠瓜砧与西瓜嫁接亲和性较高，嫁接苗成活率高；黄瓜嫁接常用黑籽南瓜为砧，防病效果好。嫁接的方法有靠接、插接、劈接、断根接等。

(6) 加强栽培管理。播前平整好土地，施足充分腐熟的优质有机肥作基肥，灌足底水，适时早播；应掌握幼苗期少浇水，生长期根据苗情采用细流灌，严禁大水漫灌、串灌，田间积水及时排除；追施肥料切忌伤根，氮、磷、钾肥应合理搭配，叶面喷施微肥能增强植株抗病性；合理整枝打杈，严防造成伤口过多，以减少病菌侵入。

(7) 发病初期药液灌根。用 25% 苯来特可湿性粉剂，或 70% 甲基托布津可湿性粉剂 1 000～1 500 倍液，或 40% 瓜枯宁 1 000 倍液，或 60% 百菌通可湿性粉剂 400～500 倍液，或农抗 "120" 2 000 倍液等灌根，隔 7～10 天 1 次，每株灌 0.25 kg；也可用敌克松与面粉按 1∶20 配制成糊状，涂于病株茎基部，具有一定防病作用。

(8) 交叉保护法。是在寄主上接种一个致病力弱的菌株，由于该菌株与致病力强的菌株有对抗作用，使得致病力强的菌株再侵染病体时致病力降低或丧失的一种防病技术。据山东农业大学吴询耻等从番茄植株上分离到非致病尖孢镰刀菌,并将其制成F86—15菌剂,在西瓜播种时用来浸种或穴施,可有效地控制西瓜枯萎病,防病保产效果明显优于多菌灵可湿性粉剂。

2. 瓜类蔓枯病的综合防治

(1) 清洁田园并深翻。及时清除病残体,并集中销毁;瓜地进行深秋耕、冬灌,以减少田间越冬菌源。

(2) 轮作。实行三年以上的轮作,选择地势平坦、灌排配套田块种瓜。

(3) 引进、选育抗病品种,并从无病株上选留良种。现已知国内引入甜瓜抗病种质资源 P114047(美国);西瓜抗病种质资源 PI189225 Ⅱ(高抗、美国)、P12、1778(中抗、美国)。各地在培育抗病品种时可选用。

(4) 种子处理。用 55~60℃温水浸种 20 min。

(5) 加强肥水管理。施足底肥;多施磷、钾肥,提高瓜株抗病力;发病后要适当控制浇水。种植过密,瓜田发病严重时,应打掉一部分多余的叶和蔓,以便通风透光,降低湿度。

(6) 药剂防治。发现中心病株立即喷药或涂茎。药剂可选用 40% 拌种双可湿性粉剂 500 倍液、50% 扑海因可湿性粉剂 1 000 倍液、60% 防霉宝可湿性粉剂 500 倍液、70% DTM 可湿性粉剂 500 倍液、75% 百菌清可湿性粉剂 600 倍液、70% 代森锰锌可湿性粉剂 500~600 倍液、64% 杀毒矾可湿性粉剂 400~500 倍液、50% 混杀硫悬浮剂 500~600 倍液、36% 甲基硫菌灵悬浮剂 400~500 倍液。在发病初期,全田用药,隔 7~10 天一次,对不同药剂最好交替使用。

3. 瓜类白粉病的综合防治

对瓜类白粉病应采取选用抗病品种,加强栽培管理及药剂防治相结合的综合防治措施。

(1) 选用抗病品种。一般抗霜霉病的黄瓜品种也较抗白粉病:如津杂 1 号、2 号,津研 2 号、3 号、6 号、7 号等品种抗病性都很强。另外 8102、京旭和唐山秋瓜等品种也较抗病。

抗甜瓜白粉病的品种有:美国 PMR45、Seminole,我国已引进抗病种质资源:P11241U(美国)。

(2) 加强栽培管理防止植株徒长和早衰。在田间应及时追施有机肥和氮、磷、钾复合肥;及时整枝打杈;保持植株通风透光良好,田间灌水要适量。温室和塑料大棚(或小拱棚)栽培:要注意通风换气,控制温度,降低湿度,作物收获后,要清洁田园,将病残株集中烧毁。

(3) 药剂防治。掌握发病初期,及时喷药,药剂应交替使用,以提高防治效果。常用药剂有 15% 粉锈宁可湿性粉剂 1 000~1 500 倍液、20% 粉锈宁乳油 1 500~2 000 倍液、40％敌唑酮可湿性粉剂 3 000～4 000 倍液、70％甲基托布津可湿性粉剂 1 000～1 500 倍液、50％硫悬浮剂 200～400 倍液、75％的百菌清可湿性粉剂 500～800 倍液、40％多-硫胶悬浮乳剂 500 倍液、50％混杀硫悬浮剂 500～600 倍液。温室大棚内熏蒸：因白粉菌对硫制剂敏感，故每 100 m² 用硫黄粉 200～250 g，锯末 500 g，密闭熏一夜，室温保持在 20℃左右；也可用 45％百菌清烟剂（安全型），每亩 250 g，分布多点，点燃密闭烟熏，较为方便省力，一般每 4～7 天熏一次，连续 2～3 次。应注意西瓜、南瓜抗硫性强，黄瓜、甜瓜抗硫性弱，在气温超过 32℃时不宜施药，以免产生药害。

4. 瓜类疫霉病的综合防治

（1）严格选地。选择 5 年以上未种过甜瓜、西瓜、黄瓜和茄果类蔬菜的地，以沙壤土新荒地为好。并进行秋季深翻，以减少越冬菌源。

（2）选用耐病品种，种子应进行消毒。目前没发现免疫和高抗品种，较耐病的甜瓜品种有金黄、黄蜜脆、红蜜脆和香梨黄等。

（3）加强田间管理。采用高畦栽培，土地整平，灌水沟适当加深，但不宜过长，一般沙土地沟长 30 m，土质黏重者不超过 20 m。采用地膜种植，以促进瓜的生长发育。施用充分腐熟的羊粪作基肥，每亩地可施 1 000～1 500 kg。合理追施化肥，避免伤根。最好使用叶面喷施法，或在浇水瓜沟撒施化肥，增强植株抗病性。

（4）合理灌水。有条件的地方瓜地最好浇井水，尽量不要浇渠水，也不要渠井水混合浇。浇水的水位应随着植株的生长和温度的增高而逐渐降低，浇时根颈部不能被淹，不能浸泡在水中，切忌串灌、漫灌，更不能水淹瓜蔓。炎热的夏季应早晨、晚上灌水为好。灌水次数的多少应根据土质、地下水位和气温的不同而异。原则是苗期少灌，开花至膨大期适当多灌。灌水的水位线以瓜沟的 2/3 为宜，瓜沟内如有积水应及时排除。

（5）药剂防治。根据预报，病害即将发生时使用化学药剂灌根或喷雾。可用 58％甲霜灵锰锌可湿性粉剂 500 倍液或 64％杀毒矾 M8 可湿性粉剂 400～500 倍液，或 75％百菌清可湿性粉剂 600 倍液，或 60％百菌通可湿性粉剂 400～500 倍液，或 40％乙磷铝可湿性粉剂 300 倍液，或 25％甲霜灵可湿性粉剂 500～700 倍液，或 70％乙磷锰锌可湿性粉剂 350 倍液。每株灌药 0.25～0.5 kg。7～10 天一次，连续防治 3～4 次。药剂应交替选用，以防产生抗药性。

5. 瓜类霜霉病的综合防治

应采取选用抗病品种、加强药剂保护和改进田间栽培管理相结合的综合防治措施。

（1）选用抗病品种。实践证明，利用抗病品种可以有效地减轻霜霉病的为害。目前比较抗黄瓜霜霉病的有津研 1 号、2 号、3 号、4 号、5 号、6 号、7 号，山东宁阳大刺瓜，西安丹东刺瓜，北京大八杈等，尤其津研 5 号、6 号、7 号品种不仅高抗霜霉病，且兼抗枯萎病。目前我国抗甜瓜霜霉病的优良品种不多，已引进的种质资源有PY124111（美国）。

在利用和推广抗病品种时，必须注意品种的保纯、复壮和提高，以避免种性退化，抗病性降低。

（2）栽培防病。选择地势高、土质肥沃的沙壤地块栽种。施足基肥，追施磷、钾肥。在生长前期适当控水，结瓜后严禁大水漫灌，并注意排除田间积水，及时整枝打杈，保持株间通风良好。

（3）塑料大棚高温闷棚促增长。选择晴天，处理前土壤要求较潮湿，必要时可在前一天灌1次水，密闭大棚，使棚内温度上升至44～46℃（以瓜秧顶端部为准，温度达48℃植株易受损伤），连续维持2 h后，开始放风。处理后应及时追肥、灌水。每次处理相隔7～10天。

（4）生态防治。在保护地栽培中，上午日出后，大棚温室温度升至30℃时，应放风半小时左右，闭棚让温度回升至25～30℃，湿度不能超过75%。下午温度多在20～25℃。晚间前半夜温度保持15～20℃，午夜以后湿度逐渐增至90%左右，应以10～13℃低温控制病菌侵染。

（5）药剂防治。霜霉病通过气流传播，发展迅速，易流行。故喷药必须及时、周到和均匀，才能收到良好效果。根据历年发病时间，结合当年的气候条件搞好预测。要求在发病前7天左右即开始喷药保护。发现中心病株结合摘除病叶应重点防治。常用药剂有75%百菌清可湿性粉剂600倍液，60%百菌通400～500倍液；58%甲霜灵锰锌400倍液；70%乙磷锰锌350倍液，40%乙磷铝250倍液；64%杀毒矾500倍液。粉尘施药可用5%百菌清复合粉剂，每次1 kg/亩，喷粉器可用丰收5型或10型。大棚内熏烟施药，可用45%百菌清烟剂，每次用量0.25 kg/亩。

6. 瓜类病毒病的综合防治

选育和利用抗病品种，采用无病瓜留种，铲除田边杂草，及时消灭带毒蚜虫并加强栽培管理措施，是防治瓜类病毒病的主要途径。

（1）选育和利用耐病、抗病品种。近二三十年来，国际上防治瓜类病毒病，基本上是采用抗病品种。例如：黄瓜有山东大刺瓜、北京大刺瓜及津研7号等较耐病；西葫芦有邯郸西葫芦、天津25号较耐病。国内目前引进抗甜瓜坏死斑点病毒种质资源有VA435；抗甜瓜、西葫芦黄斑花叶病毒种质资源有P1414723（美国）；抗WMV—2病毒种质资源有P1371795（印度）、266—935（日本）、P1414723（美国）。

（2）建立无病留种地，采用无病种子并进行种子消毒

1）温水浸种。用60～62℃温水浸种10 min，或用55℃温水浸种40 min后移入冷水中再浸12～24 h，催芽、播种。

2）种子干热处理。用干热恒温箱先以40℃处理24 h后，再放入68℃下处理2～5

天，可减轻种子带毒率（试验后采用）。

3) 用10%磷酸三钠溶液浸种20 min后，用清水洗净后播种，可使种子表面携带的病毒失去活性。

(3) 加强栽培管理。前茬以小麦、棉花田为好，切忌甜瓜与南瓜混种，以免蚜虫相互传毒。适时早播或采用地膜加塑料膜拱棚种植，促使瓜早熟，达到避蚜防病增产效果，要施足底肥，增施磷、钾肥；座瓜期应用0.2%～0.3%磷酸二氢钾，进行叶面追肥，可增强植株抗病性；田间整枝、打杈、摘心、搭架等农事操作时应将病株与健株分开进行，以免人为传播，或先在健株上操作，然后再在病株上操作，并用肥皂水洗手，田间及地边杂草皮彻底铲除干净，防止昆虫传毒。

(4) 治蚜防病

1) 田间发现蚜虫中心株，应及时采用涂茎法或点片喷药法进行控制，严禁大面积乱喷农药，对天敌造成伤害。涂茎法：用40%乐果乳油1∶10倍稀释液，或50%久效磷乳油1∶20倍稀释液（果实采收前21天停止用药）。喷雾法：用20%速灭杀丁乳油1 000倍液，或50%抗蚜威可湿性粉剂1 500～3 000倍液，或20%灭扫利乳油3 000倍液等。

2) 利用蚜虫的趋化性，用银灰膜或黑膜拒蚜防病，也可用黄板涂机油以诱捕和黏杀蚜虫。

3) 保护和利用蚜虫天敌，不滥用农药。

4) 昆虫激素的使用。使用昆虫保幼激素，阻止桃蚜发生有翅型蚜。可用"512"10～50 mg/kg处理，可抑制棉蚜繁殖，不伤害天敌。

5) 发病初期喷20%病毒A可湿性粉剂500倍液，或1.5%植病灵乳剂1 000倍液，或抗毒剂一号300倍液，或喷0.2%磷酸二氢钾，以增强植株抗病性。

7. 瓜类细菌性角斑病的综合防治

(1) 轮作。用无菌土育苗并与非葫芦科作物进行2年以上的轮作。

(2) 选无病瓜留种，播前种子应进行消毒。其方法有：

1) 用55℃温水浸种20 min，或用0.1%升汞浸种10 min，或用80%抗菌剂"402"2 000倍液浸种2 h捞出后，用清水洗净。或用200 mg/kg硫酸链霉素或新植霉素浸种2 h，捞出、催芽、播种。

2) 用干种子重量0.3%的40%掺入双可湿性粉剂拌种。

3) 种子干热消毒：55℃处理24 h。

(3) 清洁田园。生长期及收获后清除病叶、蔓，并进行深埋，秋季深翻瓜地。

(4) 加强田间管理。平整土地，修好排水沟，避免田间有积水，施足腐熟的厩肥，及时追肥，合理灌水。温室和塑料大棚，要加强通风，降低室内温度，减轻病害发生。

(5) 药剂防治。发病初期用农用链霉素或新植霉素 200 mg/kg，或 30％琥胶肥酸铜胶悬浮剂 300～400 倍液，或 60％琥乙磷铝（DTM）可湿性粉剂 500 倍液，或 50％甲霜铜可湿性粉剂 400～600 倍液，或波尔多液 1∶1∶200～300 倍液，或 50％退菌特可湿性粉剂 800～1 000 倍液，或 10％双效灵水剂 300～400 倍液等进行喷雾。

8. 瓜列当的综合防治

(1) 加强检疫。严禁从疫区把列当种子带往无病区。

(2) 农业措施

1) 合理轮作。与三叶草、苜蓿及水旱田轮作为好。

2) 种植对瓜列当有"诱杀"能力的作物。现已发现绿豆、辣椒、三叶草、苜蓿等作物能刺激瓜列当的种子发芽，而本身又不受侵染，萌发列当因找不到寄主而死亡，从而减轻下茬瓜被列当带来的危害。

3) 深耕翻埋。瓜田深翻 25 cm 以下，可减轻瓜列当种子的萌发。

4) 作物生长期，在列当开花结籽前，结合除草将列当除掉。

第二节 综合防治措施的实施

 → 掌握番茄、辣椒病虫害的综合防治技术。

一、番茄主要病害的发生规律及综合防治

1. 番茄早疫病

(1) 发病规律。病菌主要以菌丝体和分生孢子在病残体上越冬，还可以分生孢子附着在种子表面越冬，成为翌年发病的初侵染源。第二年春天条件适宜时，产生的分生孢子通过气流和雨水传播，分生孢子在常温下可存活 17 个月。病菌一般从气孔或伤口侵入，也能从表皮直接侵入。在适宜的环境条件下，病菌侵入寄主组织后一般 2～3 天就可以形成病斑，3～4 天后病部产生大量的分生孢子传播并进行多次再侵染。

温、湿度与发病密切相关，温度保持 15℃左右，相对湿度在 80％以上，病害开始发生。气温保持 20－25℃，病情发展最快。露地栽培重茬地，地势低洼，排灌不良，栽植过密，贪青徒长，通风不良发病较重。此外，植株长势与发病有关，早疫病在苗期和成株期均可发病，但大多在结果初期开始发生，结果盛期发病较重；老叶一般先发病，幼嫩叶片衰老后才发病。水肥供应良好，植株生长健壮时，发病轻；植株长势衰弱，早疫

病发生危害严重。

(2) 综合防治

1) 选用抗病品种。抗病品种有：茄抗5号、奥胜、奇果、矮立红、密植红、荷兰5号等。此外，番茄抗早疫品系 NC EBR1 和 NC EBR2 可用于抗病亲本，选育抗病品种。

2) 无病株留种和种子处理。从无病植株上采收种子；如果种子带菌，可用52℃温水浸种30 min。

3) 加强栽培管理。施足基肥，适时追肥，或使用蔬菜专用肥，做到盛果期不脱肥，提高寄主抗病性。合理密植，及时搭架、整枝和打底叶，利于通风透光。保护地番茄重点抓生态防治，控制温湿度。露地番茄注意雨后及时排水，清除落叶、残枝和病果，结合整地搞好田园卫生。重病田实行与非茄科作物2～3年轮作。

4) 药剂防治。保护地番茄在发病初期喷撒5%百菌清粉尘剂，每公顷用药750 g，隔9天喷1次，连续3～4次；或用45%百菌清或10%速克灵烟剂，每公顷用药分别为1.5 kg和0.35 kg；还可喷洒下列杀菌剂：10%普诺、75%百菌清、50%扑海因、80%喷克、1.5%多抗霉素、50%加瑞农等。番茄茎部发病会造成断枝，对产量影响很大，可用高浓度药液涂病茎，如用1.5%多抗霉素、50%扑海因、70%代森锰锌、50%托布津涂刷，隔7～8天一次，对早疫病有较好的防治作用。

2. 番茄细菌性斑点病

(1) 发病规律。病害主要发生在高温多雨的季节，暴风雨会给植物造成伤口，也有利于病菌侵入，长期高温高湿，叶片病斑可以迅速扩展造成叶缘枯焦产生许多小斑点而落叶。病菌可在番茄植株、种子、病残体、土壤和杂草上越冬（不显症），在干燥的种子上可存活20年，可随种子远距离传播。播种带菌种子，幼苗即可发病，幼苗发病后传入大田，并通过雨水、昆虫、农事操作传播，以至造成流行。由于该菌在我国北方冬季保护地番茄上可以平安越冬，因此往往直接来源于邻作的病田。25℃以下的温度和相对湿度80%以上的条件有利发病，因此，对冬、春保护地番茄往往造成严重的危害。

(2) 防治措施。对番茄细菌性斑点病的防治，主要采取以下方法。

1) 加强种子检疫。由于该病是一个重要的种传病害，因此要加强检疫，防止带菌种子传入非疫区。特别是近几年引入国外的种子较多，对这部分种子应加强检疫，避免将新的菌株引入国内。

2) 选用抗病品种。目前发现樱桃番茄比较抗病。由于我国对该病的抗病育种尚无力顾及，建议菜农利用自己的品种试验田作一些比较，淘汰感病品种，种植抗病品种。

3) 建立无病种子田。目前就全国来说，大部分番茄仍是无病的，建议采用无病田育种。特别是保护好采种基地，勿使病害通过种子传播开来。

4）种子处理。为防止该病的发生,应对育苗使用的种子实行严格的消毒,可用的方法有：温汤浸种,即使用 56℃ 的温水,将种子浸 30 min。浸种时将种子放入纱布袋中,先在冷水中浸一下,挤出种子中的气泡,再放在 56℃ 的温水中,处理中要尽量保持水温的恒定,到时间后,放在冷水中降温。此外,还可以使用 1.05% 次氯酸钠浸 20~40 min 或硫酸链霉素 200 mg/kg 浸泡 2 h,然后清水洗 30 min 后供播种使用。

5）轮作倒茬。与非茄科蔬菜实行 3 年以上的轮作。

6）清除病残株。在发病初期防治前应先清除掉病叶、病茎及病果,然后再喷药。如保护地番茄发生过此病,在罢园时每亩使用 4~5 kg 硫黄,将秧子连同病原一起烟熏后,再拔除病株。同时做好病残株的处理,切勿随地乱扔。

7）做好田间的管理。不要带露水进行灌溉、整枝、打杈、采收等农事操作,以免将病害传播开来。同时尽量不使用喷灌进行灌溉,以防止灌溉水对病害的传播。保护地番茄要加盖地膜,并采用膜下暗灌,注意通风,尽量降低棚内的湿度,减少夜间的结露。

8）药剂防治。在发病初期可选用：77% 可杀得可湿性粉剂 400~500 倍液,53.8% 可杀得 2 000 干悬浮剂 600 倍液,20% 噻菌灵（龙克菌）悬浮剂 500 倍液,14% 络氨铜水剂 300 倍液,0.3%~0.5% 的氢氧化铜,200 mg/kg 链霉素或新植霉素进行防治。10 天喷 1 次,连续喷 3 次或 4 次。

3. 番茄细菌性溃疡病

番茄溃疡病是一种危险性病害,引起植株萎蔫、溃疡和果实斑点。1909 年美国首次报道该病发生,目前已广泛分布世界各地。此病危害大、损失重、难根除,我国已将其列为进出境植物检疫对象。

(1) 发病条件。品种间抗病性存在明显的差异。如佳粉 1 号、8902 等杂交种发病较轻；立春、早粉 2 号、强丰等品种发病较重。春棚番茄第一穗果开花期病害严重。

温暖潮湿的条件适宜发病。露地栽培番茄,在 6~7 月和 8~9 月雨量大,或连续暴雨,容易引起病害的流行。昼夜温差大,叶面结露时间长,有利于发病。冬春茬保护地番茄通风不及时,高温高湿,夜间结露时间长,病害发生严重。

此外,在连作地块、轮作年限较短地块以及更新或消毒不及时的床上栽培番茄,易发病。

(2) 防治措施

1）加强检疫。番茄溃疡属检疫性病害,防止疫区种子、秧苗或果实调往非疫区。

2）及时拔除病株并烧毁。

3）选用无病种子和种子消毒。52℃ 温水浸种 30 min 冲洗；5% 盐酸浸 5~10 min 冲洗；0.05% 次氯酸钠浸种 30 min 冲洗或硫酸链霉素浸种 2 h 后冲洗晾干后催芽播种。

4）轮作。与非茄科作物实行 3 年以上轮作。

5）药剂防治。14%络氨铜、77%可杀得；1∶1∶200波尔多液、硫酸链霉素及72%农用链霉素等。

4. 番茄疫霉根腐病

（1）发病规律。病菌以卵孢子或厚垣孢子在病残体上越冬，通过灌溉水或雨水传播蔓延。大棚番茄5月中旬初见病株，6月上、中旬为发病盛期。发病盛期的出现因管理条件的不同存在着明显的差异。如果灌水早、量大，气温高，发病盛期出现就较早，易暴发流行成灾。如果灌水迟、量少，高峰期可推迟20～30天，植株从发病到枯死7～15天。

（2）影响病害发生和流行的因素

1）灌水。在适温条件下，通过盆栽番茄不同浇水量模拟试验和田间调查显示，凡灌水量大或大水漫灌且次数多的发病重，小水浅灌的发病轻。中午高温时灌水发病重，早晚灌水发病轻。

2）温、湿度。通过田间观察，番茄疫霉病的发生、流行与温度、湿度密切相关。高温、高湿有利于病害的发生与流行。当棚内温度在28～31℃、相对湿度在90%以上时极易发生流行。灌水后或遇连阴天未能及时放风、排湿的发病重，反之发病轻。

3）栽培方式。调查结果表明，新建大棚种植番茄，疫霉根腐病不发生或发生很轻，具有3年以上番茄栽培历史或与茄子、辣椒接茬种植大棚番茄的发病重，而与蒜、韭菜轮作或间作套种的发病轻。毁种绝收的大多5年以上连茬种植番茄、辣椒、茄子。绝收的大棚普遍表现为发病早，始发病株率高。高垄栽培的发病轻，平畦栽培的发病重。

4）品种抗病性。田间调查结果表明，番茄疫霉根腐病的发生程度与品种的抗病性关系密切。

5）防治措施。该病病程短，发病速度快，毁灭性强，一旦发病极难控制。应采取以农业预防为主，辅以药剂防治的防治策略。

（3）农业预防控制措施。清洁田园，减少病菌传播与积累。番茄生长和收获后及时清除田间病株和病残体，严禁将病株和病残体随意丢弃在棚内外、水渠中，应集中烧毁或深埋，减少菌源。田间病株拔除后在病穴撒入草木灰或生石灰消除菌源。实行合理轮作倒茬，恶化病原的生存环境。由于番茄疫霉根腐病是一种土传病害，其卵孢子在土壤中可存活2～3年，因此轮作倒茬是减少菌源积累的重要途径，应尽量减少重茬，避免与茄科蔬菜连作或套种，宜与葱、蒜等作物间作或套种、提倡高垄栽培。高垄栽培可提高地温、降低湿度、调节土壤肥力、增加通透性、壮大根系，增强植株抗病能力，一般垄高15～20 cm。科学灌水、控水。灌水要及时适当。播种或定植后要浇足保苗水或定植水。严禁大水漫灌，避免灌后积水，以小水勤浇为宜。灌水时间以早、晚为佳。

（4）药剂防治。苗床处理。沿用旧苗床育苗时应进行苗床消毒处理。田间试验表明，用58%甲霜灵·锰锌WP（可湿性粉剂，下同）或50%甲霜·铜WP，与半干细土

4～5 kg 混拌均匀,在苗床浇足底水的前提下,先取 1/3 毒土撒在床面上,播种后再将剩余的 2/3 毒土覆上,可以避免苗期发病。灌根或根茎喷洒不同杀菌剂。由于大棚特殊气候条件加上连作 3～4 年的大棚土壤疫霉菌积累,番茄后期一旦发病,蔓延迅速。室内和田间药效试验结果表明,防治番茄疫霉根腐病关键在于定植后 30 天内或植株发病初期就进行灌根防治。早期发病可选用 58% 甲霜灵·锰锌 WP 500 倍液,或普力克 72.2% 水剂 600 倍液;成株期发病施用 72% WP 400 倍液,连续灌根 2～3 次,穴灌量 200～250 mL,间隔期 7～10 天,防效可达 80% 左右,如用 80% 乙磷铝 WP 400 倍液防效可达 76.06%。

5. 番茄叶霉病

(1) 发病规律。病菌主要以菌丝体和分生孢子在病株残体内、保护地栽培的台架上和土壤中越冬,也可在种子表皮越冬,成为初次侵染的来源。分生孢子既耐旱又耐冻,可保持 10 个月的生活力。次春分生孢子借气流传播,从叶背气孔侵入。病菌生长最适温度为 20～25℃,在 10℃ 以下或 30℃ 以上停止生长。该菌在 6～34℃ 均可发芽,但发芽的最适条件是温度 22～25℃,空气湿度 95% 以上;若湿度低于 70%,病害就停止发展。故高湿是造成发病的重要因素。一般气候温暖、湿度较大有利该病发生,故此病多在温室和保护地中流行。但露地栽培的番茄,近年来也有加重趋势。在适宜条件下(湿度 90%～95% 以上,温度 22～25℃ 时)病害的潜育期为 10～12 天。

品种间抗病性有明显差别。1986 年北京地区育成的双抗 2 号(高抗叶霉病和 TMV)已被公认是一个高抗叶霉病的品种,对病原菌生理小种 1、2、3 号高抗,为此在生产上大量推广,起到良好作用。但由于新小种 4 的产生,目前已使双抗 2 号品种失去抗病性。故新小种的产生也是导致叶霉病品种抗病性丧失和病害流行的一个重要因素。

(2) 防治措施

1) 培育和种植抗病品种。重病区若没产生新小种 4,可种植双抗 2 号,若产生新小种 4 则需培育新的抗病丰产品种。

2) 选用无病种子并进行种子处理。从无病株上选留种子。如种子带菌,可用 52℃ 温水浸种 30 min,晾干备用。也可在 0.1% L 汞液中处理 5～10 min,然后用清水洗净,晾干播种。

3) 轮作。与豆科、瓜类等蔬菜进行 3 年轮作。

4) 加强栽培管理。保护地栽培的番茄,要注意通风透光,并适当控制灌水,以降低田间湿度。另外不要种得太密,并注意增施磷钾肥,对防病都有一定作用。

5) 药剂防治。在适宜条件下叶霉病发展很快,故喷药一定要及时,要求在发病初期进行防治。另外也可用 1:1:200 波尔多液或 50% 甲基托布津可湿性粉剂 700～1 000 倍液,或 65% 代森锌可湿性粉剂 600～700 倍液,75% 百菌清可湿性粉剂 600～800 倍液等,7～10 天防治 1 次,连防 2～4 次有良好效果。国外用苯来特防效也很好。

二、辣椒主要病害的发生规律及综合防治

1. 辣椒疮痂病

(1) 发病规律。病菌主要在种子表面或随病残体在土壤中越冬,为病害初侵染来源。病残组织中的病菌在消毒土壤中可存活 9 个月之久。种子带菌是病害远距离传播的重要途径。条件适宜时,病斑上溢出的菌脓借雨水、昆虫及农事操作传播,并引起多次再侵染。病原细菌从气孔或水孔侵入,在叶片上潜育期 3～6 天,果实上 5～6 天即可发病。病害多发生于 7～8 月高温多雨季节,尤其在暴雨过后,伤口增加,有利于细菌的侵染和传播,病害易发生和流行。在这一时期叶片上病斑不形成疮痂而迅速扩展至叶缘,或在叶片上形成许多小斑点而脱落。品种抗病性也有差异。氮肥过量,磷、钾肥不足加重发病。

(2) 防治措施。辣椒细菌性疮痂病应采用加强栽培管理和药剂防治相结合的综合防治措施。

1) 选用抗病品种。一般辣椒较甜椒抗病。

2) 选留无病种子和种子消毒。从无病株或无病果上选留生产用种。种子带菌可采用 55℃温水。浸种 10 min 或在 1∶10 的农用链霉素中浸种 30 min,消毒效果良好。其他可参照辣椒炭疽病的种子消毒法。

3) 实行轮作。发病重的地块,可与非茄科蔬菜实行 2～3 年轮作;并结合深耕,清除病残体,促使病残体分解和病菌死亡。

4) 药剂防治。发病初期喷洒 1∶1∶200 波尔多液,或 72% 农用链霉素、新植霉素,7～10 天喷 1 次,连喷 2～3 次。

2. 辣椒疫病

(1) 发病规律。病菌主要以卵孢子和厚垣孢子在土壤中或残留在地上的病残体内越冬,是典型的土壤习居菌。据报道,卵孢子在土中病残体组织内越冬,一般可存活 3 年。土壤中或病残体中的卵孢子是主要的初侵染源。条件合适时萌发并侵染寄主植物的根系或地下部分,除此之外,当温度为 24～27℃,相对湿度为 95% 以上,可产生游动孢子囊,并释放游动孢子,经雨水或灌溉水传播到植物地上茎、叶及果实上引起发病。田间发病表现出明显的发病中心,再侵染主要来自病部产生的孢子囊,借气流和雨水不断扩展,再次侵染频繁发生,病害发展十分迅速。病菌可直接侵入或从伤口侵入,有伤口存在则更有利于侵入。肾形双鞭毛的游动孢子在水中游动到侵染点附近,形成休止孢,再长出芽管侵入寄主。因此水在病害循环中起着重要作用。病害潜育期一般为 2～3 天(24℃),因此,在条件具备时,可在 2～3 天使全田毁灭。从流行病学的角度分析辣椒疫病为积年流行病害,土壤接种体数量随种植年份的增加而增加,达到一定程度后,环境条件合适,疫病可能出现暴发和流行。但它们还有其各自的受控条件,疫病暴发是土

壤积水或突变的气象条件，而疫病流行是极高的大气相对湿度。

辣椒疫病的发生与温湿度关系密切，气温在 20～30℃时，适合孢子囊产生，在 25℃ 左右最适合游动孢子的产生和侵入，适温高湿有利于病害的发生和流行。南方地区常年春种辣椒在 4 月下旬发病，5 月至 8 月气温较高，又值雨季，降水量常超过 200 mm 以上，疫病一般在降雨后 3～7 天病情便突发性上升。大田发病在 5 月中旬至 5 月下旬开始，6 月上旬至 7 月下旬为发病高峰期。北方地区病害始发期较晚，7 月上旬始发，7 月下旬至 8 月下旬为发病高峰期，进入 9 月份气温冷凉病害蔓延速度减弱。一般雨季，或大雨后天气突然转晴，气温急速上升，或灌水量大，次数多，病害易流行。相反，常年干旱少雨年份，7～8 月田间大水漫灌，次数多，病害迅速蔓延，枯死率一般为 100%，群众有"灌水即死"的说法。因此，在干旱地区或干旱条件下灌水是重要的传病途径。土壤湿度 95%以上，持续 4～6 h，病菌即完成侵染，病害潜育期为 2～3 天。因此，该病为发病周期短、流行速度快的毁灭性病害。品种间抗病性有差异，甜椒系列品种不抗病，辣椒系列品种比较抗病或耐病。田园不卫生，连茬或连套种植，以及根茬过多，地势低洼积水，过于密植，施肥未经腐熟或施氮肥过多等均有利于该病的发生和流行。棚室内湿度过大，叶面结露或叶缘吐水，光照不足或长时间阴雨，有利于病菌的扩展与侵染。加之病菌潜育期短，再侵染次数多，病害易发生和流行。

(2) 防治措施。辣（甜）椒疫病应采取农业防治与化学防治相结合的综合防治技术措施。

1) 选育和引进抗病品种。近 20 年来，美国、法国、印度、日本等国家辣椒抗疫病育种研究逐步深入，不断育成抗疫病品种应用于生产。如 Milkova 等（1989）将品系 151－1 和抗病品种 P51 用回交方法育成了对疫病具有水平抗性的新品种 Frtostop。日本藤井健雄（1981）已育成对疫病、烟草花叶病毒（TMV）具复合抗性的品种。韩国 Choi 和 Pae（1985）利用杂种优势育成了兼抗疫病、TMV、CMV 的杂交种 Wonkyo306。中国辣椒抗疫病育种工作起步较晚，近年来，北京、江苏、湖南、西北等地已筛选出了许多抗性材料，北京蔬菜研究中心筛选出了两份抗（耐）疫病的辣椒材料（87J－1，88J－1），中国农科院蔬菜花卉研究所等科研单位，最近已培育出抗病毒、抗（耐）疫病的杂种一代 9188、9119、94101、都椒 1 号、沈椒 3 号、苏椒 2 号、甜杂 1 号、西杂 7 号、牛角椒、湘研 5 号等品种或品系。

2) 田园卫生。及时清除病残体。

3) 实行轮作，加强田间管理。避免与茄果类和瓜类蔬菜连作，可与十字花科、豆科蔬菜实行 3 年以上的轮作。据报道，前茬是葱、蒜、菠菜、玉米、小麦的田块发病轻，辣椒与大蒜套种防病效果显著。实施生态调控；施足腐熟基肥，配方施肥；推广高垄双行栽培；大雨后及时排除积水，严禁浇大水，以防高湿条件的出现。合理密植，每亩定植 3 300～3 500 株，以改善田间通风透光条件，降低田间湿度。选用无病新土育苗，发现中心病株及时拔除。

4）药剂防治。种子处理，用1%福尔马林液浸种30 min，药液以浸没种子5～10 cm为宜，捞出洗净后催芽播种。或1%硫酸铜浸种10 min消毒。发病初期可喷施下列杀菌剂：58%雷多米尔—锰锌、72.2%普力克、40%乙磷铝、75%达克宁、72.2%扑霉特、64%杀毒矾等，间隔7～10天，交替用药3～4次，施药后6 h内遇降雨应重新喷施。棚室内用45%百菌清烟剂或疫霉净烟剂，每公顷用药2 kg。此外雨季来临前，畦面可喷撒96%硫酸铜粉，每公顷用45 kg，然后浇水，防效显著。

3. 辣椒枯萎病

辣椒属茄科辣椒属，是一种蔬菜与调味品，还是提取辣椒素或辣椒红素的原料。近年来随着辣椒种植面积的逐年扩大，枯萎病的发生亦日趋严重。我国的陕西、甘肃、吉林、四川、湖南、北京、广西等地均有该病发生，发病率一般为15%～30%，严重时达70%～80%，有的甚至全田枯萎死亡，成为影响辣椒生产的重要病害。辣椒枯萎病国外早有报道，在我国20世纪50年代已有报道，但分布省份不详，之后北京、浙江、广西也相继有此病报道。近些年来，新疆阿克苏地区辣椒塑料大棚中发现有枯萎病，虽点片发生，但发生区发病率可达70%～90%，甚至整个大棚被毁。在2001～2003年多次调查中，发现阿拉尔市郊、二团、三团的许多辣椒田块都有枯萎病危害，有的与疫病混合发生。有关此病病原菌的研究，有人报道属尖孢镰刀菌辣椒专化型（*Fusarium oxysporum* Schl. f. sp. *capsicum*），只危害辣椒，也有在人工接种条件下可侵染牛角椒（*Capsicum frutescens* var. *longum*）的报道。而另有人报道该病原菌与棉花枯萎病为同一个种和专化型，可侵染多种植物。

（1）症状。辣椒枯萎病多发生在幼苗期或开花坐果期，在地膜覆盖、温室大棚和深植条件下更容易发病，发病部位多在辣椒植株根部或根颈处。发病初期，根部或根颈处常常发生水渍状褐色斑点，脚叶黄化，嫩芽和嫩叶生长缓慢，色泽暗，叶片出现半边枯黄、半边绿色，中午萎蔫，晚上恢复，可持续2～3天。随着病情加重，根颈处及主根、侧根基部皮层干腐纵裂，容易剥落，植株下部叶片大量脱落，与地面接触的茎基部皮层发生水渍状腐烂，茎秆和叶片迅速凋萎。病害扩展后，每条病根的一半或整段出现腐烂，髓部变为暗褐色或略带紫红，茎基部近地面3 cm左右整段干腐或半边出现纵向枯死的长条斑。天气潮湿时，病部长出丰茂的白色菌丝或蓝绿色霉状物。发病后期，植株很容易被拔起。病株侧根很少，折断茎秆可见根颈部维管束变褐，外部也常呈褐色。病株地下部根系也呈水浸状软腐，皮层极易剥落，木质部变成暗褐色至煤烟色。

（2）影响病害发生和流行的因素

1）连作致病。作物栽培种类单一，同种同科蔬菜长期连作，未能进行合理轮作，致使土壤中的病菌连作繁殖积累，含量增加，连作时间越长，发病率越高，病情越重。

据调查，连作3年以上，发病棚率达90%以上。

2）种子带菌。带菌种子和带有病残体的有机肥，是无病区的初侵染源，播种前种子、营养土等未进行处理，或消毒药剂不对路，均为病害的发生带来有利条件，病菌从幼苗的根部或茎基部皮孔和伤口侵入，在维管束内繁殖蔓延，引起萎蔫。

3）措施不当。采用平畦栽培，不利于田间积水的排除。灌溉采取大水漫灌或浇水次数偏多，导致土壤含水量高，湿度过大，透气性差，为病害的发生创造了条件。

4）盲目施肥。过多施用氮素化肥，忽视钾肥、微肥及优质农家肥的施用，造成植株徒长，土壤次生盐渍化，植株根系长期处于一个不良的土壤环境中，抗病能力下降，感病几率增加。

（3）发生规律。辣椒枯萎病病原菌只危害辣椒和甜椒，主要以厚坦孢子在土中及病残体上越冬，在土壤中可进行较长时间的腐生生活，据报道，该病菌在土壤中存活年代为6~8年。另外，病菌丝也可潜伏在种子内。翌年春，温度回升，在土壤、病残体、未经充分腐熟的堆肥中越冬的病菌，就成为田间寄主的初侵染来源。病原菌借助灌溉水或雨水传播，也可随病土借风吹到别处，从伤口或根尖端的细胞间隙侵入寄主体内。其发育适温为24~28℃，高于35℃或低于17℃均不利于其发育。田间出现零星病株以后，遇上大雨天气，一周病害就会迅速流行。遇适宜条件2周即出现死株。潮湿或水渍田易发病，重茬地、秧苗老化、土壤过酸、缺钾肥或线虫多的地方发病重。

（4）防治措施

1）因地制宜，选种抗病品种。庄灿然等人曾对282个品种材料进行田间抗性鉴定，结果表明对枯萎病免疫或高抗的品种有：陕西的耀县线椒、西农20号线椒、陇县线椒、和阳一窝蜂线椒、大荔老鸭椒、澄城线椒、黄龙线椒。绥德骨抓椒、安康十姐妹、8212线椒、8819线椒，云南的小米椒、黄米椒、大米椒，邵阳牛角椒，遵义牛角椒和海南米椒。可引进这些品种进行驯化，以获得适宜本地的抗病品种。

2）农业防治。从无病株上采种，用无病土育苗。

选用3年以上没有种过茄科蔬菜的地块做苗床或选用水田育苗。若用旧床，应换土或进行土壤消毒。

3）土壤消毒

①可在7月份高温季节，将床土深翻后灌水，覆盖塑料薄膜曝晒1个半月至2个月。

②用菌药合剂做营养土（1 kg木霉培养菌、5 g五氯硝基苯、1 000 kg土），直接育苗或沟施、穴施。

③翻松土壤，每平方米用30 mL甲醛配成100倍液喷洒在土上，扣膜7天后，放风14天，耧一耧病土，使土中气体充分散尽后育苗或定植。

④用50%多菌灵可湿粉＋98%棉隆微粒剂（杀线虫剂）（1∶1）按混合药粉18 g/m²~20 g/m² 拌适当干细土配成药土施入土中，覆盖密封消毒。

实行轮作倒茬，避免连作，一般实行3～4年轮作制度比较合适。

前作选择大葱、洋葱和大蒜，由于其分泌物具有杀菌驱虫的作用，所以能抑制枯萎病的发生。选择禾本科、百合科、十字花科作物作为辣椒的后作，有利于净化土壤，改良土壤结构，减少枯萎病的传播。此外应当注意的是茄科作物（如番茄、茄子、马铃薯）、瓜类作物（如西瓜、黄瓜、南瓜）、棉花等，不能作为辣椒的前后作。

4）加强田间管理。防止田间潮湿或雨后积水，低洼地采用高畦栽培，深翻土地，以降低土壤湿度，增加土壤通透性。辣椒收获后彻底清除病残体，并将其烧毁。使用经高温堆沤充分腐熟的农家肥，防止肥料带菌。多施磷钾肥，少施氮肥。

5）生物防治。燕嗣皇等人用哈茨木霉（Trichoderma harzianum）菌剂防治辣椒枯萎病，盆栽试验移栽时用菌加米糠（1∶12.5）蘸根和600倍菌液灌根的防效分别为80%和60%，田间试验结果与盆栽一致，用上述剂量蘸根，1公顷用菌剂1.5 kg即可有效防治辣椒枯萎病。木霉菌剂对辣椒枯萎病的治疗作用主要是因为对致病菌有较强的抑制和寄生作用，能较好利用土壤中的植物病残体，病原菌和坏死根都可被其作为养料利用。木霉菌分泌的激素促进了不定根的形成，增加了对养料的吸收，对减轻枯萎病对寄主的危害也有一定作用。蘸根法每公顷用量为1.5 kg，仅为以往灌根法使用量的1/15，成功地解决了生物农药用量多、花费大的问题，有利于在生产上推广。

6）化学防治。播前种子消毒可用50%克菌丹或50%苯来特可湿性粉剂拌种（用药量为种子重量的0.3%～0.5%）。

（5）定植时药物拌肥。整畦开穴后，在干性肥中拌入占肥料重量0.2%的多菌灵粉剂，拌匀后即成药肥，用药肥点穴再移栽，可防止早期侵染。

发病初期喷洒50%多菌灵可湿性粉剂500倍液，或40%多硫悬浮剂600倍液，或用50%苯来特500～1 000倍液，或14%络酸铜水剂300倍液灌根，每株0.5 L，每隔7～10天1次，可灌2～3次。

（6）无害化治理技术

1）选用抗病品种。由于枯萎病都属于土传病害，病菌在土壤中能长期存活，所以在适宜的环境条件下，很容易造成枯萎病的暴发，使辣椒在短期内大面积枯死。因此防治枯萎病最重要的措施之一就是选育和利用抗病品种。

2）加强栽培管理。通过加强栽培管理措施，创造有利于辣椒生长发育而不利于病害发生的环境条件，从而达到控制病害的目的。

改进栽培制度，推广高垄双行栽培合理密植，每亩定植3 300～3 500株，以改善田间通风透光条件，降低田间湿度。选用无病新土育苗，发现中心病株及时拔除。

合理施肥浇水施足腐熟基肥，适时追施磷酸盐肥料、硅肥、硼肥及农家肥，培育壮株，可提高辣椒的抗病性；小水勤浇，水位线以不超过垄高的1/3为宜，避免大水漫灌，大雨后及时排除积水，有条件的地方可进行滴灌，以避免高湿条件出现及病菌传播，减轻枯萎病的发生流行。据调查研究发现，每天滴灌可以减轻枯萎病的发生。

注意田园卫生，及时清除病残体，妥善处理，以减少病原菌的积累，尤其对经过多年积累才能流行的枯萎病意义更大。

实行轮作，避免与茄果类和瓜类蔬菜连作，可与十字花科、豆科蔬菜实行 3 年以上的轮作。据试验，前茬是葱、蒜、菠菜、芹菜的田块发病轻。

3）生物防治。随着人们对无污染、无公害绿色食品呼声日益提高，生物防治已成为继农业、化学防治之后的又一重要防治方法，许多生物杀菌剂已相继问世，并广泛应用于生产，取得显著效果。

木霉菌是土壤中资源丰富的生防真菌，具有重要的生防价值，有广阔的发展前景，国内外已经登记的木霉菌制剂达 10 余个，哈茨木霉菌对辣椒枯萎病菌具有较强的抑制作用。

4）化学防治。从无公害生产的要求出发，应以预防为主，如需化学防治，应使用高效低残留农药，并严格按使用量和安全间隔期施药，以保证辣椒质量安全。

种子处理用 1‰福尔马林液浸种 30 min，或 1‰硫酸铜浸种 10 min，药液以浸没种子 5～10 cm 为宜，捞出洗净后催芽播种。还可用绿亨 3 号 8～10 g/kg 拌种。

药剂防治发病初期，防治辣椒枯萎病可用以下药剂灌根：绿亨 1 号 3 000 倍液、50％多菌灵可湿性粉剂 500 倍液、40％多硫悬浮剂 600 倍液、3.2％恶甲水剂（克枯星）600 倍液、12％绿乳铜乳油 500 倍液，每株灌兑好的药液 0.4～0.5 L，每 7～10 天用 1 次，视病情连续灌 3～4 次，施药后 6 h 内遇降雨应重新喷施，可以有效地控制病害发生。

4. 辣椒茎基腐病

辣椒是茄科辣椒属一年生或多年生作物。其根系发达，但入土较浅，既不耐旱，又不抗涝。生产中常因栽培管理方法不当，根系发育不良，抗逆性弱，生理性沤根和一些土传病害极易发生，导致其根和茎基部腐烂，茎叶枯死，一般病株率在 10％以上，高的可达 50％以上，严重影响了辣椒产区的发展。

（1）症状。辣椒茎基腐病的表现是从大苗开始发生，在定植后发生严重。在茎基部近地面处发生病斑，初呈暗褐色，后绕茎基部发展，致皮层腐烂，地上部叶片变黄。果实膨大期因营养与水分供应不足而逐渐萎蔫枯死。发生的外部原因是过度潮湿，植株密度太大，通风不良；土壤中由于连作，病菌积累过多；地温过高等。近年来发生严重的人为因素是定植的苗龄愈来愈大，地上部分过大，植株摇动厉害，很容易造成基部茎产生伤口。加上覆盖地膜、上架、引蔓等管理，造成的伤口更多。

（2）影响病害发生和流行的因素。该病根据致病原因不同分为生理性病害和侵染性病害。

生理性病害如生理性沤根是由于土壤水分过多或土壤板结，土壤中氧气不足严重影响了根系的正常呼吸代谢作用，使辣椒不发新根，根皮呈锈褐色，后期变黑腐烂，即沤根。患病植株生长不良，抗逆性较差，极易诱发一些浸染性病害的发生。

侵染性病害如根腐、茎基腐病是由于土壤中有大量侵染性病原物，辣椒生长不良时极易被侵染，造成发病。该类病害主要有猝倒病、立枯病、疫病、白绢病、镰孢菌根腐病及细菌性青枯病。

5. 猝倒病

（1）症状。发病时，幼苗茎基部初呈水渍状，暗绿色，后缢缩成线状，叶片未凋萎之前，幼苗便折倒，条件适宜时，可引起成片倒苗，高湿条件下，病部和近地面出现白色霉状物（菌丝体和孢子囊）。

（2）影响病害发生和流行的因素。该病由鞭毛菌亚门腐霉属真菌侵染所致。病菌腐生性强，营腐生生活。其卵孢子、厚垣孢子在土壤中可存活3~5年。土壤水分大时，病菌释放游动孢子侵入幼苗。15~38℃时病菌生长良好，土壤湿度大是该病发生的主要条件之一。

6. 立枯病

（1）症状。发病时茎基部出现椭圆形或不规则形暗褐色凹陷病斑，病斑扩展后绕茎一周，病部干缩或变褐凹陷腐烂，植株枯死。土壤潮湿时，病部及附近地表出现淡褐色蛛网状霉层，后期有浅褐色、棕色或黑色菌核。

（2）影响病害发生和流行的因素。该病由半知菌亚门立枯丝核菌侵染所致。病菌随病残体以菌丝和菌核在土壤中越冬，菌核在土壤中可存活2~3年。生长适温为17~28℃，湿度大时，菌核萌发，长出菌丝侵染辣椒。

发病初期用50%甲基托布津800倍液，或20%甲基立枯磷乳油800倍液，或70%敌克松1 000倍液，或50%福美双可湿性粉剂500倍液，或64%杀毒矾可湿性粉剂500倍液，或50%多菌灵悬浮剂500倍液喷雾，每隔7~10天喷一次，连喷2~3次。定植前喷一次防效较好。

7. 疫病

（1）症状。幼苗期及成株的叶片、根、茎部、果实均可受害。苗期发病，茎基部出现水渍状软腐，不久青枯猝倒。成株叶片发病，初期为水渍状暗绿色病斑，后变暗褐色。茎基部发病，出现凹陷暗绿色水渍状病斑，不久整株青枯状枯死，韧皮部和木质部呈暗褐色。根部发病，呈褐色烂皮。果实发病，初期为水渍状暗绿色斑，后迅速扩大腐烂。空气湿度大时，病部表面出现灰白色粉状霉。

（2）影响病害发生和流行的因素。该病由鞭毛菌亚门疫霉属的疫霉菌侵染所致。病菌卵孢子随病残体在土中存活2~3年，借雨水或灌溉水传播侵染。发病适温为25~30℃，空气湿度达80%以上时，病害大发生。

发病初期用72%克露可湿性粉剂600倍液，或70%百得富可湿性粉剂600倍液，或72.2%普力克水剂500~800倍液，或40%乙磷铝可湿性粉剂200~250倍液，或64%杀毒矾可湿性粉剂 400～500 倍液，或 70％代森锰锌可湿性粉剂 300～500 倍液喷雾或灌根。每隔 5～7 天防治一次，连防 3～5 次。

8. 白绢病

（1）症状。发病时，茎基部初呈暗褐色病斑，后逐渐扩大，稍凹陷，其上有白色绢丝状菌丝体，多为辐射状扩展。病株先从下部叶片开始发黄和萎蔫，后期在病部生出许多茶褐色油菜子状菌核。空气潮湿时，菌丝体扩展到根部周围的地表和土缝中，并产生菌核。受害植株的茎基部腐烂，病株萎蔫枯死。

（2）影响病害发生和流行的因素。该病是由担子菌亚门白绢薄膜革菌侵染所致。病菌以菌核在土壤中越冬，并可存活 5～6 年，但在水中只能存活 3～4 个月。在适宜的环境条件下，菌核萌发产生菌丝，菌丝从辣椒根部或近地面的茎基部直接侵入或从伤口侵入。病株上的菌丝可沿土壤裂缝或地面蔓延到邻近植株上，高温高湿条件下发病重。

发病初期用根腐净可湿性粉剂 300～400 倍液，或用 40％菌核净可湿性粉剂 500 倍液，或 50％速克灵可湿性粉剂 1 000 倍液灌根。每隔 7～10 天灌一次，连灌 2～3 次。

9. 镰孢菌根腐病

（1）症状。发病时，叶片自下而上逐渐变黄，叶片大量脱落，茎基部皮层呈水渍状腐烂，地上部茎叶迅速凋萎，后期全株枯死。地下根系呈水渍状软腐，皮层极易剥落。湿度大时，病部常产生白色或蓝绿色霉状物。

（2）影响病害发生和流行的因素。该病由半知菌亚门镰孢菌引起。以厚垣孢子在土壤中越冬或进行长时间的腐生生活。可通过灌溉水传播，病菌从茎基部或根部的伤口、根毛侵入。病菌发育适温为 24～28℃，田间积水，偏施氮肥时发病重。

发病初期用 50％琥胶肥酸铜（DT）可湿性粉剂 400 倍液，或用 14％络氨铜水剂 300 倍液，或根腐净可湿性粉剂 300～400 倍液灌根，每株灌药液 0.4～0.5 kg，每隔 5～7 天灌一次，连灌 2～3 次。

10. 青枯病

（1）症状。发病后生长点附近叶片突然萎蔫，夜间恢复，3～4 天后不再恢复，且逐渐发展到整株，最后青枯状枯死。根部一部分或多数变褐腐烂。茎维管束变褐色，将其插入透明玻璃杯水中，可见乳白色黏液溢出，即病原细菌。

（2）影响病害发生和流行的因素。该病由青枯假单胞杆菌引起，病菌随病残体在土中可存活 4 年，多从根部伤口或幼根侵入。土温超过 25℃，低洼排水不良地块发病严重。氮肥过多，连作发病也重。

发病初期用 72％农用链霉素 4 000 倍液，或用 40％代森铵水剂 800 倍液，或 50％DT500 倍液灌根，每株灌药液 0.5 kg，10 天灌一次，连灌 2～3 次。

11. 综合防治措施

（1）农业防治技术。良好的栽培方法和管理技术，可促使辣椒根多苗壮，抗逆性强,有效控制病害发生。

(2) 合理选地。种植辣椒要选用地势高燥、排灌方便、光照良好的地块,以免墒面积水、根系缺氧、土温偏低、根系生长不良或沤根死苗。

(3) 清洁田园,实行轮作。立枯丝核菌、疫霉菌等都可随病残体在土壤中越冬,清洁田园,可减少病原基数,降低发病率。有计划地实行轮作也可减少病原数量。

(4) 选用优良的抗病品种和无病种苗。多年的生产实践证明,采用抗病品种能有效地控制该病发生危害。栽培无病种苗可有效减缓病害发生的速度,从而有效控制辣椒根腐病的大发生。

(5) 深翻土壤,曝晒田地。栽培前进行土壤曝晒,可提高土温,既有利于土壤有益微生物的繁殖,又有利于辣椒根系的生长;土壤中病原菌在紫外线和高温的作用下,大量死亡,发病几率降低;土壤熟化程度高,团粒结构好,通气性强,辣椒生长健壮。如云南省呈贡县梅子蔬菜种植区,利用特殊的晒田方法及其他农业措施,使连作栽培的辣椒苗生长整齐健壮,不得病。

(6) 采用高墒栽培。辣椒根系呼吸作用强,需氧量大,采用高墒栽培能有效控制土壤水分,降低湿度,减少根系缺氧沤根所诱发的一些土传病害的发生(一般采用双行高墒栽培)。

(7) 适时蹲苗。辣椒幼苗或定植成活后根系弱的苗,如水分过多会烂根死亡或瘦弱突长,因此,苗期或移栽成活后要适时控水,降低田间湿度,提高土温,达到发根壮苗的目的,苗壮病害自然就减少了。

(8) 科学管水。水分过多是辣椒根腐、茎基腐病发生的重要原因,科学的水分管理是"前少后多"、"干湿相间",即结果前土壤湿度达60%,以促进根系发育;结果后土壤湿度要保持70%~80%,以保证开花结果对水分的要求。同时田间要干透则浇,浇足再干,合理降低田间湿度,既满足辣椒对水分的需求,又达到防病抗病的目的。

(9) 科学施肥。首先要重施有机肥,以改善土壤团粒结构,增加透气性,保持良好的土壤生态体系,促进辣椒根系发育,一般施用量占总施肥量的70%~80%。其次要科学配施化学肥料,以调节辣椒正常的生理代谢功能,提高其抗逆性,达到抗病、防病的目的。偏施氮肥,容易降低辣椒的抗病性,诱发青枯病、镰孢菌根腐病等,为防止偏施氮肥每公顷一般施入标准氮90~135 kg。同时增施磷、钾肥,每公顷每7天用96%磷酸二氢钾115 kg兑水喷施。

(10) 使用保护性设施。使用塑料大棚、无土栽培等保护性设施,能有效地控制辣椒所需要的温度、光照、水分等基本条件,科学地促进辣椒根多苗壮,有效控制病害发生。

(11) 适时开展化学预防

1) 种子处理。对于一些带菌的病害种子进行消毒处理是一种有效的预防方法。

①疫病:辣椒种子先用55℃温水浸种20 min,捞出迅速用冷水冷却,再用1%硫酸

铜溶液浸泡 5 min，捞出用清水冲洗干净，拌少量草木灰或消石灰再播种。

②猝倒病和立枯病：用种子重量 0.3％的 25％甲霜灵或 40％拌种双进行拌种。

2）土壤处理。土壤处理是预防辣椒根腐、茎基腐病的有效方法之一。

①福尔马林：播种前 2～3 周，每平方米用福尔马林 50 mL 对水 2～4 kg，浇于床土上，再用塑料薄膜或其他覆盖物盖 4～5 天，随后揭去覆盖物，耙松床土，经 2 周左右，待药液充分挥发后才可播种，可防治多种根腐、茎基腐病。

②五氯硝基苯等：用 70％五氯硝基苯与 50％福美双等量混匀，每平方米用药量为 8～10 g（每种药粉各 4～5 g），也可单用 50％多菌灵，用药量同前。上述药剂使用前与适量细土混拌均匀，在播种前先将 1/3 药土撒于床面，然后将种子播于药土上，播后再将其余 2/3 药土均匀盖于种子上，随后均匀洒水浇透，并随时保持土壤相对湿度在 60％～70％，以免发生药害。以上两种方法以苗床处理为主，也可处理定植塘，可防治猝倒病、立枯病等。

③根腐净：辣椒定植时，每公顷用根腐净 1.8～2.7 kg 拌土 150 kg，施于定植畦内，每畦用药土 2～5 g 拌畦或将药兑成 300～400 倍液浇定根水，每畦浇 0.3～0.4 kg，对辣椒多种根腐、茎基腐病均有良好的防效。

④石灰处理：石灰处理既可调节土壤酸碱度，又能预防细菌性青枯病的发生，一般每平方米用 0.2 kg 石灰，撒于土面，再用钉耙拌入 5～10 cm 土中。

3）发病初期防治。猝倒病发病初期用 72％克露可湿性粉剂 500～800 倍液，或 50％安克锰锌可湿性粉剂 500～600 倍液，或 70％百得富可湿性粉剂 600 倍液，或 75％百菌清可湿性粉剂 600 倍液等喷淋苗床。每隔 5～7 天喷一次，连喷 3～5 次。

单元测试题

简答题

1. 如何进行葡萄霜霉病综合防治？
2. 如何进行葡萄白粉病综合防治？
3. 如何进行瓜类蔓枯病综合防治？
4. 简述番茄早疫病的发生规律及综合防治。
5. 简述辣椒疫病的发生规律及综合防治。

单元测试题答案

简答题（答案略）

第4单元

农药（械）使用常识

- 第一节　杀菌剂的使用/148
- 第二节　除草剂的使用/175
- 第三节　种衣剂的使用/198
- 第四节　植物生长调节剂的使用/205
- 第五节　农药的销售与推广/215
- 第六节　喷杆式喷雾机的使用/217
- 第七节　风送式喷雾机的使用/226
- 第八节　航空施药技术/231

第一节 杀菌剂的使用

→ 掌握常用杀菌剂的作用机制和使用技术。

农用杀菌剂是对植物病原微生物（真菌、细菌、病毒等）具有杀死作用（杀菌作用）或抑制作用（抑菌作用）的化学物质，对植物较安全。杀菌剂不仅能把病原微生物杀死，而且有抑制病原菌生长和繁殖的作用。

一、杀菌剂的作用方式

利用杀菌剂防治植物病害主要有两种作用方式，即保护作用（或称化学保护）与治疗作用（或称化学治疗）。有些药剂除了保护作用和治疗作用外，还有免疫作用（或称化学免疫）。这些药剂可帮助植物提高对病原的抵抗力而免于发病。如硫氨制剂防治小麦黑穗病并不能杀死病菌，而是提高小麦的免疫力。

1. 杀菌剂的保护作用

在病原微生物未接触植物前施药，以消灭病源，或病原微生物虽已接触植物，还未侵入植物体前施用，以消灭植物表面的病原微生物。具体途径是：

（1）在病菌来源体上施药。病菌来源主要有病菌越冬场所、中间寄主、带菌种苗和土壤等。施药的目的是为了消灭或减少可能侵染田间生长植物的病原微生物，从而预防或减轻病害的发生。具体措施主要有土壤消毒、种苗消毒以及施药消灭田间发病中心，还有对中间寄主的施药防治或清除，对带菌植株残体的施药或清除。

（2）在植物上施药。对田间生长植物在未发病前施药保护，是防病的有效措施。当前很多病害的防治就用这种办法，如用稻瘟净防治稻瘟病，用胶体硫防治花生叶斑病等。一般要求保护性药剂的残效期长，可减少施药次数。因可湿性粉剂的残效期较长，所以在杀菌剂中可湿性粉剂剂型较多。

2. 杀菌剂的治疗作用

当病原微生物已侵入植物体内但还处于潜伏期，或植物体已感病出现症状，这时施药使病原微生物死亡或受到抑制，减轻或消除病害，就是杀菌剂的治疗作用。对已感病的植物进行治疗，是比较困难的。因病原已进入植物体后，在杀死病原物的同时，也易伤害植物组织。目前非内吸性杀菌剂大多数只有保护作用，而内吸性杀菌剂除保护作用外还有治疗作用。但后者易使病菌产生抗药性，而前者则无此问题，两者结合使用可提高药效。

(1) 表面化学治疗。有些病菌主要附在植物表面为害，用杀菌剂（如石硫合剂）可杀死表面病菌。这种方式属于表面化学治疗。

(2) 内部化学治疗。药剂渗入到植物组织内部，或被内吸并输导致发病部位的杀菌剂在植物体内经过代谢转变成另一种有毒物质来杀菌或抑菌。前种情况如敌锈钠和敌锈酸的杀菌作用，后种情况如苯来特和托布津在植物体内均被转变为多菌灵再起抑菌作用。

(3) 外部化学治疗（植物外科治疗）。果树和森林的一些病害治疗中，可将树干病部用刀刮去，用杀菌剂涂抹伤口，并涂上保护剂（或防水剂）以免再受侵染。如治疗苹果腐烂病。

3. 杀菌剂的灭菌作用

杀菌剂可影响病菌孢子的萌发、菌丝的生长、子实体及芽管末端附着器的形成、破坏细胞壁、瓦解原生质体、阻碍生命物质合成、抑制生理功能、阻止孢子的散发等。这些影响有的直接杀死病菌，有的抑制病菌生命活动中的某一过程，有的防止病菌扩散。因此，杀菌剂对菌类的灭菌作用可分为杀菌作用、抑菌作用及阻止作用三种类型。

(1) 杀菌作用。是使菌类中毒死亡，主要表现为孢子不能萌发。它的作用机制主要是影响菌体的生物氧化过程。具有杀菌作用的药剂，主要是非内吸杀菌剂，如各种重金属（如汞、铜）制剂等。

(2) 抑菌作用。是使菌类生命活动暂时受阻，主要表现为孢子萌发后芽管或菌丝不能继续生长。它的作用机制，主要是影响菌体的生物合成过程。具有抑菌作用的药剂主要是内吸杀菌剂。如苯来特、托布津、多菌灵及农用抗生素类药剂等。

(3) 阻止作用。只是阻止孢子的散放。如氯化苯汞可以防止一些子囊菌的子囊孢子散放，克菌丹可阻止苹果疮痂病菌的分生孢子从病部散开，从而防止病害的传播蔓延。

杀菌剂的杀菌作用和抑菌作用是不能严格分开的，它们与药剂的性质、使用浓度以及作用时间的长短密切相关。如苯来特 0.000 5% 浓度可抑制一些白粉菌菌丝的生长，0.05% 就可杀死孢子；又如噻苯咪唑 0.001% 浓度可抑制一些黑霉菌的生长，不影响孢子萌发，但延长作用时间 1 h 后就可杀死孢子，使其不能萌发。

许多杀菌剂的灭菌作用不单为一种，可以既有杀菌作用又有抑菌作用还有阻止作用，如克菌丹除能阻止一些病菌的分生孢子散放外，还可影响菌体的生物氧化而杀菌。

4. 杀菌剂的作用机制

杀菌剂进入菌体后，其杀菌作用或抑菌作用大致可分为两个方面，即破坏菌体细胞结构和干扰新陈代谢过程。

(1) 破坏细胞结构。杀菌剂可以作用于菌体的细胞壁、细胞膜、细胞核及各种细胞器（如线粒体、核糖体等），或使这些结构本身受到破坏，或使这些结构所具备的功能受到破坏，从而使菌体中毒。目前杀菌剂中不少是作用于细胞壁的。

1）破坏细胞壁。一些杀菌剂可溶解细胞壁上的物质，使其受到破坏。或抑制它附近的一些酶（如糖酶），或阻碍细胞壁的形成。农用抗生素的一些品种如青霉素等，是阻碍细胞壁上黏肽的氨基酸的结合，使细胞壁受到破坏。细胞壁中毒后常表现为芽管末端膨胀（或扭曲，或分枝多）等异形，或原生质体裸露（继而瓦解）。

2）破坏细胞膜。细胞膜（即原生质膜）是由许多小片组成的，小片间由金属桥和疏水键连接起来。一些杀菌剂可以击断疏水键或金属桥，使膜上出现裂缝。有的杀菌剂可以溶解膜上的酯质部分而成孔隙。这样就破坏了细胞膜的正常结构而使菌体中毒。如克瘟散对稻瘟病菌的作用即属于这一类型。

3）破坏细胞核。有的杀菌剂可以破坏细胞核的核膜，影响细胞的正常分裂，进而影响对DNA（脱氧核糖核酸）的合成。如苯来特对一些锈病菌的细胞内的核酸有破坏作用。

4）破坏其他细胞器。有的杀菌剂可以破坏线粒体的生物氧化功能，从而使菌体中毒死亡，大多数的非内吸杀菌剂属于此类。有的具有破坏核糖体生物合成的功能，从而使菌体生长受阻，如大多数的内吸杀菌剂属于此类。

（2）干扰代谢过程（破坏生理功能）。菌类同一切生物一样，必须不断地进行新陈代谢，即一方面进行异化作用（生物氧化），同时另一方面进行同化作用（生物合成），来维持正常的生命活动。如果这一代谢过程受到干扰，就会引起菌体的死亡或受抑制。杀菌剂之所以能杀菌或抑菌，正是干扰了菌体的代谢过程。这种作用可分为三种类型：

1）干扰生物氧化过程（破坏氧化功能）。有的杀菌剂抑制菌体的呼吸作用（有氧呼吸），使菌体缺氧而亡。如重金属（汞、铜等）制剂、克菌丹、石硫合剂及一些酚类杀菌剂都属于此类。有的杀菌剂是破坏了糖酵解过程（无氧呼吸），使菌体缺乏能量而死亡。如克菌丹、砷制剂、硫制剂等都属于此类。

2）干扰生物合成过程（破坏合成功能）。杀菌剂主要影响对蛋白质、核酸、类脂、几丁质等大分子物质的合成，还可以影响对维生素叶酸等小分子物质的合成，起抑菌作用。大多数内吸杀菌剂属于此类。

①影响蛋白质的合成。如抗生素类杀菌剂，它们可以使菌体内蛋白质含量降低，使菌体生长受抑制。

②影响核酸的合成。主要是影响DNA及RNA的合成。如苯并咪唑类内吸杀菌剂、有机氯杀菌剂、卤化嘧啶类杀菌剂等都属于此类。

③影响类脂的合成。如植物防御素富士1号、代森类、福美类都属于此类。这类机制是最近几年来的新发现。

④影响几丁质的合成。如前述有机磷杀菌剂中的异稻瘟净、抗生素类的青霉素等都属于此类。

(3) 干扰酶系统的作用（破坏酶功能）。杀菌剂破坏酶系统可归纳为以下几种情况：

1) 对酶形成的影响。有的杀菌剂阻碍酶的合成。有的使菌体制造出"假酶"来，取代了真正需要的酶，如β—羟基喹啉等杀菌剂。有的使酶大量增生，使菌体内物质代谢失去平衡，克菌丹及铜制剂会刺激辅酶Ⅰ的氧化酶大量增生。

2) 对酶活性的影响。有的杀菌剂可抑制酶的活性，如代森类、克菌丹等。有的却可提高酶的活性，使代谢失去平衡，如少数重金属制剂及硫制剂有此作用。

二、有机硫类杀菌剂

1. 有机硫类杀菌剂的产品特性

有机硫杀菌剂比较重要的品种主要是代森系列和福美系列，如丙森锌、代森锰锌、代森锌、福美双、炭疽福美（福美双和福美锌的混合物）等，均属于二硫代氨基甲酸盐类。这类杀菌剂的共性是比较容易分解，特别是在潮湿环境和酸性条件下。这类杀菌剂一般具有杀菌谱广、防效好、毒性低、药害风险小等特点。另外，这类杀菌剂不容易引发病原菌的耐药性，与比较容易诱发抗药性的内吸杀菌剂混配使用往往能够延缓或消除后者的抗药性风险，所以常常与内吸杀菌剂混配使用，如生产中广泛使用的霜脲·锰锌、多·福悬浮剂等药剂中均含有有机硫杀菌剂成分。

2. 常用有机硫类杀菌剂品种及其使用技术

(1) 福美双。福美双中文通用名称为福美双（thiram），商品名和其他名称为福美双、卫福美。

1) 理化性质。原药为灰黄色粉末，不溶于水，可溶于三氯甲烷（氯仿）、丙酮等有机溶剂，遇酸分解。

2) 毒性。中等毒性，原药对大鼠急性口服 LD_{50} 为 378~865 mg/kg，对皮肤和黏膜有刺激作用。

3) 作用特点。是一种保护性广谱杀菌剂。其抗菌谱广，主要用于种子处理和土壤处理，防治禾谷类黑穗病和多种作物的苗期立枯病。也可用于喷洒，防治一些果树、蔬菜病害。

4) 剂型。50%、70%、80%可湿性粉剂。

5) 使用方法

①拌种：每 100 kg 种子用 50%可湿性粉剂 300 g 拌种，防治黄瓜苗期立枯病；用 800 g 拌种，防治豌豆褐斑病、立枯病；用 500 g 拌种，防治稻瘟病、胡麻叶斑病、大、小麦和玉米黑穗病。

②土壤处理：防治番茄、瓜类幼苗猝倒、立枯病以及甜菜根腐病。每平方米苗床用 50%可湿性粉剂 4~5 g 加 70%五氯硝基苯可湿性粉剂 4 g，再加细土 15 kg 混匀，播种时用药土下垫上覆防治根腐、早疫。

③喷雾：在作物发病早期用50％可湿性粉剂稀释500~800倍液喷雾，可防治油菜、黄瓜霜霉病，小麦、黄瓜白粉病，葡萄白腐病和炭疽病，小麦赤霉病。

6）注意事项

①不能与铜、汞剂及碱性药剂混用或前后紧接使用。

②误服者应迅速催吐，并对症治疗。

(2) 丙森锌（安泰生）。丙森锌（安泰生）中文通用名称为丙森锌（propineb），商品名和其他名称为安泰生。

1）理化性质。原药为灰黄色粉末，不溶于水，遇酸、碱分解。

2）毒性。为低毒杀菌剂，原药对大鼠急性口服LD_{50}大于5 000 mg/kg。对蜜蜂无毒。

3）作用特点。丙森锌是新一代广谱保护性杀菌剂。其作用机制主要是抑制菌体内丙酮酸的氧化。对蔬菜、果树、马铃薯霜霉病、早疫病、晚疫病、炭疽病等多种病害有效。与内吸性杀菌剂混配，可延缓抗药性的产生。同时产品具有很强的补锌作用，连续使用2~3次具有杀菌补锌双重作用。

4）剂型。70％、80％可湿性粉剂。

5）使用方法。在病害发生初期用70％丙森锌（安泰生）600~700倍液防治番茄早疫病、晚疫病、灰霉病，马铃薯早、晚疫病，葡萄霜霉病、炭疽病，蔬菜霜霉病，瓜类炭疽病，甜菜褐斑病等。每隔7~10天使用一次，连续用药3次，具有杀菌补锌双重功效。

6）注意事项

①不能和铜制剂和碱性药剂混用。

②发病前或发病初期使用效果最佳。

③密封干燥保存。

(3) 代森锰锌。代森锰锌中文通用名称为代森锰锌（mancozeb），商品名和其他名称为代森锰锌、克露、大生。

1）理化性质。原药为灰黄色粉末，不溶于水，遇酸、碱分解。

2）毒性。为低毒杀菌剂，原药对大鼠急性口服LD_{50}为10 000 mg/kg，对皮肤和黏膜有一定的刺激作用。

3）作用特点。代森锰锌是杀菌谱较广的保护性杀菌剂。其作用机制主要是抑制菌体内丙酮酸的氧化。对蔬菜、果树炭疽病、早疫病等多种病害有效。与内吸性杀菌剂混配，可延缓耐药性的产生。

4）剂型。70％、80％可湿性粉剂。

5）使用方法。在病害发生初期用70％代森锰锌可湿性粉剂500~700倍液防治番茄早疫病、灰霉病，葡萄霜霉病、炭疽病，蔬菜霜霉病，瓜类炭疽病，甜菜褐斑病等。

6）注意事项

①不能和铜制剂和碱性药剂混用。

②发病初期使用效果最佳。

③密封干燥保存。

(4) 代森锌。代森锌中文通用名称为代森锌（zineb），商品名和其他名称为代森锌。

1）理化性质。原药为白色或淡黄色粉末，难溶于水，吸湿性强，对光、热不稳定。

2）毒性。代森锌为低毒杀菌剂，原粉对大鼠急性口服 $LD_{50}>5\,200$ mg/kg，对皮肤、黏膜有刺激性。

3）作用特点。代森锌是一种叶面喷施的保护剂，对许多病菌如霜霉病菌、晚疫病菌及炭疽病菌有较强的触杀作用。对植物安全，在水中易被氧化成异硫氢化合物，对病原菌体内含有—SH 基的酶有强烈的抑制作用，并能直接杀灭病菌孢子，抑制孢子的发芽，阻止病菌侵入植物体内，但对已侵入植物体内的病原菌丝体的杀伤作用很小。因此，使用代森锌防治病害应掌握在病害始见期进行，才能取得较好的效果。代森锌的药效期较短，在日光照射及吸收空气中的水分后分解较快，残效期约 7 天。

4）剂型。80% 可湿性粉剂。

5）使用方法。用 80% 可湿性粉剂 500~800 倍液，在作物发病前或初发期施药。防治蔬菜早疫病、晚疫病、霜霉病、炭疽病，果树炭疽病、褐斑病，每亩每次喷药液量为 50 kg，以后每隔 7~10 天喷药一次，喷药次数根据发病情况决定。

①麦类锈病的防治：用 80% 代森锌可湿性粉剂 500 倍药液（有效成分 64~96 g），在发病初期开始喷雾，每次每亩喷药液 40~60 kg，每隔 7~10 天喷药一次，一般喷 2~3 次。可以防治麦类的锈病。

②瓜类病害的防治：苗期喷 80% 代森锌可湿性粉剂 500 倍药液 1~2 次，每隔 7~10 天一次。定植后发病初期开始喷药，每隔 7~10 天喷药一次，每次每亩喷药液量为 40~60 kg（有效成分 64~96 g），可防治瓜类霜霉病、炭疽病、蔓枯病、疫病等。

③蔬菜病害的防治：发病初期开始喷 80% 代森锌可湿性粉剂 500 倍药液。每隔 7~10 天一次，一般喷 3 次药，每次每亩喷药液量为 40~50 kg，可防治霜霉病、早疫病、晚疫病、白锈病、褐斑病、炭疽病、疮痂病、锈病、疫病。

④果树病害的防治：发病前或发病初期开始喷 80% 代森锌可湿性粉剂 1 000~1 500 倍液，每隔 10~15 天一次，一般喷 3~4 次。可防治苹果和梨的黑腐病、褐斑病、黑星病、霉点病、锈病、炭疽病，以及葡萄软腐病、霜霉病、黑痘病、炭疽病。

⑤花卉病害的防治：可用 80% 代森锌可湿性粉剂 1 143~1 600 mg/kg 药液防治，间隔 7~10 天一次。可防治花卉黑斑病、炭疽病、叶斑病、锈病。

6）注意事项

①不能与铜制剂及碱性药剂混用。

②发病初期使用效果最佳。

三、取代苯类杀菌剂

1. 取代苯类杀菌剂的产品特性

有效成分化学结构中含有苯环结构的杀菌剂。如甲霜灵（瑞毒霉）、邻酰胺、敌磺钠（敌克松）、乙烯菌核利等都是以苯胺为原料合成的杀菌剂。硫菌灵和甲基硫菌灵从化学结构上是取代苯类杀菌剂，但从毒理学上讲它们实际上是在植物体内转化成苯并咪唑类杀菌物质而发挥作用，故药剂特点、防治对象、使用方式与多菌灵相当。甲霜灵具有高效、持效期长、双向内吸作用，兼有保护和治疗作用，可防治一些作物的霜霉病、疫病等病害。百菌清是一类非常重要的保护性杀菌剂，可防治多种植物病害。

2. 常用取代苯类品种及其使用技术

（1）甲霜灵。甲霜灵中文通用名称为甲霜灵（metalaxyl），商品名和其他名称为甲霜灵、瑞毒霉、雷多米尔。

1）理化性质。纯品为白色至灰褐色结晶体，20℃时水中溶解度为0.79%，在中性、酸性介质中稳定，易溶于多种有机溶剂。

2）毒性。为低毒杀菌剂，原药对大鼠急性口服 LD_{50} 为 669 mg/kg，在试验条件下，对动物未见"三致"现象，对眼睛和皮肤有轻度刺激作用，对鱼类低毒，对蜜蜂毒性较低。

3）作用特点：甲霜灵是一种具有保护和治疗作用的内吸性杀菌剂，可被植物的根、茎、叶吸收，并随植物体内水分运转而转移到植物的各器官。可以作茎叶处理、种子处理和土壤处理，对霜霉菌、疫霉菌、腐霉菌所引起的病害有效。

4）剂型。25%可湿性粉剂，35%拌种剂，58%可湿性复合制剂。

5）使用方法

①防治瓜类、叶菜类霜霉病。病害发生初期，用25%可湿性粉剂加水稀释32～60 g/亩，每隔10～14天喷1次，用药次数每季不得超过3次。

②防治马铃薯晚疫病。初见叶斑时，每亩用25%可湿性粉剂500倍液喷雾，每隔10～14天喷1次，不得超过3次。

③防治葡萄霜霉病。用58%复合剂500～800倍液，在发病初期开始喷药，预防按14～21天间隔期用药，作治疗剂隔5～7天用一次，共施2次，然后再隔14～21天用药。用同样方法可以防治瓜类或蔬菜霜霉病，亦可用58%复合制剂500～800倍药液灌根一次，每穴15～20 mL，以后再用500～800倍药液隔10～14天喷雾，能有效控制霜霉病的为害，并能兼治黄瓜疫病。

6）使用注意事项。该药单独喷雾使用易诱发病菌产生抗性，一般使用复合制剂，土壤处理可单用。

(2) 甲基托布津。甲基托布津中文通用名称为甲基托布津（thiophanate-methyl），商品名和其他名称为甲基硫菌灵。

1) 理化性质。纯品为无色结晶，不溶于水，可溶于丙酮、甲醇、乙醇、三氯甲烷等有机溶剂。对酸、碱稳定。

2) 毒性。为低毒杀菌剂，对大鼠急性口服 LD_{50} 为 6 640～7 500 mg/kg，在实验条件下未见"三致"现象。对蜜蜂低毒。

3) 作用特点。甲基硫菌灵属苯并咪唑类，是一种广谱性内吸杀菌剂，能防治多种作物病害，具有内吸、预防和治疗作用。它在植物体内转化为多菌灵，干扰菌的有丝分裂中纺锤体的形成，影响细胞分裂。

4) 剂型。70%可湿性粉剂，50%胶悬剂。

5) 使用方法

①防治麦类黑穗病。用 70%甲基托布津 143 g 或 50%甲基托布津 200 mL（有效成分 100 g）加水 4 L，拌 100 kg 麦种，然后闷种 6 h 或者用 70%甲基托布津 223 g 或 50%甲基托布津 312 mL（有效成分 156 g）加水 156 L，浸麦种 100 kg，浸种时间为 36～48 h。

②防治麦赤霉病。始花期喷药 1 次，5～7 天后喷第二次药，每次每亩用 70%甲基托布津 53.6～71 g 或 50%甲基托布津 75～100 mL（有效成分 37.5～50 g）喷雾。

③防治油菜菌核病。在油菜盛花期，每亩每次用 70%甲基托布津 71～89 g 或 50%甲基托布津 100～125 mL（有效成分 50～62.5 g），兑水喷雾，隔 7～10 天再喷药 1 次。

④防治棉花病害。每 100 kg 种子用 70%甲基托布津 714 g 或 50%甲基托布津 1 000 mL（有效成分 500 g）拌种，可防治棉花苗期病害。

⑤防治甜菜褐斑病。病害盛发前，每亩用 70%甲基托布津 53.6～89 g 或 50%甲基托布津 75～125 mL（有效成分 37.5～62.5 g），兑水喷雾，间隔 10～14 天再喷 1 次。

⑥防治蔬菜病害。防治瓜类白粉病、炭疽病、灰霉病、菜豆灰霉病、豌豆白粉病、褐斑病，用 70%甲基托布津 24.6～33.6 g 或 50%甲基托布津 35～47 mL（有效成分 17.5～23.5 g），兑水喷雾，喷药 3～6 次，间隔期为 7～10 天。

⑦防治花卉病害。甲基托布津对大丽花花腐病、月季褐斑病、海棠灰斑病、君子兰叶斑病、各种炭疽病、白粉病及茎腐病等都有一定的防效。一般在发病初期每亩每次用 70%甲基托布津 60～90 g（有效成分 41.7～62.5 g），兑水喷雾，隔 10 天喷 1 次，共喷 3～5 次。喷液量人工每亩 20～30 L，拖拉机每亩 10 L，飞机每亩 1～2 L。

6) 使用注意事项

①不能与含铜制剂混用。

②安全间隔期 14 天。

③甲基托布津、多菌灵存在交互抗性，使用时请注意。

(3) 五氯硝基苯。五氯硝基苯的中文通用名称为五氯硝基苯（quintozene），商品名和其他名称为土壤散。

1) 理化性质。纯品为无色针状结晶，不溶于水，易溶于二硫化碳、三氯甲烷、苯等有机溶剂，化学性质稳定，在土壤中也很稳定，土壤残效期长。不易挥发、氧化和分解，也不易受阳光和酸碱的影响，但在高温干燥的条件下会爆炸分解，降低药效。

2) 毒性。为低毒杀菌剂，原药对大鼠急性口服 LD_{50} 为 1 700 mg/kg，在实验条件下，未见"三致"现象，对人、畜、鱼低毒。

3) 作用特点：五氯硝基苯是保护性杀菌剂，无内吸性，用作土壤处理和种子消毒，其杀菌机制为影响菌丝细胞的有丝分裂。对丝核菌引起的病害有较好的防治效果。将五氯硝基苯与50%福美双可湿性粉剂，或50%多菌灵可湿性粉剂，或50%克菌丹可湿性粉剂按1:1混合后拌种或土壤处理，可以扩大防病种类，提高防治效果。

4) 剂型。40%、70%粉剂，40%粒剂。

5) 使用方法。每100 kg 种子用 40%粉剂 500 g 拌种，防治小麦腥黑穗病、散黑穗病。每100 kg 种子用 40%粒剂 1 000 g 拌种，防治棉花苗期病害。用 40%粉剂 437.5 g/亩拌细土 10~20 kg，在发病初期撒于根部附近，防治油菜菌核病、豌豆菌核病。

防治蔬菜苗期病害，如立枯病、猝倒病、炭疽病，用70%粉剂每平方米 6~8 g，先用 20~30 倍细土配成药土，再均匀撒在苗床土上，然后播种。

6) 使用注意事项

①用作土壤处理时，遇重黏土壤，要适当增加药量，以保证药效。

②番茄幼苗、洋葱、莴苣等对五氯硝基苯比较敏感，过量易引起药害，苗床在施药后适当多喷（浇）水，防止产生药害。

③拌药的种子勿作饲料或食品。

④贮存时要注意防潮防晒，保持通风良好。

(4) 百菌清。百菌清的中文通用名称为百菌清（chlorothalonil），商品名和其他名称为达克宁、百菌清、打克尼尔、大克灵、克劳优。

1) 理化性质。纯品为白色无味结晶，不溶于水，微溶于二甲苯、丙酮中，对光稳定，在弱酸、弱碱中稳定。

2) 毒性。为低毒杀菌剂，原药对大鼠急性口服 $LD_{50} > 10\ 000$ mg/kg。对兔眼结膜和角膜有严重刺激作用，对人眼不敏感。在实验条件下，未见"三致"现象。对鱼类毒性大，对蜜蜂、鸟、禽类毒性低。

3) 作用特点。是一种非内吸性广谱杀菌剂，对多种作物真菌病害具有预防作用。百菌清的主要作用是防止植物受到真菌的侵染。在植物已受到病菌侵害，已进入植物体内后，杀菌作用很小。百菌清在植物表面有良好的黏着性，不易受雨水等冲刷，药效持效期长，在常规用量下，一般药效期约 7～10 天。

4) 剂型。75% 可湿性粉剂，10% 油剂，2.5% 烟剂。

5) 使用方法

①防治蔬菜病害。防治霜霉病在病害发生初期喷药，每亩每次用 75% 可湿性粉剂 115 g，兑水 50～75 kg 喷雾，隔 7～10 天喷 1 次。每亩每次用 75% 可湿性粉剂 135～150 g，兑水 60～80 kg 喷雾，可防治番茄早疫病、晚疫病、叶霉病等，同样浓度可防治瓜类病害，如霜霉病、炭疽病。在病害初发时开始喷雾，隔 7 天左右喷药一次，直到病害停止发展时为止。

②防治果树病害。用 75% 可湿性粉剂 600～750 倍液于傍晚喷雾，在叶片发病初期或开花后两周开始喷，可防治葡萄炭疽病、白粉病、果腐病、桃褐腐病、疮痂病等，在孕蕾阶段和落花时用 75% 可湿性粉剂 800～1 200 倍液，各喷雾一次。

6) 使用注意事项

①最高残留限，番茄为 5 mg/kg，花生为 0.1 mg/kg。生长期最多使用 3 次。安全间隔期，番茄为 7 天，花生为 14 天。

②百菌清对鱼类有毒，施药时须远离池塘、湖泊和溪流。

(5) 敌克松。敌克松的中文通用名称为敌磺钠（fenaminosulf），商品名和其他名称为敌克松、地克松。

1) 理化性质。纯品为淡黄色结晶，溶于高极性溶剂，如二甲基甲酰胺、乙醇等，不溶于苯、乙醚，易光解，在碱性介质中稳定。

2) 毒性。为高毒杀菌剂，纯品对大鼠急性口服 LD_{50} 为 75 mg/kg，对皮肤有刺激作用。对鱼类毒性中等。

3) 作用特点。有一定内吸和渗透性的种子、土壤处理剂，以保护作用为主，兼有治疗作用。主要用于防治蔬菜、棉花、烟草等作物病害。药剂的水溶液遇光、热和碱易分解。

4) 剂型。95% 可溶性粉剂，75% 可溶性粉剂。

5) 使用方法

①防治蔬菜病害。防治苗期立枯病、猝倒病，可用 160 g 2.5% 粉剂兑 20 倍细土，配成药土均匀撒施；防治马铃薯环腐病，用 75% 可溶性粉剂按薯种重量的 0.3%～0.5% 拌种薯块；防治黄瓜、西瓜立枯病、枯萎病，每亩用 75% 可溶性粉剂 207～400 g，兑水 75～100 kg 喷茎基部或灌根，在发病初期连续喷 2～3 次。

②防治棉花苗期病害。每 100 kg 棉花种子用 95% 可溶性粉剂 500 g 拌种。

6) 使用注意事项

①使用时敌克松溶解较慢，可先加少量水搅拌均匀后，再加水稀释溶解。

②应贮存在避光、通风、干燥阴凉处。

③最好现配现用,宜在阴天或傍晚施药。

四、杂环类杀菌剂

1. 杂环类杀菌剂的产品特性

有效成分化学结构中含有杂环(即在碳原子组成的环状结构中,个别碳原子由氮、氧或硫原子取代而形成)的杀菌剂,如苯并咪唑类的多菌灵,是我国用量最大的有机合成杀菌剂,具有高效、广谱、兼具保护和内吸治疗作用,可喷雾防治水稻稻瘟病、麦类赤霉病、油菜菌核病等病害;种子处理防治麦类黑穗病、棉花苗期病害等;种薯浸药液防治甘薯黑斑病。三唑类的三唑酮具有高效、广谱、持效期长、内吸性、兼具保护和治疗作用,能用于防治禾谷类等作物白粉病、锈病等病害。

2. 常用杂环类杀菌剂品种及其使用技术

(1)粉锈宁。粉锈宁的中文通用名称为三唑酮(triadimefon),商品名和其他名称为粉锈宁、百理通、百菌酮、Amiral。

1)理化性质。原药为无色结晶体,有特殊气味,微溶于水,能溶于多种有机溶剂。在酸、碱条件下都较稳定。

2)毒性。为低毒杀菌剂。大鼠口服 LD_{50} 为 1 000~1 500 mg/kg,对皮肤有轻度刺激性。在试验剂量内对动物未见"三致"作用。对天敌、蜜蜂、家蚕影响小,对鸟类毒性低。

3)剂型。5%、15%、25%可湿性粉剂,25%、20%、10%乳油,20%糊剂,25%胶悬剂,0.5%、1%、10%粉剂,15%烟雾剂。

4)作用特点。三唑酮是一种高效、低毒、低残留、持效期长、内吸性强的三唑类杀菌剂,具有双向传导功能,被植物的各部分吸收后,能在植物体内传导。对锈病和白粉病具有预防、铲除、治疗和熏蒸作用,持效期较长。防治白粉病、锈病、黑穗病有特效,对玉米、高粱等黑穗病具有较好的防治效果。对作物安全。可与多种杀菌剂、杀虫剂、除草剂混用。

5)使用方法。可用作茎叶喷雾,也可用于种子和土壤处理。

①喷雾。防治蔬菜白粉病(黄瓜、南瓜、豌豆、辣椒等),大田用为 20%乳油 3 000~5 000 倍,温室为 4 000~8 000 倍;防治麦类白粉病,用 20%乳油 3 000 倍;防治麦类锈病、叶枯病,第一次在病害发生初期用 20%乳油 2 000 倍喷雾,第二次在病株再感染期用 20%乳油 1 000 倍喷雾;防治苹果、葡萄等果树白粉病,用 20%乳油 8 000 倍作预防性喷雾,防治苹果白粉病浓度不得超过 6 000 倍;防治梨锈病,须在开花末期后,用 20%乳油 2 000~2 500 倍进行二次喷雾。

②种子处理。小麦、大麦按每 100 kg 种子拌有效成分 30 g,可以防治散黑穗病、光腥黑穗病、网腥黑穗病、白秆病及苗期发生的白粉病、锈病、根腐病、叶枯病、全蚀病

等；玉米按每 100 kg 种子拌有效成分 80 g，可以防治玉米丝黑穗病；高粱按每 100 kg 种子拌有效成分 40～60 g，可防治高粱丝黑穗病、散黑穗病和坚黑穗病。必须注意，采用湿拌方法或乳油拌种时，拌匀后立即晾干，以免发生药害。

③土壤处理。温室土壤每立方米用 25％可湿性粉剂 7.2 g 拌和，可防治蔬菜白粉病，药效达 2 个月以上。

6）使用注意事项

①安全间隔期为收获期前 15 天（蔬菜、瓜类）。

②药剂必须放在儿童接触不到的地方，不可与粮食、饲料同放。

③使用不当引起中毒，应根据病情进行适当治疗，无特效解毒药剂。

④拌种可使种子延迟 1～2 天出苗，但不影响出苗率及后期生长。

(2) 多菌灵。多菌灵的中文通用名称为多菌灵（carbendazim），商品名和其他名称为多菌灵、棉萎灵、苯并咪唑 44 号。

1）理化性质。纯品为白色结晶固体，原药为棕色粉末。难溶于水，化学性质稳定，原药在阴凉、干燥处贮存 2～3 年，有效成分不变。可溶于稀无机酸和有机酸，形成相应的盐。多菌灵对酸、碱不稳定，对热较稳定，应储存于闭光的容器中，并置于遮光阴凉的地方。

2）毒性。属低毒杀菌剂。原粉大鼠急性经口 LD_{50}＞5 000 mg/kg。试验未见致癌作用。对人畜低毒，对鱼类和蜜蜂低毒。

3）作用特点。多菌灵为高效低毒内吸性广谱杀菌剂，对多种半知菌、子囊菌引起的病害有效，而对卵菌和细菌引起的病害无效。具有内吸治疗和保护作用。其主要作用机制是干扰菌的有丝分裂中纺锤体的形成，从而影响细胞分裂。可用于叶面喷雾、种子处理和土壤处理等。

4）制剂。40％悬浮剂，25％、50％可湿性粉剂，80％超微粉。

5）使用方法

①喷雾。50％可湿性粉剂 750～1 000 倍液喷雾，可防治许多蔬菜、果树白粉病、炭疽病、黑星病、疫病等和麦类赤霉病、水稻纹枯病、稻瘟病等。

②种苗处理。用 50％可湿性粉剂拌种，药量为种子质量的 0.3％，可防治多种禾谷类作物黑穗病。用 50％可湿性粉剂 0.3～0.5％拌种，可防治瓜类、番茄枯萎病。用 0.5％拌种，可防治菜豆枯萎病。

③土壤处理。用 50％可湿性粉剂 500 倍液灌根，防治黄瓜枯萎病、茄子黄萎病等。

6）使用注意事项

①与杀虫剂、杀螨剂混用时要随混随用，不宜与碱性药剂混用。

②长期单一使用多菌灵易使病菌产生抗药性，应与其他杀菌剂轮换使用或混合使用。

③土壤处理时，有时会被土壤微生物分解，降低药效。如土壤处理效果不理想，可改用其他使用方法。

④安全间隔期15天。

(3) 三唑醇。三唑醇的中文通用名称为三唑醇（triaolimenol），商品名和其他名称为三唑醇、百坦、羟锈宁。

1) 理化性质。原药为无色、无臭的微细结晶粉末，水中溶解度为120 mg/L，在有机溶剂中则有较高的溶解度。

2) 毒性。为低毒杀菌剂，大鼠急性口服 LD_{50} 为 700~1 200 mg/kg，拌种对蜜蜂无影响。

3) 作用特点。三唑醇是广谱内吸性拌种杀菌剂，不仅能杀灭附于种子表面的病原菌，而且能杀死种子内部的病原菌，作用机制是影响真菌麦角甾醇的生物合成。

4) 常用剂型。28%、25%、17%、15%、10%干拌种粉剂，17%、5%湿拌种粉剂。

5) 使用方法

①防治小麦散黑穗病、网腥黑穗病、根腐病、大麦散黑穗病、燕麦散黑穗病等。每100 kg 种子用15%干拌种粉剂50~100 g 或25%干拌种粉剂30~50 g，拌种效果可达90%以上。

②防治大麦条锈病、叶锈病。每100 kg 种子用15%干拌种粉剂100~125 g 拌种，效果达90%以上，特别对大麦锈病最有效，对秆锈病防治效果差。

③防治玉米、高粱丝黑穗病。每100 kg 种子用25%干拌种粉剂42~75 g 拌种，防治效果在90%以上。

6) 使用注意事项。同三唑酮。

(4) 戊唑醇（好力克）。戊唑醇的中文通用名称为戊唑醇（tebuconazole），商品名和其他名称为好力克、立克秀。

1) 理化性质。原药无色结晶，不易燃。熔点为 102.4℃，蒸气压 0.013 mPa (20℃)，溶于水，易溶于二氯甲烷、异丙醇、甲苯等有机溶剂。

2) 毒性。低毒，原药大鼠急性经口 $LD_{50} > 4\ 000$ mg/kg，对眼睛、皮肤无刺激和过敏作用。无致畸、致癌、致突变作用。

3) 作用特点。属三唑类杀菌剂，是用于重要经济作物的种子处理或叶面喷洒的高效内吸性杀菌剂。可迅速通过植物的叶片和根系吸收并在体内传导和均匀分布，主要通过抑制病原真菌体内固醇的脱甲基化，导致生物膜的形成受阻而发挥杀菌活性，同时对作物的生长具有调节作用。该产品适用于防治小麦、玉米、油菜、白菜、瓜、番茄、蔬菜及葡萄、苹果、梨等作物上的多种真菌病害，如锈病、白粉病、黑粉病、黑穗病、早疫、炭疽、腐烂病、黑斑病、黑星病、轮纹病、斑点阔叶病等，它能达到一次用药兼治多种病害的效果。

4) 制剂。43%悬浮剂、6%悬浮种衣剂、2%立克秀湿拌剂。

①防治小麦、大麦、瓜类、葡萄白粉、锈病、炭疽等病害。在病害发生初期,用43%好力克稀释2 000~3 000倍液兑水喷施,每7~10天施药一次,连续用药2~3次。

②防治苹果、梨腐烂病。a. 喷主干和大枝法。于果树开花前和开花后,腐烂病发病前和发病初期用43%好力克1 500倍液均匀喷果树的主干和大枝,每7~10天喷一次,连续喷施3次。b. 刮治和割治法。果树腐烂病发病后用43%好力克100倍液,用刀在果树主干的病疤处每隔1 cm竖着划道口子,均匀涂抹在划道的病疤和刮了的病疤上,涂抹的药液面要稍大于病疤3~5 cm即可。

③种子包衣。防治小麦、大麦白粉、锈病、全蚀、黑穗病,每10 kg种子用6%的立克秀种衣剂5~8 mL均匀拌种;防治玉米、高粱黑粉病,每10 kg种子用6%的立克秀种衣剂15~20 mL均匀拌种。

5) 使用注意事项

①种子包衣使用时,超剂量下使用可能有药害。

②在防治果树病害时一定要避开果树花期用药。

③且有调节旺长的作用,长势较弱的作物慎用。

④不能与强碱性或强酸性的药剂混用。

(5) 异菌脲(扑海因)。异菌脲的中文通用名称为异菌脲(iprodione),商品名和其他名称为扑海因。

1) 理化性质。无色结晶,不易燃。20℃时,能溶于水中,易溶于丙酮、苯乙酮、苯甲醚、二氯甲烷、乙醇、苯等有机溶剂中。在碱性条件下不稳定,原药有效成分含量大于95%。

2) 毒性。扑海因属低毒杀菌剂。原药大鼠急性经口LD_{50}为3 500 mg/kg,对眼睛、皮肤无刺激和过敏作用。无累积中毒的潜在危害,也没观察到对动物的神经毒性。

3) 作用特点。扑海因是一种广谱、触杀型保护剂,也具有一定的治疗作用。能够抑制真菌孢子的萌发,控制菌丝体的生长,对病原真菌生活史中的各发育阶段均有影响。同时还能抑制蛋白激酶,从而控制细胞功能的细胞内信号,包括碳水化合物结合进入真菌细胞组分的干扰作用。对葡萄灰霉病、核果类果树上的菌核病、苹果斑点落叶病、梨黑斑病、番茄早疫病、草莓和蔬菜的灰霉病等均具有很好的防治作用。

4) 制剂。50%扑海因可湿性粉剂,50%扑海因悬浮剂,25%、5%扑海因油悬浮剂。

①防治葡萄灰霉病。在葡萄花托脱落、葡萄串停止生长、成熟开始和收获前3周各施1次药,若花期前或始花期开始发病,可加施一次药,每次每亩用50%悬浮剂或可湿性粉剂60~100 mL(g)(有效成分30~50 g)。

②防治草莓灰霉病。于草莓发病初期开始喷药,每隔8天施药1次,收获前2~3周停止施药。每次每亩用50%悬浮剂或可湿性粉剂100 mL(g)(有效成分50 g),兑水喷雾。

③防治番茄灰霉、早疫和黄瓜灰霉病和葫芦科蔬菜、茄子等的灰霉病、早疫病、斑点病。发病初期喷药,全生育期施药1~3次,施药间隔期7~10天。每次每亩用50%悬浮剂或可湿性粉剂50~100 mL(g)(有效成分25~50 g),兑水喷雾。

④防治油菜菌核病。在油菜始花期,花蕾率达20%~30%(或茎病株率小于0.1%)施第一次药,在盛花期进行第二次施药,每次每亩用50%悬浮剂或可湿性粉剂65~100 mL(g)(有效成分32.5~50 g),兑水喷雾。

⑤水果防腐保鲜。防治苹果、梨、桃等水果储存期的病害,如灰霉病、蒂腐病、青绿霉病、根霉病等。将水果在25%扑海因油悬浮剂2 500倍液或每100 L水加25%扑海因40 mL(有效浓度100 mg/L)中浸1 min,取出后将水果表面的药液晾干,再包装。

⑥葡萄保鲜。在葡萄采收前3天用扑海因1 500液加施佳乐1 500倍液均匀喷到果穗上,后装箱冷藏保鲜,保鲜期可达100天以上。

5) 使用注意事项

①喷药时不要吸烟或饮食,避免接触皮肤或眼睛,如已接触应马上洗净。

②不能与腐霉利(速克灵)、乙烯菌核利(农利灵)等作用方式相同的杀菌剂混用或轮用。

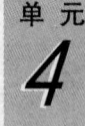

③不能与强碱性或强酸性的药剂混用。

④为预防抗性菌株的产生,作物全生育期扑海因的施用次数控制在3次以内。

(6) 萎锈灵。萎锈灵的中文通用名称为萎锈灵(carboxin),商品名和其他名称为萎锈灵。

1) 理化性质。原药为米色结晶,不易溶于水,易溶于丙酮、二甲基亚砜、吡啶、三氯甲烷等有机溶剂中。在常温下较稳定。

2) 毒性。为低毒杀菌剂,原药对大鼠急性口服LD_{50}为3 820 mg/kg,对兔眼睛和皮肤有轻微刺激作用,在实验条件下,无"三致"现象。对鸟类毒性低。

3) 作用特点。为选择性内吸杀菌剂,主要用于防治多种作物的锈病和黑粉病,对棉花立枯病、黄萎病也有效。它能渗入萌芽的种子而杀死种子内的病菌。萎锈灵对植物生长有刺激作用,并能使小麦增产。

4) 剂型。20%乳油。

5) 使用方法

①防治黑穗病。每100 kg种子用20%乳油500~1 000 mL拌种,能防治高粱散黑穗病和丝黑穗病、玉米丝黑穗病、麦类黑穗病。

②防治棉花病害。棉花苗期病害每100 kg种子用20%乳油875 mL拌种。防治棉花

黄萎病可用萎锈灵 250 mg/kg 灌根，每株灌药约 500 mL。

6）使用注意事项

①本剂 100 倍液对麦类可能有轻微药害，使用时要注意。

②药剂处理过的种子不可食用或作饲料。

③药剂应贮存在干燥、避光、通风良好的仓库中，并注意防火。

（7）苯醚甲环唑。苯醚甲环唑的中文通用名称为苯醚甲环唑（difenoconazole），商品名和其他名称为世高（Score）、敌萎单。

1）理化性质。原药外观为灰白色粉状物，难溶于水，易溶于乙、丙酮、甲苯等有机溶剂。制剂外观为米色至棕色细粒，pH 值为 7.0～11.0。

2）作用特点。世高属内吸性三唑类杀菌剂。本品杀菌谱广，对子囊菌、担子菌、半知菌引起的病害均有良好的防效，对作物的安全性高，持效期长。具有保护和治疗双重作用。适用于苹果、葡萄、西瓜、加工番茄、蔬菜等，防治苹果黑星病、苹果斑点落叶病、葡萄白粉病、加工番茄早疫病、西瓜炭疽病、大白菜黑斑病等病害。

3）制剂。10%水分散颗粒剂，3%悬浮种衣剂。

4）使用方法

①防治梨、苹果黑星病。在梨、苹果开花前后，用 10%苯醚甲环唑水分散粒剂（世高）稀释 6 000 倍液均匀喷雾，发病严重时可提高到 3 000～5 000 倍液，间隔 7～14 天，喷药 2～3 次。

②防治葡萄炭疽病、黑痘病。发病初期用 10%苯醚甲环唑水分散粒剂（世高）稀释 1 500～2 000 倍液均匀喷雾。

③防治番茄早疫、辣椒炭疽病。发病初期每亩用 10%苯醚甲环唑水分散粒剂（世高）40～60 g，兑水均匀喷雾。

④防治瓜蔓枯病。每亩用 10%苯醚甲环唑水分散粒剂（世高）50～80 g，兑水均匀喷雾。

五、有机磷类杀菌剂

1. 有机磷类杀菌剂的产品特性

有机磷杀菌剂主要品种有甲基立枯灵、三乙磷酸铝、稻瘟净和异稻瘟净等。甲基立枯灵主要用于防治棉花、小麦、玉米等作物苗期立枯、红腐、绵腐病菌引起的苗期病害，具有较好的内吸性和保护作用。该类的三乙磷酸铝经植物叶片或根部吸收后，具有向顶性与向基性双向内吸输导作用，更兼具保护与治疗作用，可采用多种方法施药，防治多种植物的霜霉病等病害。

2. 常用有机磷类杀菌剂品种及其使用技术

（1）甲基立枯磷。甲基立枯磷的中文通用名称为甲基立枯磷、杀菌净、利克菌，商品名和其他名称为甲基立枯磷。

1）理化性质。原药为白色针状结晶。熔点91.5～94℃，难溶于水，易溶于苯、乙醇等有机溶剂中，除强酸、强碱外，在一般介质中较稳定。

2）毒性。为低毒杀菌剂。大白鼠急性经口 LD_{50} 5 000 mg/kg，急性经皮 LD_{50} 5 000 mg/kg 以上。对鱼和鸟类低毒。

3）作用特点。通过抑制磷酸的生物合成，从而抑制孢子萌发和菌丝生长。具保护和治疗性的非内吸性杀菌剂。吸附作用强，不易流失，在土壤中也有一定持效期。对棉花、小麦、水稻、蔬菜、瓜果等农作物，由丝核菌属、小菌核属和雪腐病菌引起的土传病害如棉苗立枯病、绵腐病，甜菜根腐病和立枯病等有良好防效。甲基立枯磷除预防外还有治疗作用，对"菌核"和"菌丝"亦有杀菌活性。

4）剂型。50%可湿性粉剂，5%、10%、20%粉剂，20%乳油，25%悬浮剂。

5）使用方法。甲基立枯磷可作为种子、块茎或球茎处理剂，也可通过毒土、土壤撒施、拌种、浸渍、叶面喷雾和喷洒种子等方法施用。

防治棉花苗期立枯病为主的烂根病，用20%甲基立枯磷乳油按种子质量的1%拌种。目前新疆常用含有甲基立枯磷的种衣剂种子包衣防治棉花、小麦、玉米等作物苗期病害。

6）使用注意事项。不宜与酸、碱性农药混用，以免分解失效。

(2) 三乙磷酸铝。三乙磷酸铝的中文通用名称为三乙磷酸铝（phosethyl-Al），商品名和其他名称为疫霉灵、疫霜灵、乙磷铝、霉疫净、克霉灵、霉菌灵。

1）理化性质。纯品为白色结晶，原药为白色粉末，易溶于水，不易挥发。原药和制剂在自然条件下稳定，在强酸、强碱介质中易分解。

2）毒性。属低毒杀菌剂。原粉大鼠急性经口 LD_{50} 为 5 800 mg/kg，急性涂皮 LD_{50} ≥ 3 200 mg/kg。对人畜无毒，对鱼、蜜蜂低毒。

3）作用特点。三乙磷酸铝是一种内吸性杀菌剂，在植物体内能上下传导，具有双向传导功能，兼有保护和治疗作用，对霜霉属、疫霉属等真菌引起的病害有良好的防效。对黄瓜、白菜、葡萄霜霉病有特效。

4）剂型。40%、80%、90%三乙磷酸铝可湿性粉剂，30%胶悬剂。

5）使用方法

①各类蔬菜、葡萄霜霉病的防治。40%可湿性粉剂200～300倍液在发病初期喷药，每隔10天喷1次，共喷2～5次。

②黄瓜疫病、茄子绵疫病、甜椒疫病的防治。用40%可湿性粉剂200～300倍液喷雾，间隔期为7～10天，共喷3～4次。

6）使用注意事项

①本品易潮结，应置于干燥密封处保存，遇结块不影响使用效果。

②勿与酸性、碱性农药混用。

③长期使用容易产生抗性。黄瓜、白菜上使用浓度偏高时易产生药害。

六、含铜杀菌剂

1. 含铜杀菌剂的产品特性

含铜杀菌剂的杀菌谱很宽,几乎对各种病原菌都有效。铜的多种盐类、氧化物、氢氧化铜等都是很好的杀菌剂,如硫酸铜、碱式硫酸铜、氧化亚铜等。有机酸铜能够提高铜的杀菌毒力和药效,可以降低铜的用量,如琥胶肥酸铜、噻菌酮(龙克菌)等。有机酸铜比较安全。

2. 常用含铜杀菌剂品种及其使用技术

(1) 氢氧化铜(可杀得)。氢氧化铜的中文通用名称为氢氧化铜(copper hydroxide),商品名和其他名称为可杀得、氢氧化铜。

1) 理化性质。结晶物成天蓝色片状或针状,密度3.37,溶于酸,不溶于水。原药氢氧化铜含量88%,外观为蓝色粉末。77%可湿性粉剂由有效成分、助剂和载体组成。外观为蓝色粉末,pH值为8~9,颗粒粒径1.8 μm,室温下贮存稳定5年以上,冷、热贮存稳定性合格。

2) 毒性。氢氧化铜属低毒杀菌剂。原药大鼠急性经口$LD_{50}>1~000$ mg/kg,对兔眼睛有较强刺激作用,对兔皮肤有轻微刺激作用。

3) 作用特点。可杀得是一种极细微的可湿性粉剂,主要成分是氢氧化铜,为多孔针形晶体,单位质量上颗粒多,表面积大。靠释放出铜离子与真菌或细菌体内蛋白质中的—SH、—N_2H、—COOH、—OH等基团起作用,导致病菌死亡。是一种新型的铜基杀菌剂。广谱性,以预防保护作用为主,要在发病之前和发病初期使用。该药与内吸性杀菌剂交替使用,防治效果会更好。适于防治蔬菜、果树、葡萄等多种真菌及细菌性病害,对植物生长有刺激作用。

4) 制剂。77%、53.8%可杀得可湿性粉剂(Kocide 101),57.6%干粒剂,53.8%水分散粒剂。

5) 使用方法

①防治番茄早疫病和细菌性斑点、疮痂病。于发病前或发病初期开始喷药,每次用130~190 g/亩,兑水60~80 L喷雾。每隔7~10天喷一次,连续喷2~3次。

②防治甜瓜和黄瓜角斑病、果斑病、霜霉病。发病前或发病初期开始喷药,每隔7~10天喷一次,每次每公顷用商品量145~200 g,加水40~60 L喷雾,小苗酌减。

6) 使用注意事项

①可杀得为预防性杀菌剂,应在发病前及发病初期施药。

②不能与强酸或强碱性物质混用。

③注意不要让废药液或空容器污染水系。

④高温高湿气候条件慎用。

⑤对铜敏感的作物,如苹果、梨、柿子、李、杏、桃,在花期及幼果期慎用或试后再用。

(2) 络氨铜。络氨铜的中文通用名称为络氨铜,商品名和其他名称为络氨铜、消病灵、克病增产素、胶氨铜。

1) 理化性质。14%络氨铜水剂是由二元羧酸(4,5,6-碳二羧酸)、硫酸铜在一定条件下通氨气所制得硫酸四氨络合铜盐混合型农用杀菌剂。15%、23%、25%络氨铜水剂均以硫酸铜、碳酸氢铵或氨水为主要原料与适当的助剂、增效剂反应而成。外观为深蓝色液体,在碱性溶液中对水的溶解度大,溶于乙醇及低级醇类中。不溶于乙醚、丙酮、三氯甲烷、四氯化碳及乙酸乙酯等有机溶剂中。不宜与酸性农药混配。

2) 毒性。络氨铜浓度制剂毒性都较低,均属低毒杀菌剂。对兔眼黏膜和皮肤有轻度刺激作用,属弱蓄积性化学物质。无致突变作用。

3) 作用特点。络氨铜是一种保护性杀菌剂,主要通过铜离子发挥杀菌作用。铜离子与病原菌细胞膜表面上的 K^+、H^+ 等阳离子交换,使病原菌细胞膜上的蛋白质凝固,同时部分铜离子渗透入病原菌细胞内与某些酶结合,影响其活性。内吸性强,以保护作用为主,并有一定的治疗作用,对棉苗、西瓜等的生长具有一定的促进作用,起到一定的抗病和增产作用。

4) 制剂。14%络氨铜水剂,15%络氨铜水剂,23%络氨铜水剂,25%络氨铜水剂。

5) 使用方法

①防治瓜类枯萎病。以23%络氨铜水剂250~300倍液(有效成分0.2~0.25 g/株)灌根,在枯萎病发病初期开始灌根,隔10天再灌一次。

②防治番茄、葡萄细菌性病害。亩用25%络氨铜水剂250~400 mL,均于发病初期兑水喷雾,隔7~10天再施1次。

6) 使用注意事项

①本剂为碱性,不得与酸性农药或激素药物混用。

②下午4时后喷药为宜,喷后6 h内遇雨应重喷。

③在气候炎热期或炎热地带喷洒时,稀释时应采取最大稀释倍数。

④采收前15天停止施药。

(3) 噻菌铜(龙克菌)。噻菌铜的中文通用名称为噻菌铜(thiodiazole-copper),商品名和其他名称为龙克菌。

1) 理化性质。原药为黄绿色粉末结晶,密度为1.94,熔点300℃,微溶于二甲基甲酰胺,不溶于水和各种有机溶剂。制剂产品为黄绿色黏稠液体,密度为1.16~1.20,细度为 4～8 μm，pH 值为 5.5～8.5，悬浮率 90％以上，热贮 54℃±2℃ 及 0℃ 以下贮存稳定，遇强碱分解，在酸性下稳定。

2）毒性。属低毒杀菌剂，原药对大鼠经口急性毒性雌鼠 LD_{50} 2 150 mg/kg。无致癌、突变作用。制剂对皮肤、对眼轻度刺激。对人畜、鱼、鸟、蜜蜂、家蚕低毒。

3）作用特点。具有双重杀菌机制，既有噻唑基团对细菌的独特防效，又有铜离子对真菌、细菌的防治作用。对细菌性病害特效，对真菌性病害有效。内吸性好，具有良好保护和治疗作用，治疗作用大于保护作用。可用于瓜类细菌性果斑病、细菌性角斑病、水稻细菌性条斑病、番茄细菌性疮痂病和斑点病、大白菜软腐病等细菌性病害和西瓜枯萎病、葡萄黑痘病等真菌性病害。药效持久，可达 10～12 天。

4）防治方法

①防治水稻病害。水稻细菌性条斑病在初发病期以 500 倍药液喷雾，病情严重的连续喷 2～3 次，间隔 7～10 天；水稻白叶枯病在初发病期以 500 倍药液喷雾，病情严重的连续喷 3 次，间隔 7～10 天。

②防治大白菜软腐病。在发病初期，用 400～500 倍药液均匀喷雾或者 700 倍灌根，间隔期为 7～10 天，连续喷 3～4 次。

③防治瓜类细菌性角斑、果斑病和番茄、葡萄细菌性病害。初见零星病斑时，用 300～500 倍药液均匀喷雾，间隔期为 7 天，连续喷洒 3 次。葡萄上对黑痘病有兼治作用。

④防治西瓜、打瓜枯萎病。结瓜初期（西瓜核桃大小）以 500～700 倍液灌根一次，7 天后以 800 倍液喷施 2 次（根部喷湿为宜），最好在灌根时，在距根 10～15 cm 处挖一个坑，防止药液流失。

5）使用注意事项

①使用时，先用少量水将悬浮剂搅拌成浓液，然后二次兑水再稀释。

②对铜敏感的作物，如苹果、梨、柿子、李、杏、桃，在花期及幼果期慎用或试后再用。

③可与各种酸性、中性农药混用，但不能与强碱性农药混用。

七、农用抗生素

1. 农用抗生素的产品特性

抗生素是微生物产生的物质，一般由其代谢产物中分离得到，有的亦可人工合成。农用抗生素的化学成分都是经过严格分析鉴定的，实际上也正是这些化学物质在起杀菌活性，只是这些化学物质的来源途径是微生物代谢。抗生素类杀菌剂一般具有化学性质稳定、高效、具有内吸治疗活性、对防治对象有一定的选择性、持效期短，对植物、高级动物、环境均较安全等特点。其中的井冈霉素已发展成为最大吨位的农用抗生素品种,主要用于防治水稻纹枯病。此外如农用链霉素、公主岭霉素、多抗霉素(即多氧霉素)、春雷霉素(即春日霉素)等在生产中都有广泛应用。抗生素类杀菌剂的专化性比较强,适用的防治对象较窄,比较容易产生抗药性,但是井冈霉素至今未出现抗药性问题。

2. 常用农用抗生素品种及其使用技术

(1) 农用链霉素。农用链霉素的中文通用名称为农用链霉素(streptomycin),商品名和其他名称为农用链霉素、细菌特克、细菌立灭。

1) 理化性质。原药为白色粉末,弱酸性,易溶于水,低温下比较稳定。高温下长时间存放及碱性条件下易分解失效。72%农用链霉素可溶性粉剂外观呈白色或类白色粉末,易溶于水,呈弱酸性反应,pH值为4.5~7.0。低温下较稳定,高温易分解失效,持效期为7~10天。

2) 毒性。按我国农药毒性分级标准,链霉素属低毒杀菌剂。原药大鼠急性经口$LD_{50} > 9\ 000$ mg/kg。可引起皮肤过敏反应。对家兔眼、结膜无明显刺激作用。

3) 作用特点。农用链霉素是一种高效、低毒、低残留、无公害、与环境相容的抗生素类杀菌剂,产品内吸性强,具有治疗和保护作用。对多种作物的细菌性病害有防治作用,对一些真菌病害也有一定的防治作用。广泛用于蔬菜、果树、粮食等作物上的青枯病、角斑病、软腐病、溃疡病、白叶枯病、炭疽病等多种病害,是目前防治细菌性病害的一种理想药剂。

4) 制剂。10%、20%、72%农用链霉素可溶性粉剂。

5) 使用方法

①防治大白菜软腐病。发病初期开始喷药,用72%农用链霉素可溶性粉剂15~25 g/亩,加水60 L均匀喷雾。每隔7~10天喷一次,共喷2~3次。

②防治番茄、辣椒等蔬菜和葡萄细菌性病害。在发病前或发病初期用72%农用链霉素可溶性粉剂兑水稀释4 000倍液均匀喷雾。每隔10天一次,连续用药2~3次。

6) 使用注意事项

①出口加工番茄禁用。

②该剂不能与碱性农药或碱性水混合使用。

③喷药8 h内遇雨应补喷。

④贮存时保持良好通风,置于干燥阴凉处,避免高温日晒,严防受潮。

(2) 抗霉菌素。抗霉菌素的中文通用名称为嘧啶核苷类抗生素,商品名和其他名称为农抗120、佳灭多、120农用抗菌素。

1) 理化性质。原药外观为白色粉末,易溶于水,不溶于有机溶剂,在酸性和中性介质中稳定,在碱性介质中不稳定。

2) 毒性。原药和制剂都属低毒杀菌剂。

3) 作用特点。抗霉菌素是一种碱性核苷类农用抗生素，其杀菌原理是直接阻碍植物病原菌蛋白质的合成，导致病菌死亡。以预防保护作用为主，兼具一定的治疗作用。对作物有刺激生长的作用。产品对人畜、天敌安全，残留低。适用于蔬菜、瓜果类等作物的白粉病、炭疽病、枯萎病的防治。

4) 制剂。2%、4%农抗120水剂。

5) 使用方法

①防治瓜类、番茄、葡萄白粉病。在发病初期（发病率5%～10%），用600～800倍液喷雾，每隔10～15天重喷一次。若发病严重，隔7～8天喷雾一次，并适当增加用药量。

②防治茄果类疫病。在发病初期（发病率5%～10%），用4%农抗120水剂800～1 000倍液均匀喷雾。

③防治西瓜、打瓜枯萎病。在田间植株发病初期，用250～400倍液灌根，每株灌500 mL，每隔5天灌一次，对重病株连灌3～4次。

6) 使用注意事项

①勿与碱性农药混用。

②贮存在阴凉干燥处。

(3) 春雷霉素。春雷霉素的中文通用名称为春雷霉素，商品名和其他名称为加收米、春雷霉素、春日霉素。

1) 理化性质。春雷霉素原药盐酸盐为白色结晶，熔点236～239℃（分解）。在有机溶剂中难溶。在25℃水中溶解12.5%（W/V）。在50℃下放置10周不降低活性。在pH值<5时，800 mg/mL水溶液于50℃下放10周活性不变。在pH值=9的条件下活性下降42.6%。

2) 毒性。春雷霉素原药大鼠急性经口LD_{50}为22 000 mg/kg。没有刺激性，对大鼠无致畸、致癌作用，不影响繁殖。对人畜、鸟类和鱼较安全。

3) 作用特点。春雷霉素是一种农用抗生素，具有较强的内吸性，其作用机制在于干扰氨基酸代谢的酯酶系统，从而影响蛋白质的合成，抑制菌丝伸长和造成细胞颗粒化，但对孢子萌发无影响。兼具保护和治疗作用，对果树、蔬菜的真菌病害如叶霉病、炭疽病、白粉病、早疫病、霜霉病以及细菌引起的角斑病、软腐病、溃疡病等常见病害具有优良的防治效果。

4) 制剂。2%、4%、6%可湿性粉剂，2%液剂，2%水剂。

5) 使用方法

①防治番茄、瓜类细菌性病害，亩用2%春雷霉素液剂140～170 mL兑水60 L，在发病初期喷第1次药，以后每隔7～10天喷药1次，连续喷2～3次。同时可预防兼治早疫、白粉病。

②防治甜菜褐斑病。在甜菜褐斑病发生期用2%春雷霉素液剂300~400倍液均匀喷雾,防治效果与目前生产中常用的多菌灵和甲基托布津相当,可作为防治甜菜褐斑病的轮换用药。

6) 使用注意事项

①可与除强碱性农药以外的大多数农药混用。

②对大豆、藕有轻微药害,在邻近大豆地和藕池使用时应注意。

八、其他杀菌剂

目前新疆地区经常使用的其他种类杀菌剂还有石硫合剂、波尔多液、嘧菌酯(阿米西达)、普力克、硫黄等。

1. 石硫合剂。

石硫合剂的中文通用名称为石硫合剂,商品名和其他名称为石硫合剂。

(1) 理化性质。石硫合剂又叫石灰硫黄合剂、石硫合剂水剂。石硫合剂是以生石灰和硫黄粉为原料,加水熬制成的红褐色液体。有效成分是多硫化钙。一般用石灰、硫黄和水的比例为1:2:10熬制而成。石硫合剂具有强烈的臭鸡蛋气味,呈强碱性,性质不稳定,遇酸易分解,不耐长期贮存。可溶于水,对铜、铝等金属有腐蚀性。

(2) 毒性。属中等毒性杀螨、杀菌剂。对人眼、鼻、皮肤有刺激性。

(3) 作用特点。石硫合剂是果园常用的杀螨剂和杀菌剂,一般是自行配制。近年来,有的农药厂生产出固体石硫合剂,兑水稀释后便可使用。石硫合剂作为一种既能杀菌又能杀虫、杀螨的无机硫制剂,有较强的渗透和侵蚀病菌细胞壁和害虫体壁的能力,可直接杀死病菌和害虫。其药液喷洒到植物表面后,在氧气、二氧化碳和水的作用下发生化学变化,形成细小的硫黄沉淀,释放出少量硫化氢,发挥灭菌、杀虫和保护植物的功能。可有效防治树木、花卉上的红蜘蛛、介壳虫、锈病、白粉病、毛毡病、黑痘病、炭疽病、腐烂病及溃疡病等,且对多种植物病害有兼治作用。石硫合剂对人、畜毒性中等,对植物安全可靠、无残留,不污染环境,病虫不易产生抗性,是农林业、园艺、园林绿化不可或缺的无公害药物。

(4) 使用方法

1) 防治果树病虫害。早春在果树发芽前用3~5波美度石硫合剂喷雾,可防治球坚蜡蚧、盾蚧、红蜘蛛及疮痂病、褐腐病、白粉病、炭疽病等多种病害。在果树生长期,宜用相对密度为1.001 4~1.002 1(0.2~0.3波美度)石硫合剂,浓度高容易发生药害。对红蜘蛛在越冬卵孵化盛期后喷相对密度为1.002 1~1.003 5(0.3~0.5波美度)石硫合剂防效较好。

2) 防治葡萄病虫害。早春在葡萄出土上架时用相对密度为1.021 2~1.035 9(3~5波美度)石硫合剂喷雾,可防治葡萄白粉病、黑痘病、炭疽病等病害和介壳虫、毛毡病

(缺节瘿螨)。

3) 防治大、小麦锈病、白粉病、赤霉病。在小麦抽穗前或抽穗后,用相对密度 1.002 1～1.003 5 (0.3～0.5 波美度) 石硫合剂或晶体石硫合剂 120～180 倍液喷雾。

(5) 剂型。29％石硫合剂水剂,45％石硫合剂结晶。

(6) 使用注意事项

1) 使用时温度越高,越容易产生药害。夏季温度在 32℃ 以上时,早春温度低于 4℃ 时,不能喷药。

2) 黄瓜、番茄、豆类对石硫合剂敏感不能使用。在桃、李、梅、葡萄、梨的生长季节也不能喷石硫合剂。

3) 石硫合剂有较强碱性,不能和忌碱性农药混用,也不能和波尔多液混用。喷施石硫合剂 7～10 天内忌用波尔多液,在喷波尔多液后 10～15 天忌用石硫合剂;喷过机油乳剂要隔 15 天,喷过松脂合剂要隔 20 天,才能喷施石硫合剂。

4) 石硫合剂对皮肤有腐蚀作用,溅到身上要及时洗净,喷药器械用后也要及时冲洗干净。

5) 配好的药品不宜存放,也不能用金属容器盛放。

2. 波尔多液

波尔多液的中文通用名称为波尔多液,商品名和其他名称为波尔多液、必备、多病宁。

(1) 理化性质。波尔多液是用硫酸铜和石灰乳配制成的天蓝色药液,有效成分是碱式硫酸铜,不溶于水,配制的药液呈悬浮液,放久会沉淀、结晶,所以波尔多液应现配现用。

(2) 毒性。为低毒杀菌剂,对铜敏感的作物有桃、李等,不宜用波尔多液。

(3) 作用特点。有效成分为碱式硫酸铜,喷洒药液后在植物体和病菌表面形成一层很薄的药膜,该膜不溶于水,但在二氧化碳、氨、树体及病菌分泌物的作用下,使可溶性铜离子逐渐增加而起杀菌作用,可有效地阻止孢子发芽,防止病菌侵染,并能促使叶色浓绿、生长健壮,提高树体抗病能力。该制剂具有杀菌谱广、持效期长、病菌不会产生抗性(国内外很少报道病害对波尔多液产生耐药性)、对人和畜低毒等特点,是应用历史最长的一种杀菌剂。广泛用于防治蔬菜、瓜类、果树病害。特别对藻状菌纲引起的病害效果较好,它通过铜离子释放起杀菌作用,持效期为 7～16 天左右。

(4) 制剂

半量式,硫酸铜:石灰:水=1:0.5:1。

等量式,硫酸铜:石灰:水=1:1:1。

倍量式,硫酸铜:石灰:水=1:2:1。

(5) 使用方法。作为保护剂应在发病前或发病初期喷洒,波尔多液浓度可以硫酸铜浓度为准,再用石灰半量、倍量式来注明。

用1:1:300~500倍防治苗期猝倒病、立枯病、灰霉病。用1:1:250~300倍防治蔬菜霜霉病。用1:1:200倍防治番茄早疫病、叶霉病、茄子绵疫病、褐纹病和辣椒炭疽病。防治瓜类、葡萄霜霉病和西瓜炭疽病用1:0.5:200~250倍。用1:2:200倍可防治蚕豆赤斑、豌豆褐斑病等,安全间隔期为15~20天。

(6) 使用注意事项

1) 不能与肥皂、松脂合剂、石硫合剂混用,也不能和代森类及多菌灵等药剂混用。与石硫合剂使用间隔期为15~20天。

2) 配制容器不能用金属器皿,喷过的药械要及时洗净,防止腐蚀。

3) 阴雨天、雾天、早晨露水未干时不能使用,以免发生药害。

4) 果实采收前20天停用。苹果有的品种喷过波尔多液后幼果易生果锈,可改用其他农药。

3. 嘧菌酯(阿米西达)

嘧菌酯的中文通用名称为嘧菌酯(Azoxystrobin),商品名和其他名称为阿米西达。

(1) 理化性质。纯品为白色物体,熔点为116℃,20℃下,密度为1.34 g/mL,20℃时,水中的溶解度为6 mg/L。

(2) 毒性。嘧菌酯属低毒性农药。大鼠急性经口和经皮LD_{50}大于5 000 mg/kg,对皮肤无刺激,对眼睛有微弱的刺激。对鸟类低毒,对蜜蜂、蚯蚓以及多种节肢动物较安全。

(3) 作用特点。嘧菌酯(阿米西达)是先正达公司近年开发的一种新型杀菌剂。其作用机制主要是抑制病菌线粒体的呼吸作用,破坏病菌的能量合成,从而达到杀菌效果。以保护作用为主,兼有治疗和铲除作用。杀菌谱广,对多种真菌引起的霜霉病、炭疽病、早疫病、晚疫病、疫霉病、白粉病有效。同时,对作物具有一定的刺激作用,可提高作物抗逆性,延缓衰老,提高产量,改善品质。

(4) 制剂。25%悬浮剂。

(5) 使用方法。多数作物在发病前、发病初期及作物花前、花后施药,一般施药浓度1 000~1 500倍液,均匀喷雾。对辣椒炭疽病、番茄早疫病和根腐疫霉病、黄瓜霜霉病、葡萄霜霉病、葡萄白粉病、甜瓜霜霉病和白粉病等有较好的防治效果。

(6) 使用注意事项

1) 在病害发生前和发生初期施药及在作物生长旺盛时使用。

2) 每个生长季节最多喷3~4次。

3) 与不同作用机理的杀菌剂交替使用。但不宜与有机磷乳油杀虫剂混用。

4. 霜霉威（普力克）

霜霉威的中文通用名称为霜霉威（propamocarb），商品名和其他名称为普力克（Previcur）。

(1) 理化性质。纯品为无色、无味并且极易吸湿的结晶体。熔点45～55℃，在水及部分溶剂中溶解度很高，在水溶液中两年以上不分解（55℃），但在微生物活跃的水中迅速分解并转化为无机化合物。原药为无色、无味水溶液，含量70%～74%。制剂为无色、无味水溶液。可与大多数常用农药混配，但不要与液体化肥或植物生长调节剂一起混用。

(2) 毒性。霜霉威属低毒杀菌剂。大鼠急性经口 LD_{50} 为 2 000～8 550 mg/kg，对兔皮肤及眼睛无刺激。在试验剂量内未见致畸、致突变及致癌作用。对鱼、鸟、蚯蚓等动物低毒，对多数天敌及有益生物无害。

(3) 作用特点。霜霉威是一种氨基甲酸酯类新型杀菌剂。其作用机制是抑制病菌细胞膜成分的磷脂和脂肪酸的生物合成，能够抑制菌丝生长、孢子囊的形成和萌发。用作土壤处理时，能很快被根吸收并向上输送到整个植株。用作茎叶处理时，能很快被叶片吸收并分布在叶片中；作用迅速，一般喷药后30 min就能起到保护作用。与其他类型药剂无交互抗性。适用于黄瓜、番茄、甜椒、马铃薯等蔬菜霜霉病、猝倒病、疫病、晚疫病、黑胫病等真菌性病害的防治。并且对作物根、茎、叶的生长有明显促进作用。

(4) 制剂。72.2%水剂（每升含有效成分722 g）。

(5) 使用方法

1) 防治苗期猝倒病和疫病。播种前或播种后、移栽前或移栽后，每平方米用72.2%普力克5～7.5 mL兑2～3 L水稀释灌根。

2) 防治霜霉病、疫病。在发病前或初期，每亩用72.2%普力克60～100 mL兑30～50 L水喷雾，每隔7～10天喷药1次。为预防和治理抗药性，推荐每个生长季节使用普力克2～3次，可与其他不同类型的药剂轮换使用。

(6) 使用注意事项

1) 普力克在黄瓜等蔬菜作物上的安全间隔期为3天。

2) 普力克不推荐用于防治葡萄霜霉病。

5. 嘧霉胺（施佳乐）

嘧霉胺的中文通用名称为嘧霉胺（pyrimethanil），商品名和其他名称为施佳乐。

(1) 理化性质。原药外观为白色结晶粉末。无特殊气味，易溶于有机溶剂，微溶于水。常温下不易分解，不易燃、不易爆，无腐蚀性，在常温下可稳定贮存3年。

(2) 毒性。嘧霉胺（施佳乐）属低毒杀菌剂。大鼠急性经口 LD_{50} 为 4 061～5 358 mg/kg，对兔眼睛无刺激，在试验剂量内未见致畸、致突变及致癌作用。

单元 4

(3) 作用特点。嘧霉胺（施佳乐）是一种苯胺基嘧啶类新型杀菌剂。其作用机制是抑制病菌侵染酶的产生，从而阻止病菌的侵染并杀死病菌。对多种作物灰霉菌引起的灰霉病有特效。适用于番茄、黄瓜、韭菜、葱、蒜等蔬菜及葡萄、草莓、豆类灰霜霉病的防治，苹果、梨黑星病和斑点落叶病的防治及葡萄、苹果和梨等水果保鲜。

(4) 制剂。40%悬浮剂。

(5) 使用方法。同霜霉威的使用方法。

九、混合制剂

这里主要介绍杀毒矾。杀毒矾的中文通用名称为恶霜锰锌（恶霜灵 oxadixyl 和代森锰锌 man-cozeb 混合），其他名称为杀毒矾（Sandofan M8）。

1. 理化性质

恶霜锰锌的理化性质见该品种单剂。制剂由有效成分、湿润剂、分散剂和载体等组成。外观为米色至浅黄色细粉末，有效成分为恶霜灵和代森锰锌，常温贮存能稳定约 3 年，pH=7±1（在 CIPAC 的 C 类 1% 的水溶液中），湿润时间在 1 min 内（搅拌下），悬浮率最低为 80%，并无乳液状分层，含水量低于 2%。

2 毒性

据中国农药毒性分级标准，制剂属低毒杀菌剂。雌、雄鼠急性经口 LD_{50} 分别为 9 500 mg/kg 和 13 000 mg/kg。

3. 作用特点

恶霜灵属于苯基酰胺类内吸杀菌剂，药效略低于甲霜灵，与其他苯基酰胺类药剂有正交互耐药性，属于易产生耐药性的产品。具有接触杀菌和内吸传导活性。其作用机制为抑制 RNA 聚合酶，从而抑制了 RNA 的生物合成。恶霜灵被植物内吸后很快转移到未施药部位，其向顶传导能力最强，因此根施后向顶性明显。施在叶背向叶正面传导略差，施于叶正面向反面传导更差。具有优良的保护、治疗、铲除活性，施药后药效可持续 13~15 天。恶霜灵的抗菌活性仅限于卵菌，包括霜霉科、白锈科、腐霉科、水霉科。对子囊菌、担子菌和半知菌无活性。恶霜灵与代森锰锌混配之后有明显的混合增效和扩大抗菌谱的作用，除控制卵菌病害外，也能控制其他继发性病害。适用于加工番茄、黄瓜、葡萄、蔬菜等作物霜霉病、疫病及多种继发性病害（如褐斑病）等由卵菌纲真菌引起的病害的防治。

4. 制剂

64%可湿性粉剂（含恶霜灵 8%，代森锰锌 56%）。

5. 使用方法

防治番茄早晚疫病，黄瓜霜霉病、疫病，茄子绵疫病，辣椒疫病，马铃薯早、晚疫病，白菜霜霉病、白粉病，葡萄霜霉病等，于作物发病前或发病初期喷雾，每亩用 64%

杀毒矾可湿性粉120～170 g（有效成分76.8～108.8 g），或每100 L水加133～200 g（有效浓度853.3～1 280 mg/L）。一般喷液量每亩50～100 L，间隔10～12天。如果病情严重可缩短间隔期，或加大用药量。

6. 使用注意事项

（1）不要与碱性农药混用。

（2）应密封在原包装容器内，放在阴凉干燥、通风、远离食品、饲料、饮料处。不要放在高于30℃的地方。

（3）作物每个生长季节，喷施次数不超过4次，以避免耐药性产生。

第二节 除草剂的使用

 → 掌握常用除草剂的作用机理和使用技术。

用以消灭或控制杂草生长的农药称为除草剂（herbicide），亦称除莠剂。除草剂使用范围包括农田、苗圃、林地、森林防火道、草原、草坪、花卉、非耕地，铁路、公路沿线、仓库、机场周围环境的杂草、灌木等有害植物，以及河道、池塘、湖泊、水库等水域的水生杂草等。

一、除草剂的分类

我国从20世纪50年代后期开始使用2,4-D、燕麦灵等除草剂，随后除草剂种类和化学除草面积迅速发展，多种多样的除草剂品种为我国农业的发展和各种社会活动提供了非常有力的杂草防治手段。除草剂可以从作用方式、施药部位、化合物来源等方面进行分类。

1. 按作用方式分

（1）灭生性（非选择性）除草剂。即在正常用量下对作物和杂草无选择地全部杀死的除草剂，如百草枯、草甘膦等。

（2）选择性除草剂。只能杀死杂草而不伤害作物，甚至只能杀死某一种或某一类杂草的除草剂；其中又可分为能防除单子叶杂草而对双子叶作物安全的单子叶除草剂（如威霸、高效盖草能等），能防除双子叶杂草而对单子叶植物安全的双子叶除草剂（如2甲4氯、2,4-D丁酯等）。

2. 按施药方法分

(1) 茎叶处理剂。直接喷洒于杂草植株上，抑制或杀死杂草的除草剂（如骠马、草甘膦等），一般在作物生育期或某生长阶段，或非耕地杂草出苗后使用。

(2) 土壤处理剂。作物播种前或播后苗前施于土表或混入土壤中（如氟乐灵、施田补等），作物苗后施于土表，抑制或杀死正在萌发的杂草（如利谷隆等）。

(3) 茎叶兼土壤处理剂。即可用于作物芽前做土壤处理，抑制和杀死刚萌动的杂草，也可在作物生长期作茎叶处理（如氟磺胺草醚、莠去津等）。

(4) 水面（中）施用除草剂。如草甘膦等。

3. 根据化合物的来源分

(1) 无机除草剂。如叠氮化钠等无机化合物，此类化合物选择性差、用量大、杀草谱窄，目前已很少使用。

(2) 生物源除草剂。用天然的化学骨架作为新型化学除草剂的化学基础，植物、真菌和细菌可产生多种有杀草活性的化合物，如微生物除草剂或微生物代谢产物除草剂，如草霉素、苯磺酮、双丙氨膦等。

(3) 有机合成除草剂。发展最快，是种类最多的农药，使用范围广，已经占到世界农药市场份额的二分之一。

二、除草剂的选择性

作物和杂草同为高等植物，并共生于同一环境中。因此，除草剂和其他农药要求不同，它必须具备特殊的选择性，才能达到安全、有效的目的。这是使用者最为关心的问题和研制者极力追求的目标，同时也是难度很大的一项工作。

除草剂的选择性有些是本身所固有的，有些是本身没有的，但通过人为控制使用技术亦可实现。选择性原理主要分为以下几方面。

1. 形态选择性

由植物形态上的差异所产生的选择性称为形态选择性。形态差异主要表现为根系分布的深浅、生长点是否裸露、叶表结构、叶面积大小、叶片展开角度及株形等。这些形态上的千差万别，直接关系到对药液的承接和吸收，从而影响植物的耐药性。如单、双子叶植物形态上的差异导致对2，4-D丁酯耐药性明显不同。单子叶植物叶片狭小，表面蜡质层和角质层均较厚，叶片和茎秆直立，承接药液少，同时生长点被重重叶鞘所包裹。触杀型除草剂不易伤害分生组织，故表现耐药，而双子叶植物形态正相反。

当然，形态差异的选择作用也有不少例外，如三棱草虽属单子叶植物，对2，4-D丁酯仍然是很敏感的。同一种单子叶植物生育期不同，敏感程度也不一样。另外，近年发展起来的多种苗后除草剂（如高效盖草能、拿扑净等），许多禾本科杂草表现敏感，而多数双子叶杂草表现耐药。

2. 生理选择性

由于植物的茎叶和根系对除草剂吸收和输导上的差异而产生的选择性称为生理选择性。如果除草剂易被植物吸收和输导，则容易受害中毒，反之则不敏感。一般情况下植物吸收和输导的快慢与除草剂的毒性大小呈正相关，但由于其他选择机制的影响也有例外。如草乃敌在田旋花植株内，由根部输导致茎部的速度快，但茎部是其代谢解毒的部位，因而田旋花对草乃敌具有较强的耐药性。燕麦对草乃敌麦现敏感，这是由于药剂不能快速离开根部，而根部是草乃敌的作用部位。

3. 生化选择性

由于除草剂在植物体内生物化学反应的差异而产生的选择性称为生化选择性。这种选择性是稳定的，具有这种特性的除草剂使用安全，效果稳定。化学反应包括多种机制，主要有活化作用和钝化作用。

（1）活化作用。这类除草剂本身对植物无毒或毒性很小，但在植物体内经代谢转化后成为有毒的物质，即无毒有毒化（活化）。这种活化作用在不同的植物间表现常不一样，强者死亡，弱者生存。如并无毒性的2，4-D丁酯，在一些阔叶杂草内通过氧化酶的作用转变成有毒的2，4-D，使其中毒死亡，但在大豆体内不产生这种反应，故不受害。

（2）钝化作用。这类除草剂本身对植物有毒，但经植物体内酶或其他物质的作用，使其钝化而失去活性，即有毒无毒化（钝化）。这种钝化作用在不同的植物间有差异，从而产生选择性。如水稻叶片在酰胺水解酶的作用下，能迅速水解钝化敌稗，生成无活性物质，而稗草含有这种酶的活性很低，不能水解钝化敌稗，所以水稻安全而稗草中毒死亡。

4. 位差和时差选择性

位差和时差选择性又称人为选择性，是根据除草剂的特性，利用作物与杂草生育特性的差异，通过适当的施药技术而实现的。这种选择性的安全幅度小，且要求一定的条件。

（1）位差选择性。利用除草剂药层与作物根系（或种子）在土壤中所处位置的不同产生的选择性。这是土壤处理施药的重要依据之一。一般可通过以下方法获得位差选择性。

栽培作物种子（如小麦、玉米、大豆等）往往较大，播种较深（4 cm左右）。而杂草种子，尤以一年生杂草种子小，且主要集中在0～2 cm表土层中。在作物播种后出苗前土壤处理施药（表土施药或浅混土），即可杀死表层萌发的杂草。作物种子有覆土层保护可正常发芽生长，但一些浅播作物如谷子及淋溶性强的除草剂难以利用。

在生育期利用作物与杂草根系分布深浅差异，采取表土施药，杀死表层浅根杂草而无害于深根作物。如果树根系入土很深，果园除草可以选用长效除草剂阿特拉津、西玛

津等。另外，在作物生育期采用定向或保护性装置隔离喷雾，消灭行间杂草也有实用价值，但要辅助人工拔除行内和株间的杂草。

（2）时差选择性。根据除草剂的特性，通过提前施药和错后播种或插秧的方法，在时间上造成人为选择性，达到安全有效除草的目的。这是播前和移栽前土壤封闭处理的依据。例如播种前或插秧前用百草枯杀死已萌发的杂草，由于药剂接触土壤后迅速钝化失效，故不影响水稻生长。

三、除草剂选择和使用技术要点

除草剂的使用方法与除草剂品种的特性、加工剂型、作物对象、栽培方式及气象因素等密切相关。在应用中选择任何一种施药方法，都必须首先考虑除草效果和对作物的安全性。其次要求简便易行、经济和对生态环境的影响最小。因此，选择好除草剂品种，掌握除草剂的使用技术及其原理是十分重要的。

1. 掌握除草剂生理生化特性

要了解除草剂的生理生化特性：有无内吸传导性，对光、热的稳定性，在土壤中的淋溶性和残效期，杀草谱（哪些杂草敏感，哪些杂草无效），选择性（安全作物和敏感作物）等。据此确定选用适宜的除草剂品种和施药方法。如易光解的药剂应混土施用（如氟乐灵等），与土壤接触易钝化失效的不宜作土壤处理（如敌稗等）。

2. 了解杂草的种类，选用合适的除草剂

杂草不同生育期对除草剂的敏感性也不同，一般在萌芽、幼芽、幼苗期较敏感。禾本科杂草二叶一心至三叶一心后抗性大大增强，故要抓住防治适期及时用药。一般在杂草茎叶幼嫩时施药效果好。

3. 了解作物对哪些除草剂抵抗，哪些除草剂敏感

还应了解前茬施用长效除草剂的影响，如西玛津、阿特拉津、磺酰脲类除草剂对后茬药害等。作物不同生育期对药剂的敏感性不同。如 2，4－D、百草敌在小麦拔节期使用易引起药害；玉米、高粱对氟乐灵等除草剂敏感，不能使用。

4. 环境条件的影响

环境条件以土壤和气象因素最重要。

（1）土壤因素的影响

1）土壤质地与有机质含量。土壤质地会影响到除草剂在土壤中的吸附性和淋溶性，对药效产生一定的影响。通常有机质含量高的黏性土比有机质含量低的沙性土对除草剂的吸附量要多，影响药效的发挥。故前者用药量要适当多一些，后者要适当少一些。

淋溶性（由于降雨或灌水引起的除草剂向下层渗透现象）与除草剂活性等有关。一般有机质含量高的黏性土比有机质含量低的沙性土淋溶性小，药效差，故前者用药量要适当加大，后者要适当减小。但淋溶过大易伤害作物的根部，引起药害。故水溶性大

单元 4

（淋溶性强）的除草剂不宜在沙性土地上使用。

2）土壤微生物。微生物对除草剂有降解作用，影响药效发挥，故微生物多的有机质土壤用药量要适当加大。

3）土壤含水量。多数除草剂随着土壤含水量的增加药效有所增强，甚至对除草效果起决定性的影响。土壤处理如果墒情很差、土表干旱，药效很难发挥。故要求施药后浅混土或提前灌水后整地或喷灌补充水分。当然土壤含水量过大也不利，会造成淋溶过大而易引起药害。水田施用除草剂，要加强水层管理，按要求保持一段时间浅水层，方能保证除草效果。不能保水或保水时间不够，会降低除草效果。

(2) 气象因素的影响。气象因素包括温度、湿度、光照、风雨等。

1）温度。一般气温高，有利于药效发挥，除草效果好。如敌稗，防除稗草气温在28℃以上时效果好，低温时效果差，甚至无效。对于挥发性强的除草剂，气温高时有利于提高药效，但也容易产生药害。

2）湿度。空气湿度大时有助于植物气孔开放，易于药剂吸收，增强除草效果。

3）光照。对大多数除草剂，日照充足有利于药剂的吸收和传导，提高除草效果。对易于挥发和光解的除草剂（如氟乐灵等）须防止阳光直射，土壤处理后应及时进行混土操作，以免分解失效。

4）风、雨。风容易造成除草剂药液飘移和分布不均匀，甚至造成邻近敏感作物药害；降雨可造成药剂冲刷，影响药效甚至需重新补喷。降雨过大，使药剂过分淋溶至下层，污染地下水源，尤其是淋溶性强的除草剂。

5. 栽培措施

一般情况下同作物覆膜后除草剂用量要少于不覆膜作物，否则易造成药害。滴灌干播湿出。

综上所述，农田化学除草是一项操作性很强，又很灵活的技术。在实际工作中要根据实际情况灵活掌握，但又必须谨慎行事，经验不足或没有使用过的除草剂，一定要坚持"先试验、后推广"的原则。蛮干会造成严重药害和大量减产，还可能带来重大经济损失。

四、常用除草剂的使用

1. 硝基苯胺类除草剂

硝基苯胺类除草剂主要品种有氟乐灵、二甲戊乐灵（施田补、菜草通）、仲丁灵（草除、地乐胺）等，其主要特点是：杀草谱广，对一年生禾本科杂草有特效，还可防除一些一年生阔叶杂草及宿根高粱等多年生杂草；药效稳定，可以在干旱条件下施用；为土壤处理剂，多在作物播种前或播后苗前施药，药剂被杂草的幼芽或幼根吸收后，通过触杀作用杀伤杂草的幼芽和幼根，进而导致杂草死亡。广泛应用于新疆棉花、瓜、甜

菜、加工番茄、大豆等作物，是新疆最常用的除草剂类型。

（1）氟乐灵。氟乐灵中文通用名称为氟乐灵（trifluralin），商品名和其他名称为氟乐灵、特福力、氟特力、茄科宁。

1）理化性质。有效成分含量98%的原药为橙黄色结晶体，溶于大多数有机溶剂，难溶于水。在0℃下会析出结晶，但适当加温后可使结晶溶解，不影响药效。氟乐灵易挥发、易光解，但在土壤中被土壤胶体吸附而固定，不易因雨水冲刷而流失及淋溶到土壤深处。本品贮存稳定期为3年。

2）毒性。为低毒除草剂。原药对大白鼠口服毒性 $LD_{50} > 10\ 000$ mg/kg，小鼠为 5 000 mg/kg，对鱼类有剧毒。对蜜蜂致死量为24 mg/头。

3）作用特点。是一种选择性芽前土壤处理剂，当幼芽出土通过药土层时接触到药剂，单子叶杂草由胚芽鞘吸收，双子叶杂草由下胚轴吸收，另外子叶和幼根也能吸收。受害后杂草细胞停止分裂，根尖分生组织细胞变小，厚而扁，皮层薄壁组织中的细胞增大，细胞壁变厚。由于细胞中的液胞增大，使细胞丧失极性，产生畸形，呈现"鹅头"状根茎。

氟乐灵不能抑制休眠种子发芽，已出土杂草的茎和叶不能吸收药剂，所以对出土后的杂草无效。氟乐灵施入土壤后，挥发和光解是其分解的主要因素，施到土表后最初几小时的分解速度最快。高温和高湿会加快其分解速度。氟乐灵能有效地防除一年生禾本科杂草和部分小粒种子的阔叶杂草，持效期长，一般用药一次基本上能控制整个作物生育期的杂草。

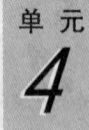

4）剂型。24%，48%乳油。

5）使用方法。氟乐灵是一种广谱的旱田除草剂，适用于棉花、大豆、蔬菜、花生、马铃薯、冬小麦、大麦、向日葵、胡萝卜、茄子、辣椒、卷心菜、花菜、芹菜和果园等。可防除稗草、大画眉、马唐、早熟禾、千金子、牛筋草、雀麦、看麦娘、狗尾草、野燕麦等禾本科杂草。也能防除一些小粒种子的藜、苋菜、马齿苋、蓼、萹蓄、蒺藜等双子叶杂草。

氟乐灵一般在作物播种前或出芽前使用，少数作物如番茄、马铃薯、甜菜、黄瓜、西瓜等，在移栽后或作物长大后使用。

施药方法采用喷雾或毒土法。施药后要立即混土，混土深度为1~5 cm，然后播种。施药量视杂草种类、土壤质地和有机质含量而不同。如果以禾本科杂草为主的田块，用药量可低一些，而阔叶杂草较多的混生田块可多一些。但如以阔叶杂草为主的田块不宜使用。土壤质地如果是黏土用高限，沙土则用低限。土壤有机质含量在2%以下时，每亩用48%乳油100~25 mL。如有机质含量超过8%时不宜使用。

①棉花田。地膜覆盖棉田每亩用48%乳油100~150 mL，兑水喷雾。可以先施药再播种，然后覆盖薄膜，也可以先播种，然后喷药再覆盖薄膜。新疆多数情况下为先施药

后播种。

②蔬菜田。一般在播种前或移栽前使用。每亩用48%乳油70~150 mL，兑水雾状喷施土表，然后混土，混土后隔天即能播种或移栽。

③大豆田。在大豆田粗平整后，每亩用48%乳油125~150 mL，兑水均匀喷雾土表，随即混土。北方春大豆种植区则在药后5~7天播种。

6) 使用注意事项

①氟乐灵易挥发、易光解。傍晚和夜晚施药后立即混土。

②对高粱、玉米等作物敏感，要注意防止药害。最好在播种前5~7天施药。

(2) 二甲戊乐灵（施田补）。中文通用名称为二甲戊乐灵（pendimethalin），商品名和其他名称为施田补、菜草通、田普、除草通。

1) 理化性质。纯品为橙黄色结晶体，易溶于氯代烃的芳香烃类溶剂中。对酸、碱稳定。无腐蚀性，在37℃下贮存12个月无损失。

2) 毒性。为低毒除草剂，原药对大白鼠急性经口LD_{50}为1 250 mg/kg，对皮肤和眼睛无刺激作用。对鱼类和水生生物高毒，对蜜蜂和鸟的毒性较低。

3) 作用特点。二甲戊乐灵是一种选择性除草剂，能用于多种旱田作物。防除一年生禾本科杂草和阔叶杂草，对多年生杂草效果差。其作用主要是抑制分生组织细胞分裂，不影响杂草种子萌发。持效期长达45~60天。使用方式灵活，可播前混土、播后芽前或作物移栽前施用等。也可以和多种除草剂混用，扩大杀草谱，提高杀草效果。对大多数作物具有很高的安全性。通过近年兵团棉田除草剂安全性测定试验，其对棉花的安全性好于氟乐灵、乙草胺等传统棉田除草剂。可用于棉花、玉米、大豆、蔬菜田防除马唐、狗尾草、稗草、早熟禾、藜、苋等杂草。

4) 剂型。33%乳油，45%微胶囊悬浮剂，20%悬浮剂。

5) 使用方法

①棉田。播前或播后苗前进行土壤封闭处理，每亩用33%乳油150~200 mL，兑水均匀喷雾。

②蔬菜田。韭菜、甘蓝、白菜等直播蔬菜田，播前或播后苗前进行土壤封闭处理，每亩用33%乳油120~180 mL兑水均匀喷雾，并对蔬菜地恶性杂草马齿苋有较好的防治效果。

③玉米。播前或播后苗前进行土壤封闭处理，每亩用33%乳油150~300 mL。

6) 使用注意事项

①对鱼有毒，应避免污染水源。

②防除单子叶杂草比双子叶杂草效果好，在双子叶杂草多的田，应与其他除草剂混用。

(3) 仲丁灵（草楚）。中文通用名称为仲丁灵，商品名和其他名称为草楚、地乐胺。

1) 理化性质。原粉为橙黄色结晶，易溶于四氯化碳、乙醇、异丙醇，易挥发，在阳光下易光解。

2) 毒性。仲丁灵为低毒除草剂。原药对大鼠急性经口 LD_{50} 为 2 835 mg/kg，对眼睛有轻度刺激作用，但对皮肤无刺激。

3) 作用特点。为选择性芽前水旱田除草剂，其作用原理与氟乐灵相似。药剂进入植物体后，主要抑制分生组织的细胞分裂，从而抑制杂草幼芽及幼根生长。主要用于大豆、棉花、水稻、玉米、向日葵、马铃薯、花生、甜菜、甘蔗、蔬菜等作物。可防除稗草、马唐、狗尾草等一年生单子叶杂草及小粒种子的野苋菜、马齿苋、藜等阔叶杂草。对大豆菟丝子也有较好的防治效果。通过近年兵团棉田除草剂安全性测定试验，其对棉花的安全性好于氟乐灵、乙草胺等传统棉田除草剂。

4) 剂型。48%乳油。

5) 使用方法

①棉花。播前进行土壤封闭处理，每亩用48%乳油200~250 mL，兑水均匀喷雾。

②西瓜、打瓜。播种前或移栽前土壤处理，每亩用48%乳油160~220 mL，兑水均匀喷雾。

③大豆、番茄、青椒、茄子、胡萝卜、芹菜、大白菜、黄瓜等。在播前或播后苗前或移栽前，每亩用48%乳油200~250 mL，兑水均匀喷雾土表，混土后再播种或移栽。在大豆始花期（或菟丝子转株危害时），用48%乳油100~150倍液喷雾菟丝子寄生的豆株。

6) 使用注意事项。防除菟丝子时，喷雾要均匀周到，使缠绕的菟丝子都能接触到药剂。

2. 酰胺类除草剂

酰胺类指分子中含有酰胺结构的除草剂，如甲草胺、乙草胺、丁草胺等。酰胺类除草剂的一部分品种为茎叶处理剂，如敌稗；更多的品种是土壤处理剂，如乙草胺、丁草胺。酰胺类除草剂是防治一年生禾本科杂草的特效产品，对阔叶杂草防效较差，是新疆最常用的除草剂品种。新疆常用品种有精异丙甲草胺（金都尔）、乙草胺、异丙草胺（都尔）等。

(1) 金都尔。中文通用名称为精异丙甲草胺（S-metolachlor），其他名称为金都尔。

1) 理化性质。96%金都尔乳油外观为淡棕色透明液体，乳化性能良好，常温贮存2年以上。

2) 毒性。金都尔属低毒农药。

3) 作用特点。金都尔属于酰胺类土壤封闭除草剂，具有安全性高，不影响作物根系正常生长发育，适用作物范围广，持效期适中，杀草谱广，对环境无不良影响的特点。杂草主要通过幼芽吸收，在发芽后出土前或刚出土时中毒死亡，具体表现为芽鞘紧包生长点，或胚根弯曲，无须根。对一年生禾本科杂草如稗草、狗尾草、马唐、牛筋草均有很好的防效，对部分小粒种子阔叶杂草和莎草（如灰藜、苋菜、蓼、三棱草）也有较好的防效。适用于棉花、甜菜、打瓜、加工番茄、玉米、油葵、马铃薯、辣椒、黄豆、移栽蔬菜等作物杂草的防除。

4）制剂。96%金都尔乳油（每升含有效成分960 g）。

5）使用方法

①棉花、甜菜、花生、油葵、玉米等作物。播种前每亩用药70～80 mL，兑水30～50 L，均匀喷雾，然后浅混土，覆膜播种。

②加工番茄、辣椒、打瓜。播种前每亩用药60～70 mL，兑水30～50 L，均匀喷雾，然后浅混土3～5 cm，覆膜播种。

③移栽蔬菜。移栽前两至三天每亩用药40～50 mL，兑水30～50 L，均匀喷雾，然后浅混土3～5 cm，移栽。

6）使用注意事项

①土壤条件。土壤疏松细碎，无残膜、残根，具有一定的表墒。

②多用水。土壤中墒度越大，越有利于发挥金都尔的药效。根据我区的实际情况，建议亩用水量不低于30 kg，水量越多，效果越好。

③浅混土。施药后浅混土3～4 cm。

采用滴水出苗栽培模式的农田慎用。

（2）乙草胺（禾耐斯）。中文通用名称为乙草胺，商品名和其他名称为禾耐斯、乙草胺。

1）理化性质。原药为液体，熔点大于0℃，沸点大于200℃，不易挥发和光解。不易溶于水，易溶于多种有机溶剂。20℃时很稳定。

2）毒性。对人畜低毒。大鼠急性口服LD_{50}为2 593 mg/kg，家兔急性经皮LD_{50}为3 667 mg/kg，对皮肤和眼睛有轻微刺激作用。

3）作用特点。是选择性芽前除草剂，能被杂草的幼芽和幼根吸收，抑制杂草的蛋白质合成，而使杂草死亡。对一年生禾本科和阔叶杂草有效，对马唐等禾本科杂草活性高，对反枝苋敏感，对藜、马齿苋、龙葵等双子叶杂草有一定防效，并抑制生长，活性比禾本科杂草低。对大豆菟丝子有良好防效。药效持效期2个月左右。适用于棉花、玉米、大豆、花生、蔬菜等作物田内防除稗草、狗尾草、马唐、牛筋草、稷、臂形草、藜、苋、马齿苋、菟丝子、刺黄、稔、黄香附了、紫香附子、双色高粱、春蓼等杂草。

4）剂型。50%、88%、90%乳油，20%可湿性粉剂。

5）使用方法

①棉田。棉花播前土壤封闭处理，每亩用90%禾耐斯乳油70～90 mL/亩或用50%乙草胺130～170 mL/亩，兑水20～30 kg均匀喷雾。施药后进行混土，深度2～3 cm，

混土后播种。

②大豆田。在播种前，每亩用90%禾耐斯乳油60～80 mL/亩或50%乙草胺乳油100～176 mL/亩，均匀喷雾土表。施药后进行混土，深度2～3 cm，混土后播种。

③玉米、花生田。于播前或播后苗前，用90%禾耐斯乳油60～80 mL/亩或50%乙草胺乳油100～140 mL/亩，均匀喷雾土表。施药后进行混土，深度2～3 cm，混土后播种。

3. 苯氧羧酸类除草剂

苯氧羧酸类除草剂是出现最早的一类人工合成除草剂，早在20世纪40年代就发现了2,4-D的强大生理活性，随即开发成功了第一个内吸性除草剂及其钠盐，后来又陆续开发成功了2,4-D丁酯、2甲4氯等一系列衍生物，成为一大类除草剂。因为都是以苯氧基羧酸为基本分子骨架，所以统称为苯氧羧酸类除草剂。其他如禾草灵、喹禾灵等也是从苯氧羧酸基本骨架衍生而得到的新品种，其中部分代表品种主要有：2,4-D丁酯、2甲4氯钠盐、精噁唑禾草灵（骠马）、精喹禾灵（精禾草克）、高效盖草能等。

(1) 2,4-D丁酯。中文通用名称为2、4-D丁酯（2、4-D butylate），商品名和其他名称为2,4-D丁酯。

1）理化性质。纯品为无色油状液体，原药为褐色液体，有酚臭。难溶于水，易溶于多种有机溶剂，挥发性强，遇碱分解。

2）毒性。为低毒除草剂，大鼠急性口服LD_{50}为500～150 mg/kg，无慢性毒性问题。对鱼低毒。

3）作用特点。2,4-D丁酯为激素型选择性除草剂。具有较强的内吸传导性，药效高，在很低浓度下（<0.01%）时即能抑制植物正常生长发育，出现畸形，直至死亡。主要用于苗后茎叶处理，展着性好，渗透性强，易进入植物体内，不易被雨水冲刷，对双子叶杂草敏感，对禾谷类作物安全。主要用于小麦、大麦、青稞、玉米、谷子、高粱等禾本科作物田，防除播娘蒿、藜、蓼、荠菜、离子草、繁缕、反枝苋、问荆、苦荬菜、刺儿菜、苍耳、田旋花、马齿苋等阔叶杂草，对禾本科杂草无效。施用时要严格掌握施用时期和用药量，否则易发生药害。

4）剂型。72%、76%乳油。

5）使用方法

①小麦、大麦田。在大、小麦分蘖末期，阔叶草3～5叶期，每亩用72%的2,4-D丁酯乳油50～100 mL，对水30～40 kg稀释喷雾。

②春小麦、大麦、青稞田。使用时期为作物4～5叶至分蘖盛期，用药量同冬小麦。

③玉米、高粱。播种后3～5天，在出苗前每亩用72%的2,4-D丁酯乳油50～100 mL，兑水35 kg左右均匀喷施土表和已出土杂草。或玉米、高粱出苗后4～5叶期，

每亩用72%的2,4-D丁酯乳油40~65 mL,兑水35 kg左右,对杂草茎叶喷雾。

④谷子。谷苗4~6叶期,每亩用72%的2,4-D丁酯乳油30~50 mL,兑水15~20 kg,对杂草茎叶喷雾。

⑤牧场。每亩用72%的2,4-D丁酯乳油150~200 mL,兑水25~50 kg喷雾。

6) 使用注意事项

①2,4-D丁酯对棉花、大豆、油菜、向日葵、瓜类等双子叶作物十分敏感。喷雾时一定在无风或微风天气进行,切勿喷到或飘移到敏感作物中去,以免发生药害,不能在套作敏感作物田中使用2,4-D丁酯。

②严格掌握施药时期和使用量,麦类和水稻在4叶期前及拔节后对2,4-D丁酯敏感,不宜使用。

③喷雾器最好专用。以免喷其他农药出现药害。如不能专用,喷过2,4-D丁酯敏感,不宜使用。

④2,4-D丁酯不能与酸碱接触,以免分解失效。

(2) 2甲4氯钠。中文通用名称为2甲4氯钠(MCPA-Na),商品名和其他名称为2甲4氯、2甲4氯钠。

1) 理化性质。2甲4氯苯氧乙酸纯品为无色、无气味结晶体,熔点120℃。粗品纯度在85%~95%,熔点100~115℃,微溶于水(25℃溶解度30.15%),易溶于乙醇、丙酮等,能与各种碱类生成相应的盐,一般制成钠盐2甲4氯钠原粉为红褐色粉末,有酚的刺激气味。易溶于水,干燥的粉末极易吸潮结块,但不变质。

2) 毒性。对人畜低毒。大鼠急性经口服LD_{50}雄性612 mg/kg,雌性为962 mg/kg,家兔经皮LD_{50}>对皮肤有刺激作用,对鱼安全。鲤鱼TLM为40 mg/L。

3) 作用特点。为激素类型选择性除草剂。作用方式和选择性与2,4-D丁酯同,但挥发性、作用速度较2,4-D丁酯乳油低且慢,较2,4-D安全。禾本科植物幼苗期很敏感,3~4叶期后抗性逐渐增强,分蘖末期最强,到幼穗分化期敏感性又上升。可被植物根茎叶吸收并传导,对禾本科作物安全,对阔叶作物敏感,可有效地防除阔叶杂草和莎草科杂草。对禾本科杂草无效。适用于水稻、麦类、玉米等禾本科作物田防除莎草、鸭舌草、水苋菜、野慈姑、扁秆鹿草、蓼、猪殃殃、毛茛、荠菜、蒲公英、乌蔹莓、刺儿菜等阔叶杂草和莎草科杂草。

4) 剂型。70%、56%水溶原粉,20%水剂。

5) 使用方法

①小麦、玉米。小麦分蘖末期至拔节前,每亩用20% 2甲4氯钠水剂250~300 mL,兑水25~35 kg喷雾。玉米播后苗前,每亩用20% 2甲4氯钠水剂100 mL,兑水进行土表喷雾。

②移栽稻田。一般在水稻分蘖末期,每亩用20% 2甲4氯钠水剂200~300 mL,兑

水 30 kg 喷雾，施药前一天晚排干水层，施药后隔天灌水。20% 2 甲 4 氯钠水剂 100 mL 与 25% 苯达松水剂 100 mL，或 20% 2 甲 4 氯钠水剂 150～175 mL 加 20% 敌稗乳油 150～175 mL，兑水 35 kg 喷雾，施药时田间排干水层，施药后隔天灌水可有效防除 5 叶期以前扁秆麂草和 3 叶期稗草。

③直播稻田。在稻苗 2～3 叶期用 20% 2 甲 4 氯钠 50～75 mL、20% 敌稗乳油 400～650 mL、50% 除草醚乳粉 25～50 g 混合，兑水 35 kg 喷雾，可有效防除扁秆麂草和稗草。

6）使用注意事项。2 甲 4 氯钠对棉花、大豆、瓜类、果林等阔叶作物很敏感，使用时尽量避开敏感作物地块，应在无风天气施药。以免产生药害。

用过 2 甲 4 氯钠的喷雾器，应同用过 2，4—D 丁酯一样彻底清洗。否则易产生药害。

(3) 精噁唑禾草灵。中文通用名称为精噁唑禾草灵（fenoxaprop-p-ethyl），商品名称为骠马、大骠马、威霸。

1）理化性质。原药外观为米色至棕色无定形固体，有效成分含量 88%（重量/容量），略带芳气味。难溶于水，易溶于丙酮、环己烷、乙醇、正辛醇等有机溶剂。6.9% 骠马水乳剂外观为白色至米黄色黏稠液体，常温贮存有效期为 2 年。

2）毒性。骠马属低毒除草剂。对兔眼睛及皮肤无刺激作用，无致突变、致癌作用。对鸟类低毒。对水生生物中等毒性。

3）作用特点。骠马有效成分中除去了非活性部分（S 体）的精制品（R 体），精噁唑禾草灵属选择性、内吸传导型苗后茎叶处理剂。有效成分被茎叶吸收后传导到叶基、节间分生组织、根生长点，迅速转变成苯氧基的游离酸，抑制脂肪酸生物合成，损坏杂草生长点、分生组织，作用迅速，施药后 2～3 天内停止生长，5～7 天心叶先绿变紫色，分生组织变褐，然后分蘖基部坏死，叶片变紫逐渐枯死。在耐药作物中分解成无活性的代谢物而解毒。

骠马有效成分除去了非活性部分（S 体）的精制品（R 体），并加入安全剂 Hoe070542 的制剂。适用于小麦田、黑麦田防除禾本科杂草，对双子叶杂草及禾本科的节节麦无效。

威霸未加安全剂适用于阔叶作物大豆、花生、油菜、棉花及水稻等防除禾本科杂草。

4）制剂。6.9% 骠马水乳剂，10% 骠马乳油，6.9% 威霸水乳剂。

5）使用方法

①骠马 6.9 水乳剂

冬小麦：防除看麦娘等一年生禾本科杂草，于看麦娘 3 叶期至分蘖期，每亩用 6.9 骠马水乳剂 45～55 mL，加水 20～40 kg，茎叶喷雾处理一次。

春小麦：防除野燕麦为主的禾本科杂草，于春小麦3叶期至拔节前，每亩用骠马6.9%水乳剂40～60 mL作茎叶喷雾处理。

混用：骠马可与多种防除阔叶杂草的除草剂混用，如使阔得、巨星、2,4-D丁酯、异丙隆等。不能与排草丹（灭草松）、百草敌、激素类盐制剂（如2甲4氯钠盐）等混用。

冬小麦田防除看麦娘及阔叶杂草，每亩用6.9%骠马水乳剂45～55 mL加6.25%使阔得水分散性粒剂10～15 g；6.9%骠马水乳剂45～55 mL加75%异丙隆80～100 g（冬前）或100～150 g（春季）；6.9%骠马水乳剂每亩用45～55 mL加75%巨星1～1.7 g。

春小麦防除野燕麦及阔叶杂草，每亩用6.9%骠马水乳剂50～70 mL加22.5%伴地农乳油133 mL（有效成分30 g）；6.9%骠马水乳剂每亩用50～70 mL加72% 2,4-D丁酯50 mL；6.9%骠马水乳剂每亩用50～70 mL加75%宝收或巨星1～1.2 g或75%巨星0.5～0.6 g；6.9%骠马水乳剂每亩用50～70 mL加50%好事达水分散粒剂3.5～4 g。

骠马对下茬作物安全，但不能用于大麦、燕麦、玉米、高粱等作物，以免产生药害。

②大骠马6.9%水乳剂。是迄今为止唯一在大麦上获得登记的除草剂，能有效防除大麦田的一年生禾本科杂草，如看麦娘、野燕麦、稗草、狗尾草、棒头草、硬草、蔺草等，同时对大麦安全。

春大麦区：在禾本科杂草3～5叶期间，用大骠马6.9%水乳剂60～70 mL/亩（禾本科杂草3～5叶期）兑水均匀喷雾。作为挽救措施，最迟可在禾本科杂草6叶期至拔节初期施用，但使用剂量需要增加。

③威霸6.9%水乳剂

大豆田：在大豆芽后达2～3复叶，禾本科杂草2叶期至分蘖期，每亩用6.9%威霸水乳剂50～70 mL，加水均匀喷雾茎叶处理，防除一年生禾本科杂草药效显著，对大豆安全。

油菜田：油菜3～6叶期，一年生禾本科杂草3～5叶期，春油菜每亩250～60 mL，兑水均匀喷雾。

花生田：在花生2～3叶期，禾本科杂草3～5叶期，每亩用6.9%威霸浓乳剂45～60 mL，兑水茎叶喷雾处理防除马唐、稗草、牛筋草、狗尾草等一年生禾本科杂草。

6）使用注意事项

①干旱、低温不利于药效的发挥。若干旱或遇寒潮低温，应推迟到条件改善后施药，霜冻期勿用，一般施药后3 h便能抗雨淋。

②骠马、大骠马、威霸虽然含有相同的有效成分，但不能相互替代使用。

③骠马施药时期长，从小麦3叶至拔节前均可使用，但仍以早施为佳，杂草3～5叶期处理最佳，冬小麦田冬前施药比冬后施用药效及安全性好。

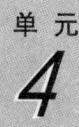

单元 4

④在单双子叶杂草混生地,精噁唑禾草灵可与异丙隆、溴苯腈等除草剂混用。与苯达松、麦草畏、2,4-D类盐制剂混用会降低精噁唑禾草灵对看麦娘、野燕麦等禾本科杂草的防效,不会降低双子叶杂草防效,因此不宜混用,可采取间隔期7~10天先后使用。

(4) 高效吡氟氯草灵(高效盖草能)。中文通用名称为高效吡氟氯草灵(haloxyfop-R-methyl),商品名和其他名称为高效盖草能、高锄、高效氟吡甲禾灵。

1) 理化性质。原药为棕色黏稠液体,微溶于水,溶于大多数有机溶剂。盖草能是乙氧乙酯,高效盖草能为甲酯右旋体。两种酯在动、植物体内及土壤、水中皆迅速分解为同一吡氟乙草灵酸和不同的醇,两种化合物的生物活性成分皆为吡氟氯草灵酸。

2) 毒性。按我国农药毒性分级标准,高效盖草能为低毒除草剂。原药大鼠急性经口 LD_{50} 为 623 mg/kg,对眼睛有轻到中度刺激,对兔皮肤有轻度刺激。无皮肤致敏作用。未见致突变和致癌作用,对鸟类低毒。

3) 作用特点。高效盖草能是一种苗后选择性除草剂,茎叶处理后能很快被禾本科杂草的叶子吸收,传导致整个植株,抑制植物分生组织而杀死禾草。喷洒落入土壤中的药剂易被根部吸收,也能起杀草作用。活性高于盖草能,药效稳定,受低温、雨水等不利环境条件影响少。施药后1h降雨对药效影响很小。对苗后到分蘖、抽穗初期的一年生和多年生禾本科杂草有很好的防除效果,对阔叶草和莎草无效。对阔叶作物安全。广泛用于大豆、花生、棉花、油菜、亚麻、马铃薯、向日葵、西瓜、甘薯等阔叶作物和多种阔叶蔬菜,果园、花卉防除看麦娘、牛筋草、马唐、稗草、狗尾草、臂形草、千金子等一年生禾本科杂草和狗牙根、白茅、荻等多年生杂草。

4) 剂型。10.8%乳油。

5) 使用方法

油菜田:于油菜苗后杂草3~5叶期用药。每亩用10.8%高效盖草能乳油20~30 mL,加水进行茎叶喷雾。可有效防除看麦娘、稗草等禾本科杂草。

大豆、花生、棉花:杂草3~5叶期用药,每亩用10.8%高效盖草能乳油商品量30~45 mL(有效成分3~3.5 g),加水进行茎叶喷雾处理,可有效防除稗草、狗尾草等禾本科杂草。

新疆地区棉田防除芦苇:于6月初芦苇2~3叶期施药,亩用75~90 mL对芦苇也有较好防除效果,防除效果好于精禾草克。

6) 使用注意事项

①收获前60天停止用药,下雨前1h内不要喷药。

②无风天喷药,避免药物飘移到玉米、小麦和水稻等禾本科作物上,以防产生药害。

(5) 精喹禾灵(精禾草克)。中文通用名称为精喹禾灵(quizalofop-p-ethyl),商品名和其他名称为精禾草克、闲锄、盖冒。

1）理化性质。纯品为浅灰色晶体，熔点76～77℃，不易溶于水中，易溶于丙酮、乙醇、己烷、二甲苯中等有机溶剂。自然条件下不稳定。

2）毒性。按我国农药毒性分级标准，喹禾灵属低毒除草剂。原药急性经口 LD_{50} 雄大鼠 1 210 mg/kg，雌大鼠 1 182 mg/kg，对眼睛和皮肤无刺激性，在试验剂量内，对试验动物无致突变、致畸和致癌作用。

3）作用特点。精禾草克是在合成禾草克的过程中去除了非活性的光学异构体（L—体）后的改良制品。其作用机制和杀草谱与禾草克相似，通过杂草茎叶吸收，在植物体内向上和向下双向传导，积累在顶端及居间分生组织。抑制细胞脂肪酸合成，使杂草坏死。是一种高度选择性的新型旱田茎叶处理剂，在禾本科杂草和双子叶作物间有高度的选择性，对阔叶作物田的禾本科杂草有很好的防效。精禾草克与禾草克相比，提高了被植物吸收性和在植株内的移动性，所以作用速度更快，药效更加稳定，不易受雨水、气温及湿度等环境条件的影响，药效提高了近一倍，亩用量减少，对环境更加安全。精禾草克在土壤中降解半衰期在一天之内，降解速度快，主要以微生物降解为主。适用于大豆、棉花、油菜、花生、甜菜、亚麻、番茄、甘蓝、苹果、葡萄及多种阔叶蔬菜作物地防治单子叶杂草，如稗草、牛筋草、马唐、狗尾草、看麦娘、画眉草、早熟禾等，对狗牙根、白茅、芦苇等多年生禾本科杂草也有效。

4）使用方法

①大豆田：在大多数一年生禾本科杂草达3叶期到分蘖期之间，每亩用5%乳油50～100 g（有效成分2.5～5 g），加水30 L进行茎叶喷雾处理。

②棉田：在禾本科杂草3～6叶期，每亩用5%乳油50～80 g（有效成分2.5～4 g），加水进行茎叶喷雾处理。

精禾草克在其他作物如花生、油菜、甜菜、马铃薯、胡萝卜、甘蓝等作物上使用，其使用方法和剂量参考大豆、棉花的使用方法。精禾草克与苯达松、杂草焚、豆磺隆等其他除阔叶草的药剂混用时，应注意这一类混用可能产生拮抗作用，降低精禾草克对禾本科杂草的防效，并可能加重对作物的药害。

5）使用注意事项

①操作时，需戴口罩和橡皮手套。操作后，用肥皂将脸、手、脚等洗净，并用清水漱口。

②本品需密封存放在阴暗处。

③叶面施药后，杂草植株发黄，2天内停止生长，药后5～7天，嫩叶和节上初生组织变枯，14天内植株枯死。

（6）炔草酸（麦极）。中文通用名称为炔草酸（Clodinafop-propargyl），商品名称为麦极（Topik）。

1）作用特点。麦极属于芳氧基苯氧羧酸类除草剂，麦极通过茎、叶被杂草吸收后，

经韧皮部和木质部向上、下传导至叶基、节、节间以及根的分生组织,48 h内杂草停止生长,1至3周出现中毒症状,早期杂草外表中毒症状不明显,但茎秆和心叶很容易被拔出,生长点开始腐烂,继而全株死亡。对小麦安全性好、见效快,适用期宽,对各种禾本科杂草表现稳定。适用于小麦田野燕麦、稗草、狗尾草、硬草、看麦娘等禾本科杂草的防除。

2)制剂。15%可湿性粉剂(每kg含有效成分150 g)。

3)使用技术。禾本科杂草2叶期到分蘖末期均可使用。禾本科杂草处于2~4叶期,刚出齐苗时效果最佳。一般情况下每亩施用20~25 g炔草酸,兑水15~30 L,茎叶处理均匀喷雾,在气候温暖湿润的条件下施药效果更佳。

4)使用注意事项

①炔草酸不能用于大麦田。

②土壤干旱或草龄较大时,适当提高用量,但亩用量以不超过40 g为宜。

③药后2 h后降雨不影响药效,不需补喷,施药前后一天不要大水漫灌麦田。

④药后遇到干旱或低温情况时,杂草死亡速度变慢,但不会影响最终药效。

4. 氨基甲酸酯类除草剂

氨基甲酸酯类除草剂是以氨基甲酸酯为分子骨架的一大类除草剂,代表品种如野麦畏、禾草敌等。大多数品种通过根部吸收,并迅速向茎叶传导,使用方法为播前土壤处理防除一年生禾本科杂草及某些阔叶杂草。主要品种有环草特(乐利)、甜菜宁、野麦畏、禾大壮等。

(1)环草特(乐利)。中文通用名称为环草特(cycloate),商品名和其他名称为乐利、环草特、草灭特、环草灭。

1)理化性质。含量95%以上的原药为清亮液体,具芳香味。可溶于丙酮、苯、异丙醇、甲醇、二甲苯等。常规条件下贮存稳定,无腐蚀性,易挥发和光解。

2)毒性。为低毒除草剂。原药对大鼠急性经口LD_{50}为2 000~3 190 mg/kg,兔急性经皮$LD_{50}>4 640$ mg/kg。对眼睛和皮肤无刺激性。

3)作用特点。为选择性芽前土壤处理剂,杂草通过幼芽吸收药剂,抑制蛋白质合成,干扰核酸代谢和抑制淀粉酶的合成,破坏杂草的幼芽发育而使杂草死亡。对刚萌动的杂草效果最好。持效期长达2~3个月。适用于甜菜、菠菜等防除一年生禾本科杂草和莎草科及某些阔叶杂草,如旱稗、早熟禾、马唐、野燕麦、狗尾草、油莎草、莎草、香附子、藜、苋、马齿苋、野芝麻、龙葵等。

4)剂型。10%、74%乳油。

5)使用方法

①甜菜。在播种前或移植前,杂草出土前,每亩用74%乳油160~300 mL,兑水喷雾土表,随即混土5~10 cm,然后播种覆膜或移栽。

②油菜。用于直播油菜田,每亩用74%乳油250～350 mL,兑水均匀喷雾土表,随即混土5～10 cm,混土后播种。

6) 使用注意事项。本剂由于挥发性强,易光解,所以在施药后20 min内应混土,否则会影响药效。

(2) 甜菜宁。中文通用名称为甜菜宁(phenmedipham),商品名和其他名称为凯米丰、甜菜宁、苯敌草、Betanal。

1) 理化性质。纯品为无色晶体。室温下在水中的溶解度为4.7 mg/L,丙酮中为200 g/kg,甲醇中为50 g/kg,苯中为2.5 g/kg。

2) 毒性。为低毒除草剂。原药对大鼠急性经口 LD_{50} 为12 800 mg/kg。经皮 LD_{50} > 4 000 mg/kg。对眼睛和皮肤有轻微刺激作用。

3) 作用特点。为选择性苗后茎叶处理剂,杂草通过茎叶吸收,破坏杂草的光合同化作用。对甜菜田许多阔叶杂草有良好的防除效果,对甜菜高度安全。本剂适用于甜菜、草莓等防除多种阔叶杂草,如藜属、豚草属、牛舌草、野芝麻、野萝卜、荞麦蔓等,但对蓼、苋等双子叶杂草防治效果较差。

4) 剂型。16%乳油。

5) 使用方法。在杂草2～4叶期,亩用16%凯米丰乳油330～400 mL。如果分次用药,则每亩用200 mL,隔7～10天喷药一次,共2～3次即可。高温高湿有利于杂草的吸收。

6) 使用注意事项

①对禾本科杂草和未萌发的杂草无效。

②可与大多数杀虫剂混用,但需随混随用。

(3) 野麦畏。中文通用名为野麦畏(triallate),商品名和其他名称为燕麦畏、阿畏达、三氯烯丹。

1) 理化性质。原药为琥珀色油状液体,有微蒜臭味,25℃时水中溶解度为4 mg/kg,可溶于乙醇、乙醚、丙酮、苯、甲苯、二甲苯等有机溶剂。易挥发、不易燃、无腐蚀性。

2) 毒性。为低毒除草剂,大鼠急性经口 LD_{50} 为1 675～2 165 mg/kg。对皮肤有中等刺激。对鸟类毒性低。

3) 作用特点。为选择性土壤处理剂。杂草由芽鞘或第一片子叶吸收药剂,影响细胞的蛋白质合成和有丝分裂,抑制细胞伸长,使杂草不能出土而死亡。可用于小麦、大麦、青稞、油菜、豌豆、亚麻、甜菜和大豆等作物防除野燕麦。

4) 剂型。40%乳油、10%颗粒剂。

5) 使用方法(大麦、小麦和青稞田)

①播前处理:播种前亩用40%乳油150～200 mL,兑水喷雾或制成毒土撒施,然后

农作物植保员（高级）

混土，深度 5～10 cm，再播种。播种深度为 3～4 cm，不要播种在药层以下，这种处理一般适宜气候干旱的地区。

②播后苗前处理：播种后至出苗前，每亩用 40％乳油 150～200 mL，兑水喷雾或制毒土撒施，随后混土，混土以不露出种子为宜，这种处理适宜于多雨水、土壤潮湿以及冬小麦区使用。

③苗期处理：在小麦 3 叶期、野燕麦 2～3 叶期，每亩用 40％乳油 200 mL，结合追施尿素或细潮土或沙充分混合，均匀撒施，随施药随灌水。这种处理适宜于有灌溉条件的地区。

6）使用注意事项

①产品挥发性强，应在施药后及时混土。

②施药于土表后未经混土，不能将种子直接撒在药层上。

5. 磺酰脲类除草剂

分子中具有磺酰脲结构的一类除草剂，是 20 世纪 70 年代开始研究开发的"超高效"除草剂，目前仍是除草剂开发最活跃的领域，其中有许多"超高效"类型的除草剂品种，每公顷仅需施药 1～2 g。现已有 10 多个品种，如甲磺隆、氯磺隆、苄嘧磺隆等，此类除草剂的通用名称均以磺隆作为后缀。

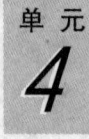

这类除草剂通过植物的根和叶吸收，药效缓慢，主要通过抑制乙酰乳酸合成酶的活性来抑制植物生长。不同植物对磺酰脲类除草剂的敏感性差异很大，更由于磺酰脲类除草剂的长残效性，经常对下茬作物出现药害。因此，在使用时必须注意对后茬作物的安全性。磺酰脲类除草剂多为固体结晶，可加工成可湿性粉剂、悬浮剂、水分散粒剂等。广泛应用于小麦、玉米等作物除草。

(1) 苯磺隆（巨星）。通用名称为苯磺隆（tribenuron-methyl），商品名称为巨星（Express）。

1）理化性质。原药为白色固体粉末，有效成分含量大于 85％或 95％，微溶于水，难溶于有机溶剂，常温贮存稳定性 2 年以上。制剂为近白色粉末，密度 0.645 g/mL，pH 值为 5，不易燃，不易爆；贮存比较稳定。

2）毒性。据中国农药毒性分级标准，巨星属低毒除草剂。原药大鼠急性经口 LD_{50} 大于 5 000 mg/kg，对兔皮肤无刺激作用，对眼睛有轻度刺激，无致突变和致癌作用。对鸟、鱼低毒。

3）作用特点。巨星是磺酰脲类内吸传导型芽后选择性除草剂。能被杂草茎叶、根吸收，并在体内传导，通过阻碍乙酰乳酸合成酶，使缬氨酸、异亮氨酸的生物合成受抑制，阻止细胞分裂，致使杂草死亡。双子叶杂草繁缕、荠菜、麦瓶草、麦家公、离子草、猪殃殃、碎米荠、雀舌草、卷茎蓼等对苯磺隆敏感，泽漆、婆婆纳等中度敏感。用药初期，杂草虽然保持青绿，但生长已受到严重抑制，不再对作物构成危害。施药后

10~14 天观察到杂草受到严重抑制作用，逐渐心叶褪绿坏死，叶片褪绿，冬小麦一般在用药后 30 天杂草逐渐整株枯死，未死植株生长受抑制，作用比较缓慢。对田旋花、鸭跖草、铁苋菜、萹蓄、刺儿菜等防效差，随剂量升高抑制作用增强。苯磺隆在禾谷类作物春、冬小麦、大麦、燕麦体内迅速代谢为无活性物质，有很好的耐药性。在土壤中持效期 30~45 天，轮作下茬作物不受影响。

4) 制剂。75%巨星干悬浮剂。

5) 使用技术

①小麦、大麦：2 叶期至拔节期均可使用，以一年生阔叶杂草 2~4 叶期、多年生阔叶杂草 6 叶期以前药效最好。每亩用 75%巨星 0.9~1.4 g 均匀喷雾使用，喷液量每亩人工背负式喷雾器 20~30 L，拖拉机 7~10 L，飞机 1.5~3 L。

②混用：75%巨星每亩 0.9~1.4 g 加 6.9%骠马 50~70 mL 或 10%骠马 40~50 mL；75%巨星每亩 0.9~1.4 g 加 64%野燕枯 120~150 g。

6) 使用注意事项

①勿用超低容量喷雾。

②施药后药械要彻底清洗干净。

③避免药剂接触眼睛和皮肤。

④巨星对后茬作物安全，不易挥发，但施药时应注意风向，避免造成敏感作物飘移药害。勿在间作敏感作物的麦田使用，或邻作敏感作物的麦田使用。

(2) 烟嘧磺隆（玉农乐）。中文通用名称为烟嘧磺隆（nicosulfuron），商品名称为玉农乐（Accent）。

1) 理化性质。原药为白色固体，微溶于水，易溶于丙酮、乙腈、氯仿、二甲基甲酰胺、二氯甲烷中，乙醇、甲苯等有机溶剂。制剂外观为淡黄色黏稠悬浊液体，原包装常温贮存 2 年以上，有效成分无变化。

2) 毒性。据中国农药毒性分级标准，玉农乐属低毒除草剂。原药大鼠急性经口 LD_{50} 大于 5 000 mg/kg，对兔的皮肤和眼睛无刺激性，对皮肤无致敏作用。无致突变、致畸和致癌作用。

3) 作用特点。烟嘧磺隆（玉农乐）是内吸传导型除草剂，可被植物的茎叶和根部吸收并迅速传导，通过抑制植物体内乙酰乳酸合成酶的活性，阻止支链氨基酸缬氨酸、亮氨酸与异亮氨酸合成进而阻止细胞分裂，使敏感植物停止生长。杂草受害症状为心叶变黄、失绿、白化，然后其他叶由上到下依次变黄。一般在施药后 3~4 天可以看到杂草受害症状，一年生杂草 1~3 周死亡，6 叶以下多年生阔叶杂草受抑制，停止生长，失去同玉米的竞争能力。高剂量也可使多年生杂草死亡。适用于玉米田稗草、狗尾草、金狗尾草、黍、蓼、反枝苋、龙葵、香薷、荠菜、苍耳、苘麻、问荆、刺儿菜、大蓟、苣荬菜等一年生杂草和多年生阔叶杂草。对芦苇等恶性杂草有较好的药效。

4) 制剂。4%玉农乐悬浮剂（每升含有效成分40 g）。

5) 使用方法

①玉米苗3~5叶期，一年生杂草2~4叶期，多年生杂草6叶期以前，大多数杂草出齐时施药，除草效果最好，每亩用4%玉农乐100 mL（有效成分4 g）。

②混用：4%玉农乐每亩加72% 2,4-D丁酯20 mL，或加38%阿特拉津83 mL。

在土壤水分、空气温度适宜时，有利于杂草对玉农乐的吸收传导。长期干旱、低温和空气相对湿度低于65%时不宜施药。一般应选早晚气温低、风小时施药；干旱时施药最好加大表面活性剂。长期干旱如近期有雨，待雨过后田间湿度改善，再施药或有灌水条件的灌后再施药，虽然施药时间拖后，但除草效果会比雨前施药好。

6) 使用注意事项

①不同玉米品种对玉农乐的敏感性有差异，其安全性顺序为马齿型＞硬质玉米＞爆裂玉米＞甜玉米。甜玉米或爆裂玉米对该剂敏感，勿用。一般玉米2叶期前及10叶期以后，对该药敏感。

②对后茬小白菜、甜菜、菠菜等有药害。在粮菜间作或轮作地区，应做好对后茬蔬菜的药害试验。

③用过有机磷类农药的玉米对该药敏感。两药剂的使用间隔期为7天左右。

④施药6 h后下雨，对药效无明显影响，不必重喷。

⑤玉米最高每亩使用剂量为4 g（有效成分），最多应用次数1次，安全间隔期30天。

⑥避免阳光直射。放置在低温、干燥的地方密封保管。

6. 取代脲类除草剂

取代脲类除草剂是20世纪50年代开发成功的一类重要的除草剂，是以脲为基本骨架而合成的一系列化合物，所以统称为脲类除草剂，中文命名中多采用"隆"作为此类除草剂产品通用名的后缀，如绿麦隆、利谷隆等。此类除草剂品种很多，大部分做土壤处理剂用，少数品种也可用作芽前芽后兼用性除草剂。

下面介绍绿麦隆。

绿麦隆的中文通用名称为绿麦隆，商品名和其他名称为绿麦隆、Dicuran、c2242。

(1) 理化性质。纯品为白色针状结晶。水中溶解度为70 ppm。在丙酮、苯和二氯甲烷中溶解度分别为5%、2.4%和4.3%。常温贮存下稳定，遇酸碱在高温下能被分解。

(2) 毒性。为低毒除草剂。原药对大鼠急性经口LD_{50}为1 626~2 056 mg/kg，急性经皮LD_{50}＞2 000 mg/kg。对蜜蜂无毒，对鸟类低毒。

(3) 作用特点。为选择性内吸传导型除草剂，杂草通过根部吸收并兼有叶面触杀作用，破坏杂草光合作用。对杂草种子萌发没有影响，只有当杂草种子萌发出土后，种子贮藏的养分消耗时才死亡，一般施药后10天才开始见效。本剂在土壤中的持效期为70

天以上。

(4) 剂型。25%、50%、80%可湿性粉剂。

(5) 使用方法。麦田播种后出苗前，每亩用25%可湿性粉剂250～300 g或25%绿麦隆可湿性粉剂150 g加50%杀草丹乳油150 mL，兑水均匀喷布土表。

7. 其他类除草剂

(1) 草甘膦。草甘膦的中文通用名为草甘膦（glyphosate），商品名和其他名称为农达。

1) 理化性质。纯品为非挥发性白色固体，密度为0.5，大约在230℃左右熔化，并伴随分解。25℃时在水中的溶解度为1.2%，不溶于一般有机溶剂，其异丙胺盐完全溶解于水。不可燃、不爆炸，常温贮存稳定。对中碳钢、镀锌铁皮（马口铁）有腐蚀作用。

2) 毒性。草甘膦异丙胺盐属低毒除草剂，原粉大鼠急性经口LD_{50}为4 300 mg/kg，对兔眼睛和皮肤有轻度刺激作用，未见致畸、致突变、致癌作用。对鱼和水生生物毒性较低；对蜜蜂和鸟类无毒害；对天敌及有益生物较安全。

3) 作用原理和特点。草甘膦异丙胺盐为内吸传导型广谱灭生性除草剂。主要抑制物体内烯醇丙酮基莽草素磷酸合成酶，从而抑制莽草素向苯丙氨酸、酪氨酸及色氨酸的转化，使蛋白质的合成受到干扰导致植物死亡。草甘膦异丙胺盐是通过茎叶吸收后传导到植物各部位的，可防除单子叶和双子叶、一年生和多年生、草本和灌木等40多科的植物。入土后很快与铁、铝等金属离子结合而失去活性，对土壤中潜藏的种子和土壤微生物无不良影响。是一种高效、低毒、对土壤无残留的广谱性内吸灭生性除草剂。

4) 剂型。主要剂型有：10%草甘膦铵盐水剂，41%草甘膦异丙胺盐水剂，62%草甘膦异丙胺盐水剂，30%草甘膦可溶性粉剂。

5) 使用技术。防除苹果园、桃园、葡萄园、梨园、桑园和农田休闲地一年生杂草，每亩用41%草甘膦水剂150～200 mL定向茎叶喷雾。

棉田、玉米等大田作物防除一年生杂草，播前2～3天防除已出土杂草时可直接喷雾。作物高度达50 cm以上时，定向喷雾防除行间杂草，注意别喷到作物上。

防除芦苇、甘草、等多年生杂草，亩用41%草甘膦异丙胺盐水剂300～400 mL。或原液加机油滴心防除芦苇、三棱草等恶性杂草。

新疆一些地区用41%草甘膦稀释10倍液定向喷雾防治三棱草效果较好。

6) 使用注意事项

①稀释时一定要用清水，勿用浊水以免降低药效。一般杂草用药后7～10天开始死亡。

②草甘膦为灭生性除草剂，施药时应防止药液飘移到邻近作物上，以免造成药害。

③喷药后3天内请勿割草、放牧和翻地。施后4 h内遇大雨药效会降低。

④草甘膦异丙胺盐具有酸性，贮存与使用时应尽量用塑料容器。

⑤使用时，加入适量表面活性剂（如有机硅助剂），可增强除草效果，降低用药量。

(2) 百草枯（克无踪）。百草枯的中文通用名称为百草枯（Paraquat），商品名称为克无踪（gramoxone）、百草枯。

1) 理化性质。原药为白色晶体，含量大于97%，300℃以上分解，极易溶于水，微溶于低分子量的醇类，不溶于烃类溶剂。其二氯化物、二硫酸甲酯盐具有相同性质，在酸性及中性溶液中稳定，在碱性中水解，原药对金属有腐蚀性。

2) 毒性。百草枯属中等毒性除草剂。原药大鼠急性经口LD_{50}为112~150 mg/kg，对家兔的眼和皮肤有中等刺激作用。未见致畸、致突变、致癌作用。对鸟无毒，对鱼、蜜蜂低毒。

3) 作用特点。百草枯属于速效触杀型灭生性除草剂，药液中联吡啶阳离子迅速被植物茎、叶片吸收，在绿色组织中通过光合和呼吸作用被还原成联吡啶游离基，又经自氧化作用使茎、叶组织中的水和氧形成过氧化氢和过氧游离基。这类物质对叶绿体层膜破坏力极强，使光合作用和叶绿素合成很快中止。药剂耐低温、耐雨水冲刷，施药后2~3 h，杂草叶片即受害变色，1~2天杂草地上部分即被杀灭，地下部分由于失去养分供应逐渐枯萎死亡。药液与土壤接触，迅速钝化，失去活性。近半个世纪以来，百草枯被广泛应用于各类农业生产工作中，也是目前用途最为广泛的除草剂之一。适用于葡萄、啤酒花、果树、田埂、渠道除草，玉米等作物行间免耕除草，棉花催枯等。对各类一年生禾本科杂草、阔叶杂草有效。

4) 制剂。20%水剂，42%母液。

5) 使用方法

①行间除草：杂草15 cm左右时，是使用百草枯除草的最佳时期，一般按20%百草枯200倍的浓度进行配药，戴上防护罩，针对杂草定向喷药。

②棉花催熟：进入9月中下旬后，每亩施用百草枯50~80 mL加乙烯利100 mL，兑水30~40 L，均匀喷雾；后期温度下降后，每亩施用百草枯100~150 mL，兑水30~40 L，均匀喷雾。

6) 使用注意事项

①药剂遇土钝化，为避免降低药效，要使用清水配药。

②喷雾时应采取高喷液量，低压力，戴防护罩，避免漂移，风速较大时，不能施药。

③喷药要求均匀周到，特别是杂草较大的时候，要确保打到杂草的生长点上。

(3) 稀禾定（拿捕净）。稀禾定的中文通用名称为稀禾定（sethoxydim），商品名称和其他名称为拿捕净（Nabu）、稀禾定。

1) 理化性质。纯品为淡黄色无臭味油状液体，比重1.05（20℃），沸点大于90℃（$400×10^{-5}$ Pa）。20℃时可溶于甲醇、正己烷、乙酸乙酯、甲苯、辛醇、二甲苯、橄榄油，微溶于水。20%拿捕净乳油乳化性良好，几乎可与所有农药混用，室温下贮存稳定期至少2年。

2) 毒性。拿捕净属低毒除草剂。原药大鼠急性经口 LD_{50} 为 3 200～3 500 mg/kg。对兔皮肤和眼睛无刺激作用。未见致畸、致突变和致癌作用。对鱼类低毒，鸟和蜜蜂低毒。

3) 作用特点。拿捕净为选择性强的内吸传导型茎叶处理剂，能被禾本科杂草茎叶迅速吸收，并传导到顶端和节间分生组织，使其细胞分裂遭到破坏。由生长点和节间分生组织开始坏死，受药植株 3 天后停止生长，7 天后新叶褪色或出现花青素色，2～3 周内全株枯死。本剂在禾本科与双子叶植物间选择很高，对阔叶作物安全。适用于大豆、棉花、油菜、花生、甜菜、亚麻、马铃薯、阔叶蔬菜、果园、苗圃等作物。防除稗草、野燕麦、狗尾草、马唐、芦苇等一年生和多年生禾本科杂草。

4) 制剂。20% 拿捕净乳油，12.5% 拿捕净机油乳剂。

5) 使用方法。使用时期：大豆、油菜、西瓜、甜瓜等苗后禾本科杂草 3～5 叶期。

①大豆：12.5% 拿捕净机油乳剂、20% 拿捕净乳油，防治一年生禾本科杂草 2～3 叶期每亩用 67 mL（有效成分 8.4 g 和 13.4 g）；4～5 叶期用 100 mL；6～7 叶期用 133 mL（有效成分 16.6 g 和 26.6 g）。防治多年生禾本科杂草 3～5 叶期，每亩用 12.5% 拿捕净机油乳剂、20% 拿捕净乳油 200～330 mL。

②混用：在大豆田拿捕净可与杂草焚、克阔乐、排草丹、虎威等防治阔叶杂草的除草剂混用。拿捕净机油乳剂与杂草焚混用对大豆药害略有增加，最好间隔一天，分期施药，为抢农时在环境及气候好的条件下也可混用。拿捕净与克阔乐混用药害加重，药效增加，可降低克阔乐用药量，每亩用 12.5% 拿捕净 83～100 mL 加 24% 克阔乐乳油 26.7 mL。拿捕净与排草丹混用对大豆安全性好，每亩用 12.5% 拿捕净 83～100 mg 加排草丹水剂 167～200 mL。

③甜菜：每亩用 20% 拿捕净 66.7～133.3 mL（有效成分 13.3～26.7 g），或用 12.5% 拿捕净 66.7～100 mL（有效成分 8.3～12.5 g），兑水 20～40 L 茎叶喷雾。在单、双子叶混生的甜菜田，可与 300～400 mL 甜菜宁或杀草敏混用。

④油菜田：每亩用 20% 拿捕净 100～120 mL（有效成分 20～24 g），或用 12.5% 拿捕净 60～100 mL（有效成分 7.5～12.5 g），兑水喷雾。

此外，拿捕净还可以用于西瓜、芝麻、阔叶蔬菜及果园等防除禾本科杂草。

6) 使用注意事项

①在单双子叶杂草混生地，拿捕净应与其他防除阔叶草的药剂混用。

②喷药后应注意防止药雾飘移到临近的单子叶作物上。

③20% 拿捕净乳油在大豆上最高用量为每亩 100 mL（商品量），最多使用 1 次。

④用后剩余的药剂不要倒进水田、湖沼、河川里。容器不能装其他东西，用后洗净、焚烧或深埋，妥善处理。

第三节 种衣剂的使用

→ 掌握常用种衣剂的作用机理和使用技术。

一、种衣剂的作用和种类

种衣剂（seed coated witha pestcide）是用于种子包衣、具有成膜特性的一类制剂。种子包衣技术是在传统的浸种、拌种技术的基础上发展起来的一项农业高新技术，1962年美国首先使用，我国在20世纪80年代初期，由北京农业大学首先研制成功并用于种子包衣处理，在农业生产中进行应用。种衣剂尽管在我国应用的时间比较短，但增产效果非常显著，很受农民欢迎，对我国农业生产产生了巨大的影响和作用。

种衣剂既能使良种标准化，又具有植物保护作用等多种功能。可直接或经稀释后覆于种子表面，形成具有一定强度的通透性保护膜制剂。同浸种、拌种、闷种相比，种衣剂处理技术具有药力持效期长、一药多效、保水抗旱、保进种苗品质、提高种子发芽率等优点，是一项把防病、治虫、消毒、保长融为一体的种子处理技术。

1. 种衣剂的组成

种衣剂的成分主要包括杀虫杀菌剂、激素、肥料、有益微生物等，其种类、组成及含量直接反映种衣剂的功效。

常用杀虫杀菌剂主要有呋喃丹、甲基硫环磷、甲基异硫磷、甲拌磷、拌种灵、线菌清、多菌灵、福美双、百菌清、三唑酮（醇）等高效、广谱、内吸性农药。常用激素主要包括生长素类、赤霉素类及生长延缓剂，选用时应考虑相应作物生长特性以及与其他助剂的配伍性。常用肥料包括尿素、磷酸二氢钾等常量肥料和锌肥、铜肥、锰肥、硼肥、钼肥等微量肥料。常用有益微生物包括根瘤菌、固氮菌、木霉菌、芽孢杆菌等。此外，种衣剂中还含有成膜剂及相应的配套助剂。

2. 种衣剂的作用

（1）有效防控作物苗期病虫害。种衣剂中的杀虫杀菌剂包被于种子表面的衣膜内，能在作物苗期缓慢释放，药效长达30～60天，对苗期病虫害的防治效果可达65%～90%。据试验新疆地区棉花使用福多甲种衣剂后，苗期立枯病减轻70%～90%，玉米丝黑穗病防治效果可达65.3%～71.2%，显著优于利用常规药剂多菌灵（多菌灵防治效果只有32.0%～40.8%)的防治效果。

(2) 促控幼苗生长，提高作物产量。种衣剂内的激素、肥料等活性物质在作物苗期缓慢释放。出苗后次生根明显增多，根系发达，苗齐、苗匀、苗壮。叶面积系数增加，光合效率高，生长发育明显加快。据调查，应用种衣剂包衣的种子，小麦可增产8%，棉花增产8%～15%，玉米增产10%左右，大豆增产6.7%～10.5%，明显优于没有包衣的种子。

(3) 省种省药，降低生产成本。种衣内活性成分的存在，可有效减少种子播种后烂种死苗率，保证全苗、壮苗；同时包衣种子质量高，可精量播种，从而大幅度节约用种量，节约种子10%～30%。由于种衣剂内农药药效期长，可减少用药次数及用量，节约劳动力。

(4) 减少环境污染，保护天敌。种子包衣使苗期用药方式由开放式改为隐蔽式，高毒农药包被于种衣内，使之低毒化，且减少用药次数与剂量，因而减少了人畜和害虫天敌中毒机会，降低了环境污染程度。

(5) 便于机播、匀播。小粒种子经丸化包衣后，可使其体积、重量增加，形状、大小均匀一致，从而有利于机械化播种、均匀播种。

(6) 促使良种标准化。包衣前种子预先进行了精选，且种衣剂中含有特殊色料，保证了良种的标准化，从而加速了种子产业化的进程。

3. 种衣剂使用的技术要点

(1) 选择适宜的种衣剂。种衣剂的类型比较多，不同作物、病虫害的防治对象，生态条件的差异对种衣剂要求是不相同的，所以为了降低成本提高病虫害的防治效果，达到包衣的目的，应选择针对性强的种衣剂。种衣剂有针对病害的、有针对虫害的、有解决重茬的、并且还有混合型的，广大使用者应根据本地实际情况，选择适宜对路的种衣剂进行种子包衣，选择的越对路，效果越明显。反之，选择不合适的种衣剂不但达不到预期目标，还有可能造成烂根、烂种、弱苗、缺苗、断垄等药害现象，严重影响产量和品质。

20世纪90年代，种衣剂在兵团示范推广阶段时，曾有部分农场在未经严格试验示范的情况下大面积使用了含有呋喃丹成分的种衣剂，造成大面积烂根、烂种、缺苗，重播面积达10万亩以上，造成了严重的经济损失。

(2) 种子包衣的方法。目前种子包衣的具体方法有两种：一是机械种子包衣，这种方法质量好，效率高，安全可靠，是当前推行的主要方法。此种方法，多使用于种子公司或者是用种量较多的生产单位。另一种是人工种子包衣，这种包衣方法多使用于农场和农户，简便易行。人工种子包衣的技术要点如下：

1) 首先根据不同作物或不同防治对象选择适宜的种衣剂。

2) 根据需包衣的种子量选用容器（容器可用废铁锅、大盆、水桶或塑料袋

等)。

3) 按照种衣剂的说明,按规定的种药比,将种子和种衣剂放入容器中,用木锨或其他长柄工具快速搅拌,使种子表面都均匀沾药,而后倒在阴凉处平摊开阴干,以备播种。

4) 有的种衣剂含有剧毒农药,在操作或贮存时都要注意安全,严格执行操作规程。

(3) 把好种子质量关。种子包衣剂是能迅速固化成膜包被在种子表面上的一种带有颜色的药剂,被包衣后的种子好像是穿了一件"红外衣",对内在的质量已无法鉴定。因此对包衣的种子质量要求非常严格,要包衣的种子各项质量标准必须达到国家二级以上,否则不准进行包衣。种子在进行包衣前必须进行种子质量检验,主要检验纯度与发芽率,通过检验只要符合国家规定的二级以上良种标准方可进行包衣处理。

4. 种子包衣应注意的事项

(1) 合理选用种衣剂。种衣剂是依据不同作物不同防治对象的专一产品,不同作物种衣剂不能互相混用;不同的种衣剂也不能混合使用。为此选用种衣剂时应因地制宜选择优质的专一类型进行应用。

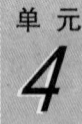

(2) 加强试验示范工作,新品种必须经过2年以上的不同类型土壤、气候条件、灌溉条件的大田试验、示范再进行大面积推广。

(3) 种子包衣的数量应根据需要而定,种子包衣后不便于贮藏或贮藏时间太久。一般情况下应当年包衣当年使用,时间太长易影响种子发芽率和降低药效。如果有特殊情况包过衣的种子最多贮存两年。

(4) 经过包衣的种子最好采用机械播种,播种深度要适宜。如果手工撒籽要戴乳胶手套,千万不要用手直接接触种子,以免中毒。

(5) 经过包衣的种子不要再浸种或用其他方法处理。

(6) 包衣后的种子要妥善保管,严禁人畜食用。种子包衣是一种集防病治虫、保苗壮苗、省籽省药、增产增收于一体的高新技术,符合"两高一优"农业发展的方向和农民致富奔小康的形势要求,适宜在农业生产中广泛推广应用。

二、新疆常用种衣剂使用技术

目前新疆主要在棉花、小麦、玉米、甜菜等作物上广泛应用了种子包衣技术。常用的品种有锦华、苗康、适乐适、高巧等品种。

1. 锦华 26%福多甲枯悬浮种衣剂

(1) 有效成分含量。12%福美双,8%甲基立枯灵,6%多菌灵。

(2) 理化性质。带有红色警戒色的可流动的均匀悬浮液,长期存放允许有少量沉淀或分层，但置于室温下用手摇动应能恢复原状。

(3) 毒性。制剂对大白鼠急性经口毒性 LD_{50} 大于 5 000 mg/kg，属低毒；对家兔皮肤眼睛无刺激性。

(4) 作用特点。锦华为高效低毒型棉花种衣剂，杀菌谱广，持效期长，能有效防止烂种、死苗、促进棉苗健壮生长，可与 3911 或乙酰甲胺磷等杀虫剂混合使用，达到病虫兼防的目的，是目前新疆推广面积最大的棉花种衣剂品种。适用于新疆棉花苗期立枯病（丝核菌）、红腐病（镰刀菌）引起的烂根、烂种。

(5) 适用作物。棉花。

(6) 使用方法。选用破损率低于 5%、残酸量低于 0.15%、符合国家二级良种标准的棉种，可采取机械或人工包衣两种方式。药种比例为：1∶50～60。包衣棉种需进行晾晒，合格棉种用锦华包衣后正常贮存 1～2 年不影响药效和种子发芽率。

(7) 使用注意事项

1) 需常温贮存，包衣时需先将种衣剂搅匀。

2) 包衣种子不得食用和用作饲料。

3) 包衣时严格按照农药安全使用规程操作，防止中毒。皮肤接触本剂应立即用肥皂清洗；中毒严重者应及时送医院治疗，一般用皮下注射阿托品处理。

4) 建议包衣后晒种。

2. 苗康 26%多福甲枯悬浮种衣剂

(1) 有效成分。15%福美双，6%甲基立枯灵，5%多菌灵。

(2) 理化性质。苗康（26%多福甲枯）悬浮种衣剂是药、肥复合型产品，带有红色警戒的可流动的均匀悬浮液，长期存放允许有少量沉淀或分层，但置于室温下用手摇动应能恢复原状。

(3) 毒性。制剂对大白鼠急性经口毒性 LD_{50} 大于 5 000 mg/kg，属低毒；对家兔皮肤眼睛无刺激性。

(4) 作用特点。覆盖种子表面，能立即固化成膜（即种衣），种衣在土壤中遇水只能吸胀而不会被溶解，从而使药剂和微肥缓慢释放，这就延长了药效期，增加了防治效果，提高了种子质量，节约了药、肥，减少了农药对环境的污染。药剂和肥料缓慢释放，被传导到植株地上部位，杀死植株上部侵入的病、虫，促进生长。能有效防止烂种、死苗、促进棉苗健壮生长，可与 3911 或乙酰甲胺磷等杀虫剂混合使用，达到病虫兼防的目的，是目前新疆推广面积较大的棉花种衣剂品种。适用于新疆棉花苗期立枯病（丝核菌）、红腐病（镰刀菌）引起的烂根、烂种。

(5) 适用作物。棉花。

(6) 使用方法。选用破损率低于 5%、残酸量低于 0.15%、符合国家二级良种标准的棉种，可采取机械或人工包衣两种方式。药种比 1∶50～60 包衣防治棉花苗期立枯病、猝倒病。包衣最迟在播种前两周进行，以保证种衣剂牢固，效果好。

(7) 安全使用注意事项

1) 直接用于种子包衣处理，不能加水或添加其他农药、化肥，不能用于喷雾。

2) 用于包衣的种子必须在纯度、种子发芽率、含水量等方面符合良种标准。

3) 购进或包衣剩余的种衣剂要专人妥善保管，禁止与食物、粮食共同存放，严防种衣剂、包衣种子被人误食，同时要防止药剂受冻。

4) 制作种子包衣时要远离水源和居民点，操作人员要穿戴劳保服装，戴好口罩手套，要避免药液吸入口中或沾到皮肤上，如不慎沾上，请速用肥皂水清洗。

3. 苗康（20%福克）悬浮种衣剂

苗康（20%福克）悬浮种衣剂中文通用名为20%福克悬浮种衣剂。

(1) 有效成分。10%福多甲，10%克百威。

(2) 理化性质。20%福克悬浮种衣剂是由农药原药（杀虫剂、杀菌剂等）成膜剂、分散剂、防冻剂和其他助剂加工制成，带有红色警戒的可流动的均匀悬浮液，长期存放允许有少量沉淀或分层，但置于室温下用手摇动应能恢复原状，不应有结块。

(3) 毒性。原药按中国农药毒性标准分类为高毒，制剂为高毒。

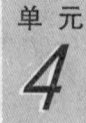

(4) 作用原理和特点。可直接包覆于种子表面，形成具有一定强度和通透性的保护层膜的农药制剂。它覆盖种子表面，能立即固化成膜（即种衣），种衣在土壤中遇水只能吸胀而不会被溶解，从而使药剂和微肥缓慢释放，这就延长了药效期，增加了防治效果，提高了种子质量，节约了药、肥，减少了农药对环境的污染。药剂和肥料从地下"小药库"缓慢释放，被传导到植株地上部位，杀死植株上部侵入的病、虫，促进生长。适合防治玉米田下害虫和由镰刀菌、腐霉菌引起的各种病害。

(5) 适用作物。玉米。

(6) 使用方法。药种比1∶40~50包衣对玉米地下害虫和由镰刀菌和腐霉菌导致的茎基腐病等。包衣最迟在播种前两周进行，以保证种衣剂牢固，效果好。

(7) 安全使用注意事项。与制作棉花种子包衣同。

4. 高巧种衣剂

高巧种衣剂中文通用名称为吡虫啉（imidacloprid），商品名称为高巧（gaucho）。

(1) 制剂理化性质。60%高巧种子处理悬浮剂为红色悬浮液，比重1.25 g/cm^3（20℃），常温下贮存稳定性2年以上。70%高巧湿拌种剂为红色粉末，pH值为5.5~7.5，含水量小于1.5%，常温贮存稳定性2年以上。

(2) 毒性。属低毒农药。无致突变性、致畸、致癌作用。对蚯蚓等有益动物和天敌无害，对环境较安全。

(3) 制剂。70%高巧湿拌种剂，60%高巧种子处理悬浮剂。

(4) 作用特点。吡虫啉是一种高效内吸性广谱型杀虫剂，具有胃毒和触杀作用，持效期较长，对刺吸式口器害虫有较好的防治效果。该药是一种结构全新的化合物，在昆虫体内的作用点是昆虫烟酸乙酰胆碱酯酶受体，从而干扰害虫运动神经系统，这与传统的杀虫剂作用机制完全不同，因此无交互抗性。同时对作物具有刺激生长发育的作用，能够有效促进作物的根、茎、叶生长发育，提前生育期，提高抗逆性。主要适用于防治棉花、玉米、高粱、花生、大豆、甜菜、谷物等作物上的棉蚜、棉蓟马、金针虫、甜菜隐食甲、金龟子等害虫。

(5) 使用方法

1) 棉蚜。用高巧拌种防治棉蚜，不仅防效良好，而且可以减少播种量和极大地保护瓢虫等天敌。用60%高巧种子处理悬浮剂583～833 mL，兑水1.5～2.0 L，拌成糊状，再将100 kg脱绒棉花种子倒入，搅拌均匀，务必使种子均匀沾上药剂，阴干后播种。

2) 高粱蚜。用70%高巧湿拌种剂700 g，加水1.5 L，拌成糊状，再将100 kg高粱种子倒入，搅拌均匀，务必使种子均匀沾上药剂，堆闷1～2天后播种。

(6) 注意事项

1) 施药时应穿戴防护服、手套、口罩。工作完后应用肥皂和清水清洗手和身体暴露部分。

2) 处理后的种子禁止供人、畜食用，也不得与未处理的种子混合。

3) 拌种后的种子播种深度以2～5 cm为宜，切不可播种太深。

4) 应将药剂保存在儿童接触不到并且通风、凉爽的地方。远离食物和饲料，加锁保管。

5. 适乐时

适乐时通用名为咯菌腈（Fludioxonil），商品名为适乐时（Celest）。

(1) 理化性质。原药为无色无臭结晶体，熔点199.4℃，蒸气压7.1×10^{-7} MPa (20℃)。

(2) 毒性。按中国农药毒性分级标准，适乐时属低毒杀菌剂。大鼠急性口服LD_{50}大于5 000 mg/kg，对家兔眼及皮肤无刺激，无致畸、致突变作用。对鸟类、蚯蚓、蜜蜂及鱼类有毒。

(3) 制剂。25 g/L咯菌腈悬浮种衣剂。

(4) 作用特点。适乐时属于苯丙咪唑类杀菌剂，作用机制是通过抑制菌体葡萄糖磷酰化有关的转移，并抑制真菌菌丝体的生长，导致病菌死亡。产品具有对作物安全性高，杀菌谱广，防效好，使用方便的特点，对子囊菌、担子菌、半知菌的许多种传和土传病害有良好的防效。

(5) 适用作物。小麦、蔬菜。小麦按 100 kg 种子 200~300 mL 的剂量进行种子处理；蔬菜种子按 100 kg 种子 400~600 mL 的剂量进行种子处理。在加工番茄上未见登记，但已在新疆许多地区大面积使用。

6. 卫福种衣剂

卫福种衣剂中文通用名称为萎福双（萎莠灵 Carboxin＋福美双 thiram）。

(1) 有效成分含量。20% 萎莠灵，20% 福美双。

(2) 制剂。40% 卫福悬浮剂。

(3) 理化性质。40% 卫福悬浮剂由有效成分、悬浮剂、黏合剂、湿润剂、染料和水组成。外观为紫红色悬浮液，密度 1.177，沸点 104.5℃，在 pH 值为 7~9 的水中分散性良好，在 5 min 内悬浮率为 90%，常温贮存稳定性在 3 年以上。

(4) 毒性。40% 卫福悬浮剂对大鼠急性经口 LD_{50} 为 6 250 mg/kg，对眼睛和皮肤有中等刺激作用。对鱼类和水生生物毒性较低。

(5) 产品特点。卫福由萎莠灵和福美双科学混配而成，是一种兼有内吸和触杀作用的种子处理剂，杀菌谱广，包衣后的种子内外都得到保护。可防治多种土壤和种子传播的病害。对作物生长有促进作用，包衣处理后能提高出苗率，促进幼苗生长，增强抗逆性。适用于小麦、玉米、棉花等作物种子的包衣处理。可有效防治黑粉病、散黑穗病、条纹病、根腐病、黑粉病、立枯病、茎腐病等病害。卫福在正常条件下长时间贮存不影响出苗，禾谷类种子拌种后可贮存 1.5~2 年。

(6) 使用方法

1) 防治小麦散黑穗病、根腐病：每 100 kg 小麦种子用 40% 卫福胶悬种衣剂 272~328 mL，兑水 1~1.2 L 混合均匀拌种。

2) 防治棉花立枯病。每 100 kg 棉花种子用 40% 卫福胶悬剂 400~500 mL，兑 1.6 L 水混合均匀拌种。

3) 防治玉米丝黑穗病。每 100 kg 玉米种子用 40% 卫福胶悬剂 400~500 mL，兑 1.0 L 水，混合均匀拌种。

拌种之前，将药剂用定量的水先进行稀释，用水量一般是药量的 4 倍。拌药最好用拌药机，力求拌匀。

(7) 使用注意事项

1) 经 40% 卫福悬浮剂处理过的种子不能用作食物或饲料。

2) 播种后 6 周内不要在施药区放养牲畜。

3) 分装或使用卫福前要先将原药液摇匀。加水稀释后的药液要及时用完，否则易发生沉淀。

4) 避免阳光直晒卫福原液或拌种后的种子，避免降低药效。

第四节 植物生长调节剂的使用

→ 掌握常用植物生长调节剂的作用机理和使用技术；
→ 掌握脱叶剂使用技术。

一、植物生长调节剂的种类

植物生长调节剂（Plant growth regulators）是一类与植物激素具有相似生理和生物学效应的物质，分为两大类：一类是存在于植物体内天然合成的，叫植物激素，另一类则是通过人工合成的从外部施入植物体内，叫植物生长调节剂。已发现具有调控植物生长和发育功能的物质有生长素、赤霉素、乙烯、细胞分裂素、脱落酸、油菜素内酯、水杨酸、茉莉酸和多胺、矮壮素、防落素、植物生长抑制剂和促进剂等，而作为植物生长调节剂被应用在农业生产中主要是前6大类。

1. 赤霉素类

植物体内存在有内源赤霉素，从高等植物和真菌中已分离出80多种含有赤霉素的化合物，一般用于植物生长调节剂的赤霉素主要是GA_3。赤霉素类可以打破植物体某些器官的休眠，促进长日照植物开花，促进茎叶伸长生长，改变某些植物雌雄花比率，诱导单性结实，提高植物体内酶的活性。

2. 细胞分裂素类

这类物质能促进细胞分裂，诱导离体组织芽的分化，抑制或延缓叶片组织衰老。目前人工合成的细胞分裂素类植物生长调节剂有多种，如激动素、玉米素、苄基嘌呤（6-BA）、Zip 和 PBA 等。

3. 乙烯类

高等植物的根、茎、叶、花、果实等在一定条件下都会产生乙烯。乙烯有促进果实成熟，抑制细胞的伸长生长，促进叶、花、果实脱落，诱导花芽分化，促进发生不定根的作用。乙烯作为一种气体很难在田间使用，但乙烯利这一生长调节剂品种的研制和使用则避免了这一问题。

4. 脱落酸类

脱落酸（ABA）以前称为休眠素或脱落素。最早是20世纪60年代初从将要脱落的棉铃或将要脱落的槭树叶片中分离出的一种植物激素。脱落酸是一种抑制植物生长发育和引起器官脱落的物质。它在植物各器官中都存在，尤其是进入休眠和将要脱落的器官

中含量最多。脱落酸能促进休眠，抑制萌发，阻滞植物生长，促进器官衰老、脱落和气孔关闭等。这一类植物生长调节剂的作用特点是促进离层形成，导致器官脱落，增强植物抗逆性。此类化合物结构比较复杂，虽已可人工合成，但价格较贵，尚未大量用于生产。近似品种噻苯隆已工业化生产。它能促使棉花叶柄与茎之间离层的形成而脱落，便于机械收获，并使棉花收获期提前10天，棉花品质也得到提高。

5. 植物生长抑制物质

植物生长抑制物质可分为植物生长抑制剂和植物生长延缓剂。植物生长抑制剂对植物顶芽或分生组织都有破坏作用，并且破坏作用是长期的，不为赤霉素所逆转，即使在药液浓度很低的情况下，对植物也没有促进生长的作用。施用于植物后，植物停止生长或生长缓慢。植物生长延缓剂只是对亚顶端分生组织有暂时抑制作用，延缓细胞的分裂与伸长生长，过一段时间后，植物即可恢复生长，而且其效应可被赤霉素逆转。植物生长抑制物质在农业生产中的作用是：抑制徒长、培育壮苗、延缓茎叶衰老、推迟成熟、诱导花芽分化、控制顶端优势、改造株型等。代表品种有矮壮素（CCC）、比久（B9）、缩节胺（调节啶）、多效唑（pp333）等。

二、植物生长调节剂的主要作用

植物生长调节剂的作用方式大致有两类：一类是生长促进剂。如促进生长、生根用的萘乙酸，打破休眠用的赤霉素，防止衰老用的6-苄基氨基嘌呤素；另一类是生长抑制剂，如防止棉花、小麦疯长的矮壮素、缩节胺，防止大蒜、洋葱发芽的青鲜素等。但是这种分类不是绝对的，因为同一植物生长调节剂在低浓度下可能作为生长促进剂，而在高浓度下又可作为生长抑制剂。如2, 4-D，用低浓度处理时，具有促进生根、生长、保花、保果等作用；高浓度时，会抑制植物生长；浓度再提高，便会杀死双子叶植物，具有除草剂的作用。

正确合理的施用植物生长调节剂则可以使植物朝着人为预定的方向发展，可以增强植物抗虫、抗病能力，以及消除田间杂草。归纳起来，植物生长调节剂的主要作用见表4—1。

表4—1　　　　　　　　　植物生长调节剂的主要作用

主要作用	植物生长调节剂
促进发芽	赤霉素、萘乙酸、吲哚乙酸
促进生根	萘乙酸、吲哚乙酸、吲哚丁酸、2, 4-D、6-苄基氨基嘌呤
促进生长	赤霉素、增产灵、增产素、石油助长剂、6-苄基氨基嘌呤
促进开花	赤霉素、乙烯利、萘乙酸、2, 4-D

续表

主要作用	植物生长调节剂
促进成熟	乙烯利
抑制发芽	青鲜素、萘乙酸甲酯、比久、矮壮素
防止倒伏	矮壮素、多效唑、比久
打破顶端优势	青鲜素、三碘苯甲酸、乙烯利
控制株型	矮壮素、缩节胺、调节啶、整形素、调节膦、多效唑、比久
疏花疏果	萘乙酸、乙烯利、西维因、吲熟酯、整形素
保花保果	赤霉素、防落素、2,4-D、萘乙酸、比久、萘氧乙酸
调节性别	乙烯利、赤霉素
化学杀雄	乙烯利、青鲜素、甲基胂酸盐
改善品质	乙烯利、比久、吲熟酯、增甘膦、赤霉素
增强抗性	矮壮素、多效唑、脱落酸、整形素、青鲜素
贮藏保鲜	6-苄基氨基嘌呤、比久、2,4-D、青鲜素、防落素、赤霉素
促进脱叶	乙烯利、脱叶膦、脱叶亚磷
促进干燥	促叶黄、百草枯、乙烯利、草甘膦、增甘膦、氯酸镁、氯酸钠
抑制光呼吸	亚硫酸氢钠、2,3-环氧丙酸
抑制蒸腾	脱落酸、矮壮素、比久、整形素

植物生长调节剂进入植物体内，影响植物体生长发育及代谢作用。包括植物生长调节剂及植物激素在内的这些植物生长物质在对植物生长发育进行调控时，不同调节物质作用途径不尽相同，作用机理也较为复杂。有的能影响细胞膜的通透性；有的能促进结合态底物的释放，从而加快酶促反应的速度；而更多的是通过一系列生理生化反应，最终调节植物体内活性酶的种类与含量，影响代谢作用，调节植物的生长发育。

三、植物生长调节剂的使用

1. 使用方法

（1）浸蘸法。浸蘸法是指对种子、块根、块茎或叶片的基部进行浸渍处理的一种施药法。是处理种子比较普遍的方法，把种子浸在调节剂溶液中一定时间以后，取出播种。对于促进扦枝生根处理，可以把扦枝基部浸到调节剂的水溶液中，浸的时间长短与浓度有关。以 IBA 为例，高浓度时（1 000~2 000 mg/L）浸数秒即取出；低浓度时（100 mg/L）要浸 12~16 h。

(2) 喷洒法。喷洒法是指用喷雾器将生长调节剂稀释液喷洒到植物叶面或全株上，是生产上最常用的一种施药方法。药液能否均匀地展布在叶面上会明显影响效果，药液在叶面上的黏着性也是一个重要因素。甘蓝等植物叶面有蜡粉，喷洒时，宜在药液中加入适合的表面活性剂，可提高在叶表面上的展着性而使药效得到充分发挥。使用中采用高容量喷洒，要使药液覆盖全株的叶片表面，如果用低容量喷洒，就使液滴均匀地分布到全株表面上。所有这些，都要在应用时合理配合，才能收到预期的效果。

(3) 土壤浇施。把调节剂按一定的浓度及用量浇到土壤中，以便根系吸收而起作用的一种施药方法。施用时每株应浇一定的药液量。大面积应用时，可按一定面积用多少药量，与灌溉水同时施入田中。小麦田用矮壮素（ccc）防止倒伏常用这种方法，比久在土壤中不易移动，浇施后大都停留在土壤的上层，故不适于土壤施用而适于叶面喷洒。

(4) 涂布法。用毛笔或其他用具把药涂在待处理的植物某一器官或特定部位称为涂布法。这种方法对于易引起药害的调节剂，可以避免药害，并可显著降低用药量。用高浓度的乙烯利对采收前的番茄果实进行催熟时，为了避免喷洒到叶片上引起落叶，也可以用涂果的办法，浓度为 2 000~3 000 mg/L。

2. 影响植物生长调节剂作用的因素

(1) 环境条件

1) 温度。在一定温度范围内，植物使用生长调节剂的效果一般随温度升高而增大。温度升高会加大叶面角质层的通透性，加快叶片对生长调节剂的吸收。同时温度较高时，叶片的蒸腾作用和光合作用较强，植物体内的水分和同化物质的运输也较快，这也有利于生长调节剂在植物体内的传导。所以，叶面喷洒使用时，夏季往往比春季或秋季效果要好。

2) 湿度。空气湿度高，喷在叶面上的药液不容易干燥，从而延长了叶片对生长调节剂的吸收时间，进入植物体的药液量相对增多。所以较高的空气湿度，可以增强植物生长调节剂的效果发挥。

3) 光照。在阳光下，叶片气孔开放，有利于植物生长调节剂的渗入。同时一定的阳光强度，可促进植物的蒸腾和光合作用，加速水分和同化物质的运输，从而也就加快了生长调节剂在植物体内的传导。因此，生长调节剂宜在晴天施用。若阳光过强，药液在叶面会很快干燥挥发，不利于叶片的吸收，反而会影响效果。因此，夏天要避免在中午灼热的强光下喷洒。

此外，风、雨对植物生长调节剂的应用也有影响。风速过大或喷洒后不久遇雨都会降低其应用效果。

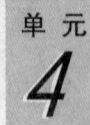

(2) 栽培措施。植物生长调节剂可以解决植物生长发育过程中某些用常规栽培措施难以解决的问题。但是植物生长调节剂仅为一类药剂而不能替代化肥、水、光、温度。要使植物健壮地生长发育，仍不能离开农业技术措施的综合应用。大量实践表明，植物生长调节剂的应用效果同农业措施密切相关。例如，用乙烯利处理黄瓜，能多开雌花多结瓜，这就需要对它供给更多的营养，才能显著地增加黄瓜产量。如果肥、水等条件无法满足，则会造成黄瓜后劲不足和早衰，达不到预期的效果。

(3) 植物生长发育状况。植物生长发育状况不同，对生长调节剂的反应也不一样。生长发育状况良好的植株，使用生长调节剂的效果较好，反之，效果较差。例如，使用生长调节剂，对健壮的果树提高座果率和促进果实增大的效果非常明显，增产幅度较大，而对营养不良的弱树，效果就较小，增产也不明显。又如，矮壮素或调节调控棉花生长，只有在棉花长势旺盛的情况下才能取得良好的效果。这是因为生长旺盛的棉花往往田间郁闭，营养生长过于旺盛，蕾铃脱落严重。在这种情况下，使用矮壮素或调节啶就能控制棉花枝叶生长、协调营养生长与生殖生长间的关系，使更多的营养输向蕾铃，从而提高结铃率，增加棉花产量。而对长势瘦弱的棉花，则会导致棉株个体生长太小，搭不起高产架子，蕾铃数减少，产量下降。

(4) 使用时期。使用植物生长调节剂的时期十分重要。只有在植物适宜的生长时期使用植物生长调节剂才能达到应有的效果。使用时期不当则效果不佳，甚至还有不良的副作用。适宜的使用时期主要取决于植物的发育阶段和应用目的。如用乙烯利催熟棉花，在棉田大部分棉铃的龄期达到45天以上时，有很好的催熟效果。如果使用过早，会使棉铃催熟太快，铃重减轻，甚至幼铃脱落；使用过迟，则棉铃催熟的意义不大。果树上使用萘乙酸，如作疏果剂则在花后使用；如作保果剂则在果实膨大期使用。对黄瓜使用乙烯利诱导雌花形成，须在幼苗1~3叶期喷施，过迟用药，则早期花的雌雄性别已定，达不到预期目的。另外，选择使用植物生长调节剂的时期，还要考虑药剂种类和药效持续期等因素。如在苹果上使用药效期较长的比久，于花后喷洒，可防止采前落果，增加果实硬度，但对当年果实生长有抑制作用；于果实发育后期喷洒，虽对当年果实生长的抑制作用不大，但可防止采前落果，而增加果实硬度的效果则不明显，还会影响第二年果实的发育。因此，既要达到应有的效果，又要尽量减少副作用，它的最适用药期以果实采收前45~60天较为适宜。由此可知，植物生长调节剂的适宜使用时期，不能简单的以某一日期为准，而是要根据使用目的、作物的生育阶段、药剂特性等因素，从当地实际情况出发，经过试验，才能确定最适宜的用药时期。

(5) 使用量和浓度。由于植物生长调节剂具有微量高效的作用特点，其应用效果与使用浓度和用量密切相关。应特别指出的是，适宜的使用浓度是相对的，不是固定不变的。在不同情况下，如不同的地区、作物、品种、长势、目的、方法等应使用不同的浓

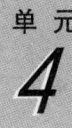

度。如果浓度过低,不能产生应有的效果;浓度过高,会破坏植物正常的生理活动,甚至伤害植物。在植物上使用生长调节剂的浓度远比一般农药复杂。同一种生长调节剂在不同作物上使用浓度会有很大差别。对番茄果实催熟,一般用 1 g/L 左右;而黄瓜诱导雌花,只需 0.1～0.2 g/L。相同作物不同品种所需植物生长调节剂的浓度也不一样。如用乙烯利诱导瓠瓜产生雌花,早熟品种用 0.1 g/L,中熟品种用 0.2 g/L,晚熟品种用 0.3 g/L。由于目的不同,使用植物生长调节剂的浓度也不一样。如用矮壮素处理小麦,用于培育壮苗则采用闷种,使用浓度为 1‰;用于防止倒伏,则在拔节前喷洒,使用浓度为 0.3‰左右。由于处理方法不同,使用植物生长调节剂的浓度也不一样。如用生长素处理插条生根,采用低浓度慢浸法只需 20～50 mg/L;而采用高浓度快浸法,则要用到 1～2 g/L。在配制植物生长调节剂的浓度时,还必须考虑实际用药液量。因为相同的用药浓度,药液量不同,实际上用药总量也不一样,这也会影响植物生长调节剂的应用效果。

(6) 使用方法。使用方法不当也可明显影响植物生长调节剂的效果。农业上使用植物生长调节剂的方法有喷洒、浸蘸、涂抹、土壤处理和树干注射等,最常用的方法是喷洒法和浸蘸法。喷洒植物生长调节剂时,要尽量喷在作用部位上。例如,用赤霉素处理葡萄,要求均匀地喷在果穗上;用乙烯利催熟果实,要尽量喷在果实上;用萘乙酸作为疏果剂,对叶片和果实都要全面喷洒,而作为防止采前落果,则主要喷在果梗部位及附近的叶片上。为了提高植物对生长调节剂的吸收量、提高应用效果、降低使用浓度,在配制好的溶液中可加入适量表面活性剂。在用浸蘸法处理苗木插条、种子及催熟果实时,处理时间的长与短非常重要。果实催熟,一般是在溶液中浸几秒钟,取出后晾干,堆放成熟。苗木插条生根,应将插条基部在低浓度生长素溶液中浸 12～24 h。如采用高浓度生长素快浸法,在 1～2 g/L 溶液中蘸几秒钟即可。

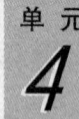

四、植物生长调节剂常用品种

1. 乙烯利

乙烯利中文通用名称为乙烯利,商品名和其他名称为乙烯利、一试灵。

(1) 理化性质。纯品为白色针状结晶,熔点 74～75℃。易溶于水和乙醇,难溶于苯和二氯乙烷,对酸、碱比较敏感。在酸性介质中十分稳定,但在 pH 值大于 4 时,则分解释放出乙烯。

(2) 毒性。乙烯利属低毒农药,原药大白鼠急性经口 LD_{50} 为 4 229 mg/kg。对皮肤、眼睛有刺激性。对鱼、蜜蜂低毒。

(3) 作用特点。乙烯利是促进成熟的植物生长调节剂。乙烯利可由植物的叶片、树皮、果实或种子进入植物体内,然后传导到作用的部位,释放出乙烯,能起内源激素乙烯所起的生理作用。促进果实成熟及叶、果实的脱落,矮化植株,改变雌雄花的比率,诱导某些作物雄性不育等。主要用于棉花、番茄、西瓜、桃、柿子等果实催熟。

(4) 剂型。40%乙烯利水剂。

(5) 使用方法

1) 棉花：促进早熟增产时，在棉花上于9月下旬至10月上旬棉花开裂70%以上时，亩用40%乙烯利150～250 mL，兑水均匀喷雾；

2) 番茄：于青果末期用40%乙烯利800～1 000倍液喷雾或浸渍；

3) 黄瓜、南瓜、甜瓜：增加雌花用40%乙烯利稀释400～600倍液均匀喷雾。

2. 比久

比久中文通用名称为比久，商品名和其他名称为比久、丁酰肼、139。

(1) 理化特性。纯品带有微臭的白色结晶，熔点154～156℃。易溶于水、丙酮、甲醇等，不溶于一般的碳氢化合物。贮存稳定性好。

(2) 毒性。比久属低毒药物，大鼠急性经口LD_{50}为8 400 mg/kg。

(3) 作用特点。比久系植物生长延缓剂，可以被植物根、茎、叶吸收，进入体内后主要集中于顶端及亚顶端分生组织，影响细胞分裂素和生长素的活性。从而抑制细胞分裂和纵向生长，使植物矮化粗壮，但不影响开花和结果，使植物的抗寒、抗旱能力增强。另外还有促进次年花芽形成、防止落花、落果、促进果实着色及延长贮藏期等作用。

(4) 剂型。85%水可溶性粉剂。

(5) 使用方法。主要用于花生、果树、大豆、黄瓜、番茄及蔬菜等作物上，用作矮化剂、座果剂、生根剂及保鲜剂等。一般使用浓度为0.1%～0.5%，苹果用0.1%～0.2%药液喷雾提早结果，桃、葡萄、李等为0.1%～0.4%；水稻用0.5%～0.8%的药液，可促进矮壮，防止倒伏；花生用0.2%～0.3%药液喷洒，可增产；番茄使用0.25%～0.5%药液可增加座果率。

3. 甲哌鎓（缩节胺）

甲哌鎓（缩节胺）中文通用名称为甲哌鎓，商品名和其他名称为缩节胺、棉壮素、甲哌鎓。

(1) 理化性质。纯品为无味白色结晶体，常温下易溶于水和乙醇，难溶于多数有机溶剂。对热稳定。含甲哌啶99%的原粉外观为白色或灰白色结晶体，不可燃，不爆炸。50℃以下贮存稳定期2年以上。

(2) 毒性。属低毒药物，99%原粉大鼠急性经口LD_{50}为1 490 mg/kg。

(3) 作用特点。甲哌鎓是内吸性植物生长调节剂，可被植物绿色部位吸收并传导至全株，能抑制植物体内赤霉素的合成，调节营养生长和生殖生长的矛盾，使节间缩短、叶片增厚、面积变小，因而株型紧凑粗壮，田间群体结构合理。还能增加叶绿素含量和光合效率，使植物提前开花，提高座果率（结实率），导致增产。主要用于棉田化控化

调,不仅抑制棉株高度,对顶部果枝数也有影响,而且对果枝的横向生长有抑制作用,施药3~6天棉花叶子即变色。由于营养生长与生殖生长协调,纵向与横向生长变小,株型紧凑,从而减少蕾、铃的脱落,开花结铃集中,伏前桃与伏桃比例增加,衣分、衣指、籽指、铃重及结果籽棉产量都有增加,且对皮棉质量无不良影响。

(4) 制剂。25%水剂,96%、98%可溶性粉剂。

(5) 使用方法。在棉花苗期、现蕾期、初花期和铃期用药,亩用96%缩节胺可溶性粉剂0.5~1.2 g、1~2 g、3~4 g均匀喷雾,每亩药液量20 kg。用量上、下限要看棉花长势,土壤肥力等因素。

(6) 使用注意事项。在水肥条件好,棉花徒长严重的地块使用时增产效果明显。注意使用用量,用量过大将严重影响作物的生长发育。

4. 芸苔素内酯

芸苔素内酯中文通用名称为芸苔素内酯(brassinolide),商品名和其他名称为益丰素、天丰素、油菜素内酯、农梨利。

(1) 理化性质。芸苔素内酯外观为白色晶粉,熔点256~258℃,水中溶解度为5 mg/L,溶于甲醇、乙醇、四氢呋喃、丙酮等多种有机溶剂。

(2) 毒性。对人畜低毒。大鼠急性口服$LD_{50}>2 000$ mg/kg,急性经皮$LD_{50}>2 000$ mg/kg,对鱼的毒害也很低。

(3) 作用特点。芸苔素内酯是具有高生理活性促进植物生长作用的甾体化合物,在很低浓度下,就能显著地增加植物的营养体生长,促进受精作用,增加营养体收获量;提高座果率促进果实肥大;提高结实率,增加千粒重;提高作物的耐冷性,减轻药害,增加抗病性。适用于粮食作物、经济作物、蔬菜和水果等,促进生长,增加产量。

(4) 使用方法

1) 小麦。经芸苔素内酯处理后有明显的增效作用。0.05~0.5 mg/L的芸苔素对小麦浸种24 h,对根系(包括根长、根数)和株高有明显促进作用。分蘖期以浓度进行叶面喷雾处理的增产效果明显。处理后两周,旗叶的叶绿素含量高于对照,穗粒数、穗重、千粒重均有明显增加。经芸苔素内酯处理的小麦幼苗耐冬季低温的能力增强。此外,植株下部功能叶长势好,增加小麦的抗逆性,减少青枯病等病害侵染的机会。

2) 玉米。用0.1%芸苔素内酯水剂0.5 mL兑水50 L,全株喷雾处理,能明显减少玉米穗顶端籽粒的败育率。在抽雄前处理的效果优于吐丝后施药。

3) 棉花、黄瓜苗、西瓜苗、葡萄。用0.1 mg/L处理可加速其生长,提高座果率,增加产量。

(5) 使用注意事项

1) 施用芸苔素内酯时,应按兑水量的0.1%加入表面活性剂,以便于药物进入植物体内。

2）使用过程中，要注意防护。如有药剂溅到皮肤上，应用肥皂水清洗；如有药剂溅到眼中，应用大量清水冲洗；如误服请送医院诊治。

五、脱叶剂使用技术

棉花的化学催熟和脱叶是指在棉花生育后期应用人工合成的化合物促进棉铃开裂和叶片脱落。化学脱叶是在收获前促使棉株的绝大部分叶片尽快脱落，以提高机械采收的作业效率并降低籽棉的含杂率。脱叶还可起到间接促进棉铃开裂、减少一些害虫的越冬基数、减轻烂铃的发生等。化学催熟脱叶技术在建设兵团已经大面积推广应用。

1. 棉花化学催熟和脱叶的原理

化学脱叶一般通过脱叶剂的抗生长素性能，促进乙烯发生，使促进生长类激素下降到很低水平或被强行抑制，脱落酸和乙烯的含量增加，叶柄与茎秆产生离层细胞，造成脱叶。

2. 脱叶剂的主要种类和分类

从作用机制上可将化学催熟剂和脱叶剂分为两类。

（1）触杀和除草剂型脱叶剂。如草甘膦、百草枯、哈威达、氯酸镁等，它们分别通过不同的机制杀伤或杀死植物的绿色组织，使叶片干枯，从而起到催熟和脱叶作用。这一类化合物起效快，催枯作用强，应用时间宜偏晚。

这类脱叶剂的缺点是：脱叶不彻底，损伤植株正常生理代谢，对棉花铃重和产量影响较大，叶片干枯挂枝不脱落，机采棉含杂量高，导致清花时间长，损害棉花纤维强度，并且植株不完全死亡，导致生长再生叶，机械采收时污染棉絮，脱叶效果受极限温度影响大。

（2）生长调解型脱叶剂。如脱落宝、脱吐隆等。这类脱叶剂能够促进内源乙烯的生成，从而诱导棉铃开裂和叶柄离层的形成，如乙烯利、噻唑隆等。第二类脱叶剂的作用比第一类慢，在生产上的应用时间比第一类早。其优点是调解植物激素平衡，加快植株自然衰老和成熟过程，不伤害植株生理代谢，不影响棉絮品质，有利于植株营养由茎秆向棉桃转移，对棉花铃重和产量影响小，叶片自然脱落，无干枯叶，不污染棉絮，采收的棉花含杂量低，催熟作用强，提高霜前花比例（在中晚熟棉田使用，效果尤为明显）。目前国内外使用的大多是这类脱叶剂。

这类脱叶剂的缺点是：成本较高，脱叶效果受极限温度影响大，作用速度较慢。

3. 影响脱叶效果的主要因素

（1）温度与湿度。高温高湿，棉株新陈代谢快，脱叶快；低温干燥，棉株代谢慢，脱叶速度慢，效果差；连续日最低气温低于12℃，棉花的生理代谢活动降到最低水平，这时大部分药剂都无效，药效受到极大影响，一般称之为"冷休克"。

(2) 光照强度。在较强的光照下，药效发挥较好。持续阴天将会降低作物的新陈代谢，直接影响脱叶效果。

(3) 棉花密度。良好的覆盖度对脱叶来说是很重要的。繁茂的、参差不齐的或严重草害会增加脱叶的难度，需要多次施用药剂。

(4) 棉花成熟度。当棉株已自然衰老、结铃均匀一致、营养生长显著减弱时用药，容易脱落。反之棉花贪青晚熟，长势偏旺对脱叶剂敏感性就低。

(5) 灌溉。若棉花在生长发育过程中缺水，达不到其潜在的产量；确定好最后一次灌溉时间，既能满足棉铃发育成熟的用水需求，又可避免后期土壤含水量偏高带来的棉株贪青晚熟；最后一次灌溉应保证作物脱叶时，土壤的水分也刚好消耗完。此时，作物对激素型脱叶剂特别敏感。

(6) 病虫害治理。虫害控制是脱叶催熟剂药效发挥的关键。粗放的害虫控制可使不必要的脱铃增加，并导致成熟延迟，质量下降，产量降低。通常情况下，早期的棉铃脱落使得作物通过增加营养生长来补偿，这样会导致生长素含量增加，增加脱叶的难度。

4. 新疆棉田脱叶剂使用技术

(1) 使用时间。确定脱叶剂应用的最佳时间，需要考虑产量和品质的变化、不同等级皮棉的价格、脱叶剂的成本、棉花收获成本、有效的收获时间段、劳动力资源的竞争等。从植株发育的角度而言，有利于脱叶的状况应为营养生长终止、产量器官成熟。一般情况下，为了将对产量和纤维品质的影响降到最低，脱叶剂的使用应在40%左右的棉铃吐絮时进行。另外，植株的成熟度越高，诱导叶片脱落越容易。大多数需要催熟棉铃的龄期达到45天以上，此时纤维干重基本上已达100%，采用脱叶剂+乙烯利催熟脱叶，能加速叶片光合产物和铃壳内营养物质向种子和纤维内运转，并促使棉铃提前开裂。从天气条件而言，最好喷施药前后3～5天的日最低气温≥12.5℃，日平均气温高于18℃，尽量避开7天内强降温天气。根据近年的试验研究，一般情况下新疆地区北疆使用脱叶剂的合理时间为8月底至9月10日前；南疆地区为9月上中旬至9月20日前。

(2) 脱叶剂的用量。脱叶剂的用量受多种因素的影响。在适期用药范围内，温度高则宜降低用量，温度低则要加大用量；晚熟品种、生长势旺、秋桃多的棉田，可适当加大药量，反之则可少一些。用量过大，虽然加快促进棉铃成熟，但是会出现吐絮不畅、摘花不易的现象，叶片脱落也往往过多、过快。还应注意的是，脱叶剂的用量和脱叶效果不成正比关系，如50%噻唑隆（脱落宝）可湿性粉剂的用量为40 g/亩，处理后20天的脱叶率均在85%以上；当用药量继续增加容易导致叶柄干死，而不脱落。新疆常用脱叶剂使用剂量和方法见表4—2。

表 4—2　　　　　　　　　常用脱叶剂的使用方法

药　剂	施用方法	商品用量（g、mL/亩）	水量（kg/亩）
50%噻苯隆（脱落宝、真功夫、脱清）	机械喷雾	40	30～50
50%噻苯隆+乙烯利	机械喷雾	30+70	30～50
50%脱落宝+乙烯利+伴宝（助剂）	飞机喷雾	30+70+30	6～8
50%噻苯隆（人工快采）	人工或机械喷雾	10～20	30～50
54%脱吐隆（有效成分噻苯隆+高效助剂）	机械喷雾	12	30～50
脱吐隆+乙烯利	机械喷雾	10+70	30～50
脱吐隆+乙烯利+伴宝	机械喷雾	10+70+50	30～50
脱吐隆+乙烯利+伴宝	飞机喷雾	10+70+30	6～8
脱吐隆（人工快采）	人工或机械喷雾	3	30～50

（3）施药方法

1）噻苯隆等多数脱叶剂的传导性能很差，因此脱叶剂喷施均匀周到至关重要，如果叶片不直接接触药液，脱叶率很低。对于棉花生长茂盛、密度大的地块，可采用高剂量，也可采用两次施药。第一次施药应比正常施药期提前 7 天左右，采用较低剂量；待上部叶片大部分脱落后，再第二次施药，剂量适当增加。

2）飞机航喷时飞行高度控制在 5 m 左右，来回 2 次喷幅要略微重叠，但不要重叠太多。航喷采用超低量喷雾，雾滴小，容易飘移，加入拜耳公司生产的脱叶助剂（伴宝）能在一定程度上增加沉降，改善脱叶效果。飞机航喷没有喷到的地头、地边，人工及时辅助补喷。

3）喷雾最好在清晨，相对湿度较高时进行，在苛刻的温度条件下，混用脱叶助剂（伴宝）能在一定程度上改善脱叶效果。

4）采用飞机施药，用水量 6～7 L/亩，全田叶面均匀喷雾；机械和人工施药，用水量 30～50 L/亩，全田叶面均匀喷雾。

第五节　农药的销售与推广

→ 掌握农药经营基本常识。

农药是重要的农业生产资料,利用农药来控制病虫草鼠害是夺取农业丰收的关键,特别是控制危险性、暴发性病虫害时,农药更发挥不可替代的作用。近年来,随着农业生产水平的提高,农业结构的调整,农药使用量、使用范围越来越大,农药管理及使用中的问题亦日益突出。国家颁布法规加强了对农药生产、经营、使用及环境残留监测等的规范和管理。要求农药经营、使用和管理人员必须要有一定的农药基础知识,并熟练掌握农药管理法规,方便更好地服务农民、保护农业安全生产。

一、农药经营的基本条件

《农药管理条例》第四章第十九条规定:农药经营单位应当具备下列条件和有关法律、行政法规规定的条件,并依法向工商行政管理机关申请领取营业执照后,方可经营农药。

1. 有与其经营项目相适应的技术人员。一般情况下要求有1~2名农业相关专业中专以上学历或通过劳动部和农业部联合颁发的"植保员初级工以上级别的职业技能鉴定资格证书"。

2. 有与其经营的农药相适应的固定营业场所、仓储设施、安全防护措施和环境污染防治措施。

3. 有与其经营的农药相适应的规章制度。包括进货检验制度、农药管理制度、农药购销记录制度、质量事故报告制度、技术服务制度等。

4. 有与其经营的农药相适应的质量管理制度和管理手段。

5. 办理经营许可证。由当地安全生产监督管理部门对申请经营农药的单位进行审查,符合条件的,发放危险化学品经营许可证。

二、农药经营单位

我国《农药管理条例实施办法》规定只有以下单位才能经营农药:

供销合作社的农业生产资料经营单位,植物保护站,土壤肥料站,农业、林业技术推广机构,森林病虫害防治机构,农药生产企业,以及国务院规定的其他单位可以经营农药。

农垦系统的农业生产资料经营单位、农业技术推广单位,按照直供的原则,可以经营农药;粮食系统的储运贸易公司、仓储公司等专门供应粮库、粮站所需农药的经营单位,可以经营储粮用农药。

日用百货、日用杂品、超级市场或者专门商店可以经营家庭用防治卫生害虫和衣料害虫的杀虫剂。

三、禁止经营的农药

1. 国家明令禁止生产和使用的农药。

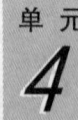

2. 无农药登记证或者农药临时登记证，无农药生产许可证或者农药生产批准文件，无产品质量标准和质量合格证的农药。

3. 假农药和劣质农药。

4. 没有标签或标签残缺不清的农药。

5. 未经法定农药检定机构检验或者经检验认定为不符合标准的超过质量保证期限的农药。

6. 已撤销登记的农药。

第六节　喷杆式喷雾机的使用

 → 掌握喷杆式喷雾机的原理、使用技术和保养。

大田采用喷杆喷雾机进行喷雾作业，作业效率高，农药沉积分布均匀，不仅适合大面积农田的病虫草害的防治需要，还适合大面积喷洒植物生长调节剂的需要，是一种比较理想的适合大田作物的喷雾技术。是兵团使用范围最广、数量最多、最常用的大型施药器械。广泛用于棉花、大豆、小麦、玉米等农作物的播前、苗前土壤处理、作物生长前期除草及病虫害防治。

一、大田喷杆喷雾机的种类

大田喷杆喷雾机的种类很多，目前仍处于快速发展期，一些新的技术如GPS定位系统、图像处理系统等也正在应用于大田喷杆喷雾作业。根据不同的标准，大田喷杆喷雾机的划分方法也各不相同。大田吊杆式大型喷雾器如图4—1所示。

1. 大田喷杆喷雾机的分类

（1）根据喷杆形式不同划分

1）横喷杆式。喷杆水平配置，喷头直接装在喷杆下面，这是常用的一种机型。

2）吊杆式。在横喷杆下面平行地垂吊着若干根竖喷杆。作业时，横喷杆和竖喷杆上的喷头对作物形成"门"字形喷洒，使作物的叶面、叶背都能较均匀地被雾滴覆盖。主要用在棉花等作物的生长中后期喷洒杀虫剂、杀菌剂等（见图4—1）。

3）气流辅助式。这是一种新型喷雾机。在喷杆上方装有一条气袋，气袋下方对着每个喷头的位置开有一排出气孔。作业时由风机往气袋里供气，利用风机产生的强大气流，经气袋下方小孔产生下压气流，将喷头喷出的雾滴带入株冠丛中，提高了雾滴在作

图 4—1 大田吊杆式大型喷雾器

物各个部位的附着量,增强了雾滴的穿透性,使其可穿入浓密的作物中。作业时喷雾装置还可根据需要变换前后角度,大大降低了飘移污染。

(2) 根据动力源不同划分

根据动力源不同可分为自走式和非自走式。非自走式根据与拖拉机的输出动力连接方式不同又分为:

1) 悬挂式。喷雾机通过拖拉机三点悬挂装置与拖拉机相连接。

2) 固定式。喷雾机各部件分别固定地装在拖拉机上。

3) 牵引式。喷雾机自身带有底盘和行走轮,通过牵引杆与拖拉机相连接。

(3) 根据机具作业幅宽的不同划分

1) 大型。喷幅在 18 m 以上,主要与功率 36.7 kW 以上的拖拉机配套作业。大型喷雾机多为牵引式,也有大型自走式喷杆喷雾机。

2) 中型。喷幅为 10~18 m,主要与功率在 20~36.7 kW 的拖拉机配套作业。

3) 小型。喷幅在 10 m 以下,配套动力多为小四轮拖拉机和手扶拖拉机。

2. 大田喷杆喷雾机的选用

大田喷杆喷雾机种类多种多样,使用者需要根据不同作物、不同生长期、经济条件等来选择适用机型,具体选择请参照表 4—3。

表 4—3　　　　　适用不同作物、不同生长期大田喷杆喷雾机型

机型	适用作物	生长期
横喷杆式	小麦、棉花、大豆、玉米等旱田作物	播前、播后苗前的全面喷雾、作物生长期的除草及病虫害防治
吊杆式	棉花、玉米等	作物生长中后期的病虫害防治,特别是棉花蚜虫、叶螨的防治
气流辅助式	棉花、玉米、小麦、大豆等旱田作物	作物生长中后期的病虫害防治、植物生长调节剂的喷洒等

需要注意的是：大田喷杆喷雾作业在作物中后期喷雾时应配高地隙拖拉机；喷幅大于10 m的喷杆喷雾机应带有仿形平衡机构；喷洒除草剂时，为防止药液滴造成药害，喷头应配有防滴装置。

目前，兵团农七师125团、农八师147团研制的雪橇式、框式（苗期使用）喷雾器也是喷杆式喷雾机，已在兵团大面积推广应用。其原理和结构与吊杆式喷雾器相似。

3. 喷杆式喷雾机的构造和原理

喷杆式喷雾机的种类众多，但其构造和原理基本相同。下面以拖拉机牵引的3W-2000型喷杆式喷雾机和3W-8.4型吊杆式喷雾机为例简单说明。

（1）拖拉机牵引3W-2000型喷杆式喷雾机（见图4-2）。3W-2000型喷杆式喷雾机的构造分为两部分，即动力部分和喷雾部分。

喷雾部分由液泵、药液箱、液压升降机构、喷射部件、调压分配阀、三通开关、过滤器、吸水头、传动轴、牵引杆等部件组成。

1）液泵。该机液泵为DMB-200型4缸活塞式隔膜泵，由泵体、泵盖、偏心轴、活塞部件、滑块部件、橡胶隔膜、空气室、进出水阀、进水管等部件组成。通过拖拉机的动力输出轴，驱动液泵的偏心轴旋转，其转速为540转/min。当偏心轴旋转时，可同时驱动2个活塞部件作直线往复运动，并带动1、3缸和2、4缸橡胶隔膜作往复运动，通过进、出水阀，将药液吸入和排出。

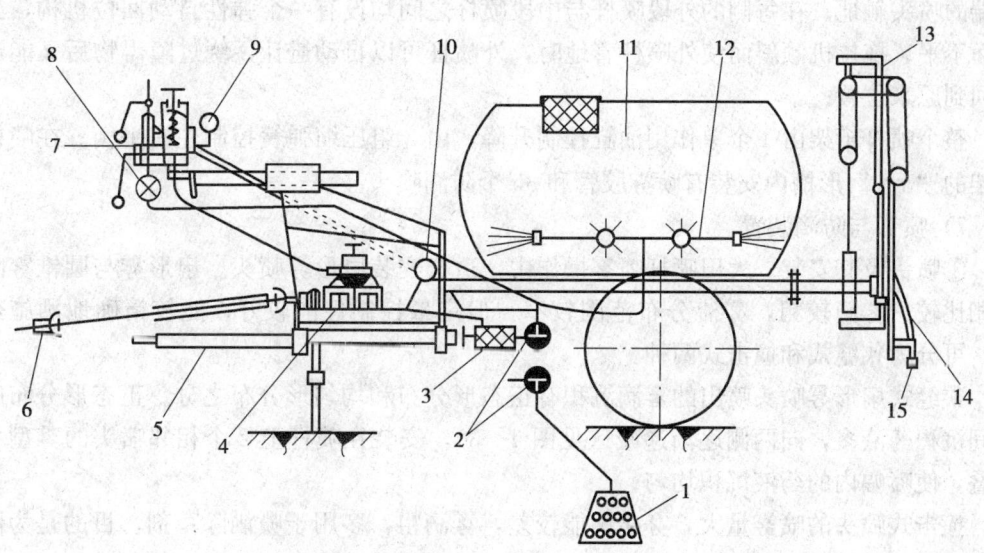

图4-2 3W-2000型喷杆式喷雾机

1—吸水头 2—三通开关 3—过滤器 4—隔膜泵 5—牵引杆 6—传动轴 7—调压分配阀 8—截止阀 9—压力表 10—总回水管 11—药液箱 12—搅拌器 13—液压升降机构 14—喷杆 15—喷头

2) 药液箱。用玻璃钢制成,箱的断面呈椭圆形。箱的底部安装有射流式液力搅拌装置,通过4个安装方向不同的射流喷嘴,对药液进行液力搅拌。射流量的大小由截流阀进行控制。

3) 液压升降机构。供升降喷射部件之用。作业时根据地形、风力与作物的高低,通过液压升降机构来适当调整喷头离地高度。驾驶员只要扳动拖拉机液压操纵手柄,扳到"上升"或"浮动"位置,通过单作用油缸的伸长或缩短来提升或降低喷杆,直到喷头离地达到所需高度为止。

4) 牵引杠。供拖拉机牵引喷雾机用,可根据不同拖拉机的牵引装置,适当调节牵引杠伸出长度。

5) 调压分配阀。由调压阀、总开关、分段控制开关、阻尼阀和压力表等组成。调压阀用来调节喷雾压力。总开关用于控制喷雾或停喷。分段控制开关可以分别控制4组喷头的喷雾或停喷。4个阻尼阀分别安装在4个分段控制开关的回水管路上,调节阻尼阀可使分段控制开关的回水管路与喷雾管路的水力阻力相等,以保证在关闭任意一组或几组喷头时,其余各组喷头的喷雾压力和喷雾量不变。

6) 喷杆。喷杆的作用是安装喷头,喷杆展开后可实现宽幅均匀喷洒作业。该机喷杆为桁架式机构,分为5段,左右2段喷杆可以折叠,以便运输和停放。在喷雾作业时,喷杆桁架展开成一直线。在外喷杆的两端装有仿形板,以免作业时由于喷杆倾斜而使最外端的喷头触地。在每侧的外段喷杆与中段喷杆之间均设有一个弹性自动回位机构,当地面不平、拖拉机倾斜而使外喷杆着地时,外喷杆可以自动避让,绕过障碍物后又能迅速回到原来位置。

整个喷杆桁架由1个单作用油缸控制升降,由2组压缩弹簧控制左右平衡。在喷杆桁架的"冂"形槽内安装有喷雾胶管和36个防滴喷头。

7) 喷头与防滴装置

①喷头及其安装。大田喷杆喷雾操作中,适合安装扇形雾喷头。扇形雾与圆锥雾喷头相比较,雾滴较粗,雾流分布范围较窄,但定量控制性能较好,能较精确地洒施药液。可分为狭缝式和撞击式两种。

狭缝式扇形雾喷头喷出的雾滴沉积有正态形分布和均匀形分布之分。正态形分布的中间沉积药液多,向两侧逐渐递减(见图4—3),安装在喷杆上2个相邻喷头的雾型相垂叠,使喷幅内的药液沉积均匀。

撞击式喷头的喷雾量大,雾化性能较差,雾滴粗,多用于喷洒除草剂,目的是为防止雾滴飘移伤害农作物。

大田喷杆喷雾作业前,选择喷头和调整喷头安装位置非常重要,如图4—3所示,选择合适的喷头后,要对整个喷杆的喷液量沉积分布进行测试。

②防滴装置。喷杆喷雾机在喷除草剂时,为了消除停喷时药液在残压作用下沿喷头

农药（械）使用常识

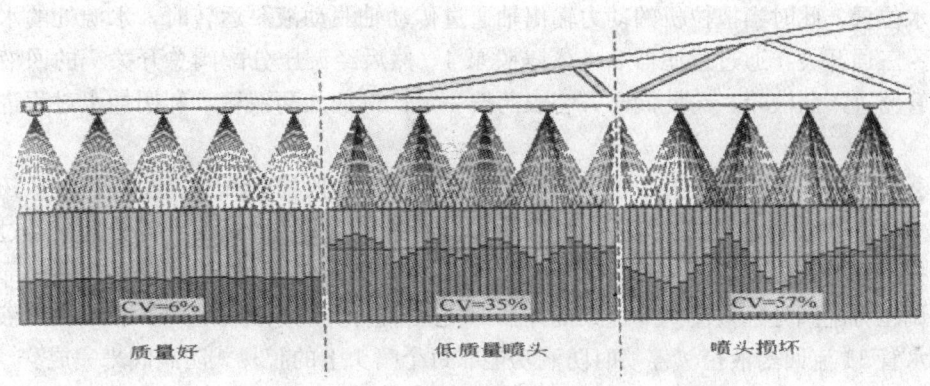

图4—3 喷头质量及安装位置与喷雾均匀性关系

滴漏而造成药害，多配有防滴装置。防滴装置共有3种部件（即膜片式防滴阀、球式防滴阀和真空回吸三通阀），可以按3种方式配置（即膜片式防滴阀加回吸阀、球式防滴阀加回吸阀、膜片式防滴阀）。

8）拖拉机牵引3W—2000型喷杆式喷雾机的工作原理如图4—4所示。

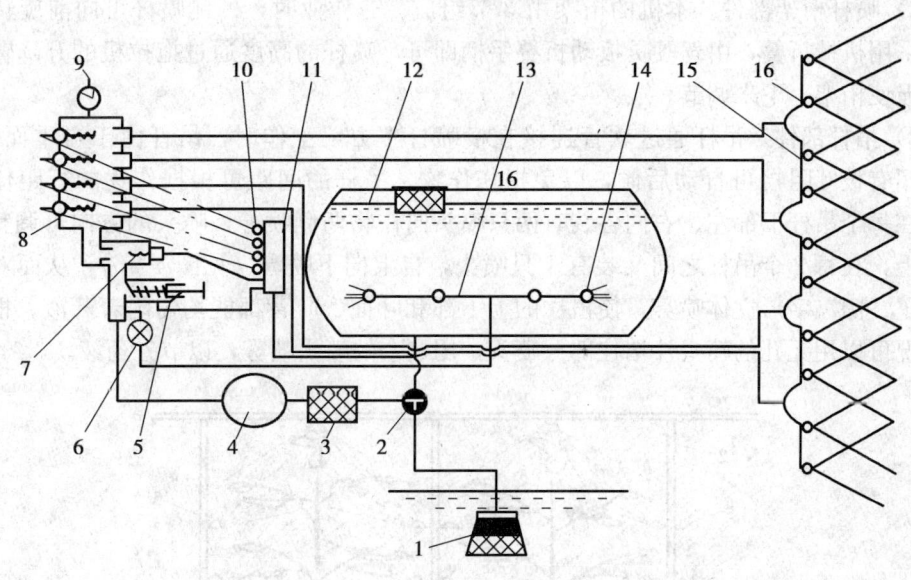

图4—4 3W—2000型喷杆式喷雾机工作原理
1—吸水头 2—三通开关 3—过滤器 4—隔膜泵 5—调压 6—节流阀 7—总开关 8—分段控制开关 9—压力表 10—阻尼阀 11—总回水管 12—药液箱 13—搅拌器 14—搅拌喷头 15—喷杆 16—喷头

①加水加药时将吸水头1放入水源,关闭四个分段控制开关8,并把三通开关2置于加水位置,此时当拖拉机的动力输出轴通过传动轴驱动液泵运转时,水源处的水经吸水头、三通开关,通过过滤器3进入隔膜泵4,然后经调压分配阀总开关7的回液管及搅拌管路进入药液箱,与此同时,将农药按一定比例加入药液箱,利用加水过程进行搅拌。

②喷雾时,把三通开关2置于喷雾位置,并打开分段控制开关。这时药液从药液箱12经三通开关、过滤器进入液泵,由液泵加压后进入总开关,此时一部分药液通过四组分段控制开关8分别经四根喷雾软管输送至五段喷杆,15经喷头16喷出,另一部分药液由调压分配阀处经截流阀6送到搅拌器13进行搅拌,剩余药液经调压阀5的回液管及总回水管11流回药液箱。停喷时防滴功能靠每个喷头上的膜片式防滴阀来完成。

(2) 固定式3W—8.4型吊杆式喷雾机的构造和原理。该机所有的零部件均固定在泰山—25型拖拉机上。主要由MB280型隔膜泵、旋水芯喷头、药液箱、射流泵、射流搅拌器、喷杆桁架、吊杆和机架等部件组成。其中大部分部件与前面所述的相似,这里就不再重复,下面就药液箱、喷杆桁架和吊杆作一简单介绍。

1) 药液箱。本机设置3个药液箱,主药液箱装在驾驶室后方,两个副药液箱装在发动机左右两侧,以减轻后轮负荷。雪橇式一般为2个药箱,前面和后面各一个。

2) 喷杆桁架部件。本机的桁架由3节组成。非作业时,外侧喷杆可向前旋转90°,喷杆采用机械折叠,由驾驶员扳动折叠手柄即可,喷杆的高度通过拖拉机的升降臂牵动钢丝绳使桁架上下来调节。

3) 吊杆部件。吊杆通过软管连接在横喷杆下方,工作时,吊杆由于自重而下垂,当行间有枝叶阻挡可自动后倾,以免损伤作物。吊杆的间距可根据作物的行距任意调整。在每个吊杆下部左、右向各装有两只喷头向作物两侧喷雾,喷头的方向可调整。横喷杆上,在每2个吊杆之间又装有1只喷头,自上向下喷雾(见图4—5),从而对棉株形成了"门"字形立体喷雾,使植株的上下部和叶面、叶背都能均匀附着药液。根据作物情况可以用无孔的喷头片堵住部分喷头,用剩余的喷头喷雾,以节省药液。

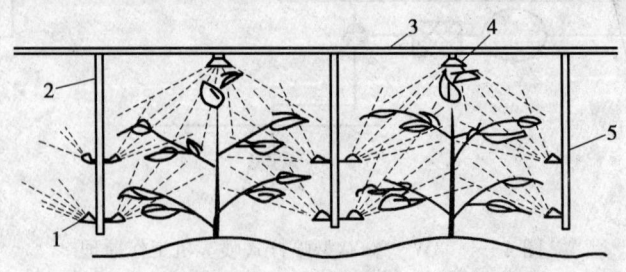

图4—5 吊杆式喷雾机作业示意
1—吊杆喷头 2、5—吊挂喷杆 3—横喷杆 4—顶喷头

4）3W-8.4型吊杆式喷雾机工作原理（见图4—6）。在给药液箱加水时，先往一个药液箱加入适量的引水，并将未加水的药液箱的开关关闭，然后将射流泵软管接在调压分流阀上，旋转分流阀手柄接通射流泵，关闭喷杆管路，把射流泵放入水源中，开动机器即可自动加水。加水后，旋动调压分流阀，至接通喷杆、关闭射流泵的位置，卸下射流泵即可作业。

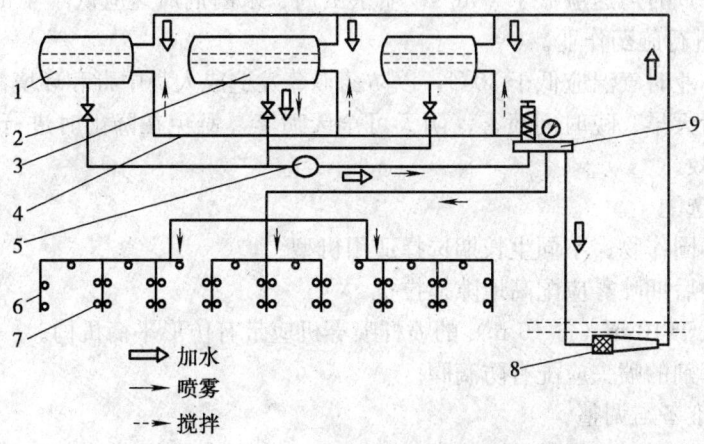

图4—6 3W-8.4型吊杆式喷雾机工作原理
1—前药液箱 2—开关 3—后药液箱 4—回水搅拌 5—活塞隔膜泵
6—吊杆 7—喷头 8—射流泵 9—调压风流阀

二、喷杆式喷雾机的使用方法

1. 药液箱与拖拉机的选配

应该根据大田喷杆喷雾机药液箱的大小选配合适功率的拖拉机。喷杆喷雾机药液箱按配置形式可分为前后置式、悬挂式、牵引式等3种。

前后置式药液箱是通过支架直接固定在拖拉机的前、后方或两侧。药液箱容量可分为200 L、400 L、600 L和800 L。须按照拖拉机轮胎的实际允许负荷和药液箱所需配置的位置，选用恰当容量的药液箱。圆桶形药液箱比其他形状的药液箱重心低，药液箱的直径与长度比以1∶1.5～1∶1.8为宜，以减少药液箱重心外移和药液箱侧置时影响拖拉机组的通过性。

悬挂式药液箱的容量一般在300～1 000 L，大功率的拖拉机可配1 500 L药液箱。其形状多为矩形，也有少数是圆桶形。矩形药液箱不仅可以使机具重心前移，而且能够充分利用空间。为了提高药液的搅拌效果，药液箱底部采用了圆弧形。药液箱长度不要超过配套拖拉机的宽度，尽可能扁些。

牵引式药液箱一般容量比较大，国外一般在1 000～4 000 L，个别也有5 700 L。大容量药液箱可以提高喷雾机的工作效率,减少加水等辅助时间。国内北方配置的药液箱容量 1 000~2 000 L,基本可以满足喷洒除草剂的要求。喷杆式喷雾机是由拖拉机驱动并装有喷杆的液力式喷雾机。

2. 施药前的准备

(1) 施药的气象条件

1) 喷除草剂时风速应低于 2 m/s;喷杀虫剂、杀菌剂风速应低于 4 m/s;风速大于 4 m/s 时不得进行施药作业。

2) 喷洒作业时气温应低于 30℃,以防药液蒸发造成人身中毒和环境污染。

3) 应在晴天早、晚时间喷雾,阴天可全天喷雾,避免在降雨时进行喷洒作业,以保证良好的防效。

(2) 机具选配

1) 根据不同作物、不同生长期选择适用机型。

2) 作物中后期喷雾应配高地隙拖拉机。

3) 喷幅大于 10 m(含 10 m)的喷杆喷雾机应带有仿形平衡机构。

4) 喷除草剂的喷头应配有防滴阀。

(3) 机具准备与调整

1) 喷杆式喷雾机与拖拉机的连接应安全可靠,所有连接点应有安全销。悬挂式喷雾机与拖拉机连接后,应调节上拉杆长度,使喷雾机在工作时雾流处于垂直状态;牵引式喷雾机与拖拉机连接前应调节牵引杆长度,以保证机组转弯时不会损坏机具。

2) 喷头的选用和安装。横喷杆式喷雾机喷洒除草剂作土壤处理时,应选用 110 系列狭缝式刚玉瓷喷头。喷头的安装应使其狭缝与喷杆倾斜 5°~10°;喷杆上喷头间距为 0.5 m。如选用不同喷雾角度的扇形雾喷头或喷头间距时,喷头离地高度应符合表 4—4 的规定。进行苗带喷雾时,应选用 60 系列狭缝式刚玉瓷喷头。喷头安装间距和作业时离地高度可按作物行距和高度来决定。表 4—5 给出了各种苗带宽度用不同喷头作业时喷头应离地的高度。表 4—6 是各种扇形雾喷头离地不同高度时的喷幅,如喷雾机喷洒除草剂作土壤处理时,应使相邻的两个喷头的扇形雾面相互重叠 1/4,以保证喷洒的均匀性。

表 4—4　　　　　　　　选用不同喷雾角的扇形喷头或喷头离地高度

喷头喷雾角度	喷头间距(cm)	喷头离地高度(cm)
65	46	51
	50	56
85	46	38
	50	46
110	46	45
	50	50

表 4—5　苗带喷雾时各种苗带宽度用不同喷头作业时喷头离地高度（cm）

苗带宽度	喷头喷雾角度	
	60	80
20	18	13
25	22	15
30	26	18

表 4—6　各种扇形雾喷头离地不同高度时的喷幅（cm）

喷头高度	喷头喷雾角度			
	65°	73°	80°	150°
15	19.1	22.2	25.2	112
20	25.5	29.6	33.6	149
25	31.9	37	42	187
30	38.2	44.4	50.3	224
40	51	59.2	67.1	299
50	63.7	74	83.9	373

吊杆式喷杆喷雾机喷杀虫剂、杀菌剂和生长调节剂时，应选用空心圆锥雾喷头。安装喷头时，应根据作物的行距，并在植株的顶部安装一个喷头自上向下喷；在吊杆上根据植株情况安装若干个喷头自下向上喷，以形成立体喷雾。

气力辅助式喷杆喷雾机可选用空心圆锥雾喷头或狭缝式刚玉瓷喷头，喷头的安装位置根据作物的具体情况和气力输送机构的情况确定。各种苗带宽度用不同喷头作业时喷头应离地的高度不同。

3）喷雾机至少应有 3 级过滤。即加水口过滤（有自动加水功能的机具应有吸水头过滤）、喷雾主管路过滤、喷头过滤。各过滤网的孔径应逐级变细，喷头处的滤网孔径不得大于喷孔直径的 1/2。

4）按使用说明书要求做好机具的其他准备工作如液泵及各运动件加注机油、黄油，对轮胎充气等。

5）按规定的要求对机器进行试运转。

（4）拖拉机行走速度的计算：

$$V = \frac{Q}{BP} \times 10^4$$

式中　V——拖拉机行走速度，m/s；

　　　Q——喷雾机全部喷头的总流量，L/s；

　　　B——喷杆喷雾机的喷幅，m；

　　　P——农艺上要求的施液量，L/hm^2。

　　拖拉机轮胎的新旧程度、田间作业时土壤松紧度等因素均会影响车速。因此，施药前除了要计算拖拉机行走速度外，还要实测和校核拖拉机行走速度。一般采用百米测定法：在田间量出 100 m 距离，用秒表计时，拖拉机以计算的速度行走 100 m，记录所需时间，重复 3 次。如与计算值有差值，可通过增减油门或换挡来调整速度。

　　(5) 喷头流量校核。由于喷头磨损、制造误差等原因，会导致喷量不一致。因此，施药前应对每个喷头进行喷量测定和校核。测定时，药箱装清水，喷雾机以工作状况喷雾，待雾状稳定后，用量杯或其他容器在每个喷头处接水 1 min，重复 3 次，测出每个喷头的喷量。如喷量误差超过 5%，应调换喷头后再测，直到所有喷头喷量误差小于 5% 为止。

　　3. 施药中的要求

　　(1) 有自动加水功能的机具应先在药箱中加少量清水，再按使用说明书要求启动机器加水，与此同时将农药按一定比例倒入药箱（无自动加水功能的机具应先加水再加农药）。对于乳油和可湿性粉剂一类的农药，应事先在小容器内加水混合成乳剂或糊状物，然后倒入药箱。

　　(2) 启动前，将液泵调压手柄按顺时针方向推至卸压位置，然后逐渐加大拖拉机油门至液泵额定转速，再将液泵调压手柄按逆时针方向推至加压位置，将泵压调至额定工作压力，打开截止阀开始工作。

　　(3) 横喷杆式喷雾机和气流辅助式喷杆喷雾机喷除草剂，作土壤处理时，喷头离地高度为 0.5 m。喷杀虫剂、杀菌剂和生长调节剂时，喷头离作物高度 0.3 m。

　　(4) 作业时驾驶员必须保持机具的速度和方向，不能忽快忽慢或偏离行走路线。一旦发现喷头堵塞、泄漏或其他故障应及时停机排除。

第七节　风送式喷雾机的使用

→ 掌握风送式喷雾机的原理、使用技术和保养。

　　风送式喷雾机分为自走和拖拉机牵引两种。该类机具操作、调整方便，风送速度快、生产率高、喷洒质量好，是一种比较理想的果树用植保机具。

一、特点及使用范围

3WFX-400型悬挂风送式远射程喷雾机是由29 840 W以上轮式拖拉机悬挂作业的一种喷雾机新产品，广泛应用于果树、农田、草原、蔬菜、苗圃等地区的病虫害防治和灭蝗。它具有以下特点：射程远，雾滴细而均匀，作业效率高；结构简单，使用方便，机动性好；适应性广，喷雾机的喷雾量可以调节，既可进行超低量喷雾，又可进行低量喷雾，满足不同喷雾作业的需要；药液箱、喷头等主要工作部件采用优质工程塑料制造，耐腐蚀性能超强，使用寿命长；风筒可上下、左右调节，以适应不同风向、不同作物高度的防治要求。

二、主要技术参数

射程≥15 m；

喷雾量2～30 L/min（可调）；

药液箱容量400 L；

作业速度4～8 km/h；

作业生产率≥6 hm²/h（90亩/h）；

整机净重230 kg；

外形尺寸1 200 mm×900 mm×2 100 mm；

配套动力29 840 W以上轮式拖拉机；

传动轴额定转速540 r/min。

三、构造及工作原理

3WFX-400型悬挂风送式远射程喷雾机主要由机架、药箱、传动轴及增速皮带轮、风机及出风管、液泵、喷头及喷雾管路系统等部件组成（见图4—7）。

3WFX-400型悬挂风送式远射程喷雾机的工作原理是：接合拖拉机的动力输出轴带动传动轴转动，经过皮带轮增速后带动风机液泵转动，液泵将药箱内的药液吸入后压送到位于出风管出口处的喷头处；同时，风机旋转产生的高速气流从出风管喷出，吹动喷头高速旋转，将药液雾化成细小的雾滴，雾流在高速气流的带动下吹向目标物。

风筒及出风管转向连接板上设有定位机构，转向前，先扳动手把，使定位齿脱开，转向到合适位置后，再抬起手把，使定位齿重新结合即可。

机架上设有三个悬挂点，用于与拖拉机挂接。当需要机具停止喷雾作业时，脱开拖拉机的动力输出轴即可。

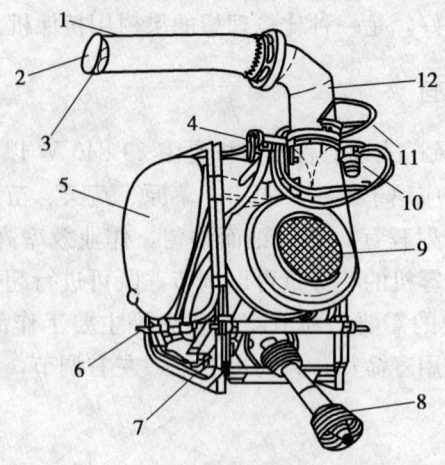

图4—7 3WFX—400型悬挂风送式远射程喷雾机结构简图
1—出风管 2—喷头保护盖 3—喷头 4—调量开关 5—药箱 6—总开关 7—液泵
8—传动 9—风机 10—过滤器 11—转动手把 12—风筒

四、操作方法

1. 使用前的准备工作

（1）检查各紧固件及各连接处有无松动现象，带轮的皮带是否张紧适度。

（2）将机具的三个悬挂点分别与拖拉机的上、下悬挂杆相连接，插好锁销。收紧下拉杆限位链（杆），以防止机具左右晃动。

（3）将伸缩的传动轴脱开，两端节叉分别与拖拉机动力输出轴和喷雾机上的带轮轴连接。注意与拖拉机动力输出轴相连接端的节叉上的锁定销必须到位锁定；取下另一端节叉上的开口销和锁定销，安装到喷雾机的带轮轴上，到位后插好锁定销和开口销，以防止节叉脱出。

（4）传动轴安装完毕后，启动拖拉机，缓慢提升喷雾机，确定传动轴的合适长度。传动轴的合适长度是指喷雾机在最低位置时传动轴有一定的重叠量而不脱开，在最高工作位置时传动轴不顶死。如果传动轴过长，则需切短到合适长度。

（5）插好长度合适的传动轴，再分别与拖拉机和喷雾机连接好。

2. 试运转

（1）药液箱内加入适量干净的清水。

（2）将出风管转动到顺风向位置，掀起喷头保护盖。

（3）打开药箱下部的喷雾机总开关。

（4）启动拖拉机，将喷雾机缓慢提升到工作位置，在发动机小油门下接合动力输出轴，使风机和液泵转动，检查风机是否转动正常，叶轮有无刮蹭和不正常声响，如有问题，停车检查排除。

（5）将发动机转速逐渐提高到额定转速，检查喷雾机工作情况，液泵是否正常工作，喷头是否雾化良好，出风是否强劲，喷雾管路系统有无渗漏现象，如有问题，停车检查排除。

（6）喷雾机的喷雾量通过控制通往喷头的喷雾开关和通往药箱的回水开关的开度进行调节。正常喷雾时，通往喷头的喷雾开关一般可以放在全开位置，只需控制通往药箱的回水开关的开度来调节喷雾量：回水开关全开时，喷雾量较小，逐渐减小回水开关开度，喷雾量逐渐加大，当回水开关全关（没有回水）时，喷雾量达到最大。如需进行超低量作业，在回水开关全开时喷雾量仍过大，则可以减小喷雾开关的开度，直至喷雾量满足使用要求。

完成上述试运转后，喷雾机即可进行正常的喷雾作业。

（7）如果发现风机或液泵带轮的皮带较松，按以下方法调整张紧度：

1）液泵皮带张紧。松开液泵固定板的固定螺栓，移动液泵固定板，将皮带松紧度张紧到适当程度，再拧紧固定螺栓。

2）风机皮带张紧。先松开上部皮带轮轴承座包紧带的固定螺栓，将轴承座转动一定角度，使皮带张紧到适当程度，拧紧包紧带固定螺栓；再松开下部皮带轮轴承座包紧带的固定螺栓，将轴承座转动一定角度，使皮带张紧到适当程度，拧紧包紧带固定螺栓。

3. 喷雾作业

（1）将机具的 3 个悬挂点分别与拖拉机的上、下悬挂杆相连接，插好锁销。收紧下拉杆限位链（杆），以防止机具左右晃动。连接好传动轴。

（2）按农业防治要求的配置比例将适量药剂加入药箱，然后向药箱内加水，旋紧药箱盖。注意：药剂及水应清洁干净，不含固体杂质，以防止喷头和管路系统堵塞；加水不可过满，以防止作业时因机具晃动而洒出。

（3）掀起喷头保护盖，根据作业时的自然风向、风力大小及作物高度，将出风管转动到顺风向位置及合适的角度。在没有风或风力较小时，出风管应略微上倾；风力较大时，出风管应水平放置。

（4）打开总开关和回水开关，将喷雾开关手把置于关闭位置。

（5）启动拖拉机，接合动力输出轴，使喷雾机在额定转速下工作片刻，利用液泵的回水将药液搅拌均匀。

（6）打开喷雾开关，根据选定的作业速度和单位面积施药量要求确定出所需的喷雾量，将回水开关和喷雾开关手把置于合适的位置，将拖拉机开到作业区域，接合动力输出轴，即可进行喷雾作业。

所需的喷雾量按下式确定出：

$$q = \frac{Q \times V \times L}{600}$$

式中 q——喷雾机所需的喷雾量,L/min;

Q——单位面积施药量,L/m²;

V——喷雾机作业速度,km/h;

L——喷雾射程,m。

如果单位面积施药量 Q 的单位是 L/亩,则按下式确定所需的喷雾量(其他参数的单位不变):

$$q = \frac{Q \times V \times L}{40}$$

(7)喷雾作业应按图 4—8 所示的路线进行。当喷雾机需要改变前进方向继续进行喷雾作业时,应随时根据风向改变出风管的方向。

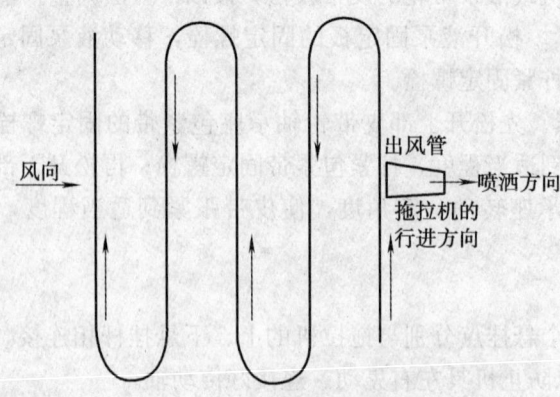

图 4—8 喷雾作业路线图

五、维护保养与存放

1. 每日使用保养

(1)检查机具各紧固件有无松动现象,发现松动及时紧固。

(2)检查皮带松紧程度,若皮带过松,应及时张紧。

(3)检查机具的各密封处有无渗漏现象,如果发现,应予以排除。

(4)喷雾作业完成后,药箱内加入适量清水,清洗药箱、液泵、管路系统和喷头,以减少残留药液对机具的腐蚀。

2. 长期存放

(1)用清水将药箱、液泵、管路系统和喷头彻底清洗干净,然后,将药液箱及液泵、管路系统中的残余液体放净。

(2)擦净机具表面上的尘土及油污,将机具存放在阴凉、干燥、通风的机库内,要避免与有腐蚀性的化学物品靠近，并注意远离火源。

（3）如有必要，拆开风筒及出风管转向连接板，涂抹适量清洁黄油，以保证风筒及出风管转动灵活。

3. 常见故障及排除方法（见表4—7）。

表4—7　　　　　　　　　　常见故障及排除方法

故障现象	故障原因	排除方法
液泵不吸水	1. 药箱内没有药液 2. 药箱出水口堵塞 3. 总开关处于关闭位置 4. 过滤器被脏物堵塞 5. 液泵进水口处胶管过松或破裂，导致空气进入 6. 液泵密封件损坏	1. 药箱内加药加水 2. 清除药箱出水口处堵塞物 3. 打开总开关 4. 旋下过滤器盖，清除脏物 5. 卡紧液泵进水口处胶管或更换新胶管 6. 更换液泵密封件
液泵虽能吸水，但压力不够，喷雾量小	1. 发动机转速过低 2. 过滤器被脏物堵塞 3. 液泵进水口处胶管过松或破裂，导致空气进入 4. 液泵内叶轮与泵盖之间的间隙过大 5. 喷头内出水孔堵塞	1. 提高发动机转速 2. 旋下过滤器盖，清除脏物 3. 卡紧液泵进水口处胶管或更换新胶管 4. 调整叶轮与泵盖之间的间隙或更换新叶轮 5. 清除喷头内出水孔堵塞物
喷雾管路系统渗漏	1. 连接处松动导致密封不严 2. 密封件损坏	1. 旋紧连接处紧固件 2. 更换密封件

第八节　航空施药技术

→ 掌握航空施药技术的原理和使用技术。

航空施药是用飞机或其他飞行器将农药液剂、粉剂、颗粒剂等从空中均匀地撒施在目标区域内的施药方法，也称为空中施药法。它是效率最高的施药方法，但农药飘移严重，对环境污染的风险高，适用于连片种植的作物、果园、森林、草原、孳生蝗虫的荒滩和沙滩等地块施药，能以很快的速度控制住病虫害大面积发生。

一、施药飞机的种类

航空施药采用的机型主要有以下3类：定翼式施药专用飞机、定翼式多用途飞机、旋翼式直升机。

定翼式施药专用飞机，一般装备为单台发动机，功率110～440 kW，作业飞行速度100～180 km/h，载药量300～800 kg。这类飞机结构轻巧，飞行机动灵活，驾驶安全，施药设备配置合理，施药质量好，作业效率很高，适合于作物单一品种种植面积大、施药次数多、作业季节较长的农场和林场使用。

定翼式多用途飞机，发动机功率440～730 kW，农用载重量1 000～5 000 kg，飞行仪表齐全、速度快、航程远，除能喷洒（撒）农药外还可用于客货运输、防火护林等，也是目前使用最多的一类飞机。我国生产的运五、运十一等均属此类飞机。

旋翼式直升机，飞行机动灵活，能利用旋翼产生的下降气流把农药微粒吹送到植物冠层内部。适合于地形复杂、地块小、作物交叉种植的地区使用。但直升飞机造价昂贵，运行成本高，因此，只有少数国家用于农药喷洒（撒）。

二、施药设备

航空施药系统有常量喷雾、超低容量喷雾、撒颗粒、喷粉等多种施药设备，也可喷施烟雾，根据需要选用。

1. 喷雾设备

喷雾设备分为常量喷雾和超低容量喷雾两种设备。主要由供液系统、雾化部件及控制阀等组成。供液系统由药液箱、液泵、控制阀、输液管道等组成（见图4—9）。液体农药、农药粉剂用同一药（液）箱装载，液泵由风车或电动机驱动。雾化部件由喷雾管与喷头组成，根据不同喷雾要求，可更换不同型号的喷头。飞行员在座舱内操纵喷雾控制阀即可实施喷雾。超低容量喷雾是一种工效很高的喷雾方式，与常量喷雾相比，其喷雾量很小，雾滴极细，可以直接喷洒未经稀释的农药原油，非常适合地域辽阔的大面积农场、牧场、林场喷洒农药。喷雾设备采用高速旋转的盘式或笼式雾化器，其他部件与常量喷雾设备大同小异。

2. 喷粉设备

主要由粉箱、搅拌器、风洞扩散器、风车、定量粉门等组成。飞行员操纵定量粉门，粉箱内的药粉在搅拌器的推动下，通过粉门定量地

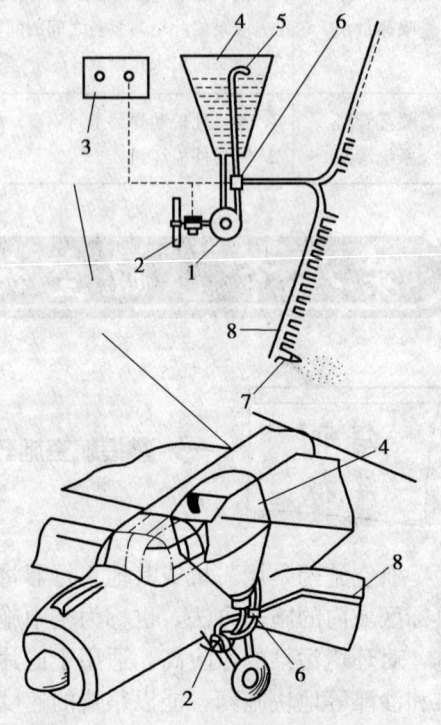

图4—9 航空喷雾机

1—液泵 2—风车 3—控制器 4—药液箱
5—搅拌器 6—控制阀门 7—喷头 8—喷雾管路

进入风洞扩散器,在强大气流作用下,从扩散器后部喷洒出去。这种型型的喷粉设备还可用于喷撒化肥、颗粒农药以及撒播稻种、树种、草籽等。

3. 喷洒(撒)设备的安装和调整

(1) 药箱。药箱可用不锈钢或玻璃钢制成,为便于飞行员检查药液在药箱中的容量,要安装液位指示器。药箱加药口有个网篮式过滤器,通过底部装药口可以较迅速而安全地从地面搅拌装置或机动加药车把药液泵入药箱。虽然每个喷头自身都有过滤网,为防止堵塞喷嘴,泵输入管仍需安装精细滤网,网孔尺寸取决于喷嘴类型。一般网孔50目适用于大部分喷雾作业,并最适用于喷雾可湿性粉剂。

(2) 液泵。通常采用离心泵,由安装在飞机发动机螺旋桨气流中的一个螺旋桨直接驱动。液泵通常在起落架之间,液泵安装在药箱下方以保持处于启动状态。齿轮泵、滚子泵等如需较高的压力,可采用在靠近泵的进口装一个阀,如果需要保养或者更换泵,不需要将装置中的药液排空也能把泵拆下来。为使一部分液流再回到药箱进行液力搅拌,泵需具有足够的流量。

(3) 喷杆定翼式飞机喷杆长度要比机翼展短 0.5 m,这样可避开翼尖区,以避免翼尖涡流把雾滴向上带。采用加长的喷杆是为了增加喷幅,喷杆通常安装在机翼后缘,安装在机翼下方喷雾分布较均匀。喷杆可采用圆形管,为了减少阻力亦可采用流线形管,对很黏的物质采用的直径可大一些。

三、航空施药系统的性能

作为农药喷洒(撒)的农用飞机的主要设计性能要求如下。

1. 要求一个性能好的发动机,把载重的飞机从相当于海平面的地面或砾石跑道上在 400 m 以内上升到 15 m 高,为适应这种情况,机身需经超限应力。大多数飞机的单个发动机功率为 120~1 000 kW,在作业速度为 130~200 km/h、承载量为 250~350 kg 的情况下,飞机应具有 65~100 kg/h 的低失速度和高的有限负载与低总质量比。

2. 飞机必须具有良好的稳定性,并且操作轻便、控制灵敏,以减轻飞行员的疲劳。机舱内全部仪表容易识别,飞机仪表要与喷洒(撒)装置有关的仪表区别清楚。

3. 机舱周围的视野应广阔,机舱结构要牢固,以保证飞机发动时飞行员的安全。起落架和座舱罩要备用锋利的导刀,以减少碰到动力线或电线的危险,在驾驶舱顶部和尾翼之间安装一根导向索。为了减少飞行员受污染的危险,采用增压和空调的座舱,反冲型腹带和安全帽对于紧急保护是重要的。

4. 药箱和药桶应设置在机舱的前面和发动机后面的飞机升力中心上,使在喷雾过程中重量变化时保持飞机平衡。在装药口旁边必须清楚地标明最大允许重量。必须把药箱设计成能快速装载、容易清洗和保养,而且在飞行时容易排药。药液通常从药箱底部泵入,而干剂是通过顶部大的防尘口装入。为了防止药物中毒,应备有农药搅拌器和农药

5. 燃油箱应离飞行员和发动机远一些，免得发生火灾。目前推荐采用机翼油箱。

6. 飞机和喷洒（撒）设备的全部零件的设计应便于检查、清洗和保养。应采用抗腐蚀材料和涂层。采用多发动机，能保证飞机在安全着陆受到限制、遇到发动机发生故障的紧急情况下驾驶员和飞机的安全。好的机场设施可减少天气对飞机作业的影响，可提高飞机利用率。

我国目前使用的农用飞机国内生产的有运五B（Y—5B）、运十一（Y—11）、农林五（N—A5）等3种机型；从国外引进的有M—18、gA—200、空中农夫（PL—12）等3种机型。

四、航空施药适用的农药种类

航空施药可喷撒（洒）杀虫剂、杀菌剂、除草剂、植物生长调节剂和杀鼠剂等。杀虫剂喷雾处理，可以采用低容量和超低容量喷雾技术，低容量喷雾的施药量为10～50 L/hm^2，超低容量喷雾须喷洒专用油剂或农药原油，施药量为1～5 L/hm^2，一般要求雾滴覆盖密度为每平方厘米20个雾滴以上。飞机喷洒触杀性杀菌剂，一般采用中容量喷雾技术，施药量为50 L/hm^{2}以上；喷洒内吸杀菌剂可采用低容量喷雾，施药量为20～50 L/hm^2。飞机喷洒除草剂，通常采用低容量喷雾，施药量为10～50 L/hm^2；若使用可湿性粉剂，则施药量为40～50 L/hm^2。飞机喷撒杀鼠剂，一般是在林区和草原撒施杀鼠剂的毒饵或毒丸。

适用于飞机喷撒（洒）的农药剂型有粉剂、可湿性粉剂、水分散粒剂、乳油、水剂和可溶性粉剂、油剂、颗粒剂、微粒剂等。粉剂喷撒中由于细小粉粒容易飘移，现在已很少使用。乳油喷雾时由于是加水稀释后喷雾，因其中溶剂容易挥发，为防止飞行中着火和水分蒸发后引起的农药飘移，乳油制剂不可直接用于超低容量喷雾，而只能用于中容量和低容量喷雾。油剂是直接用于超低容量喷雾的，其闪点的要求不得低于70℃。

五、气象因素对航空施药的影响

1. 风速风向

风速影响雾滴飘移距离，风向决定雾滴飘移方向，雾滴的飘移距离与风速成正比。

（1）无风条件下，小雾滴降落非常缓慢，并飘移很远甚至几公里以外，可能造成严重的飘移危害。

（2）易变化的轻风也是不可靠的，有时可能会突然静止下来，有时会变成阵风，从而造成喷洒间距很大的漏喷条带。因此在这种风中作业要十分谨慎，否则会使喷洒不均匀，出现飘移药害和漏喷条带。

（3）在稳定风条件下，空中喷洒（撒）作业是最理想的，而实际上这种风很少见。只要偏风或偏侧风，而不是逆风或顺风飞行，就不会造成飘移危害。

（4）在阵风情况下喷洒小雾滴影响并不大，这是因为真正的喷幅只是相重叠的多少，它会自动地进行补偿。飞机的喷幅是固定的，而得到的实际喷幅要比飞行喷幅宽，这就克服了两喷幅相接的差异和不均匀。在阵风中喷幅的不均匀大部分会被下一个喷幅所补充。

（5）在强风中喷洒（撒）作业很少出现喷幅相接不均匀现象。因为这种风向不易变化，最适宜的风速为 3 m/s。

2. 温湿度与降雨

温湿度和降雨对航空喷洒除草剂影响很大，特别是对于低容量喷雾，相对湿度和温度是主要影响因素。由于蒸发飘移，使许多雾滴特别是小雾滴飘散到空中，不能全部达到防治目标，尤其是以水为载体的药液更容易蒸发飘移。在空气相对湿度60%以下，使用低容量喷雾会使回收率更少，在此条件下必须采用大雾滴喷洒或停止施药。降雨可将药液从杂草叶面冲刷掉。因此作业前要熟读各种苗后除草剂说明书，了解各种除草剂施后与降雨间隔时间，并要了解天气预报，以便确定是否作业。

为了减少除草剂蒸发和飘移损失，空气湿度低于60%、大气温度超过35℃（以气象台百叶箱或室外背阴处温度为准）、上午9时至下午3时上升气流大，应停止喷洒作业。

六、航空喷雾中飞机翼尖的涡流

飞机翼尖涡流是飞机喷洒作业过程中，机翼下表面的压力比上表面的压力大，空气从下表面绕过翼尖部分向上表面流动而形成的。机翼两股翼尖涡流中心之间的距离大约是翼展的80%～85%，涡流直径大小占机翼半翼的10%。平飞时两股涡流不是水平的，而是缓缓地向下倾斜，在两股翼尖涡流中心的范围以内，气流向下流动，在两股翼尖涡流中心的范围以外，气流向上流动。因此，飞机翼尖和螺旋桨引起的涡流使雾滴变成不规则分布，尤其涡流使小雾滴不能达到喷洒目标。为避免翼尖涡流影响，一般用低容量和超低容量喷雾时喷杆长度是翼展的70%～80%，喷头安装至少离飞机翼尖1～1.5 m。目前运五型飞机为加宽喷幅，多装喷头紧靠翼尖，作业时翼尖涡流大，应认真调整。

七、航空施药的导航

飞机施药早期采用地面信号旗、荧光色板等人工导航。地势平坦的农牧区，视野开阔，以移动信号旗为主。当面积大、田块大小一致时，可利用规整的道路、渠道和防护林带等作为导航信号。现在，随着电子技术的发展，可以利用全球定位系统（GPS）进行导航。

单元测试题

一、填空题（请将正确的答案填在横线空白处）

1. 杀菌剂防治植物病害主要有_____和_____两种作用方式。
2. 杀菌剂进入菌体后，其杀菌作用或抑菌作用大致可分为_____和_____两个方面。
3. 有机硫杀菌剂比较重要的品种主要是代森系列和福美系列。如生产上常用的_____、_____、_____、_____等。
4. 除草剂按作用方式分为两类，即_____和_____。按施药方法分为4类，即_____、_____、_____和_____。
5. 影响棉花脱叶剂脱叶效果的主要因素有：_____、_____、_____、_____和_____。
6. 大田喷杆喷雾机是新疆最常用的机动喷雾器，根据喷杆型式不同可分为_____、_____、_____。

二、判断题（下列判断正确的打"√"，错误的打"×"）

1. 有机硫杀菌剂一般具有杀菌谱广、防效好、毒性低、药害风险小等特点。但这类杀菌剂容易引发病原菌的抗药性。（　　）
2. 有机硫杀菌剂比较重要的品种主要是代森系列和福美系列。（　　）
3. 配制容器不能用金属器皿，喷过的药械要及时洗净，防止腐蚀。（　　）
4. 2，4-D、百草敌在小麦拔节期使用较安全。（　　）
5. 乙草胺等水溶性大（淋溶性强）、活性高的除草剂适合在沙性土地上使用。（　　）
6. 骠马、大骠马、威霸虽然有效成分相同，但不能相互替代使用。骠马可用于小麦田除草，大骠马只能用于大麦田除草，威霸不能用于麦田除草。（　　）
7. 种衣剂的成分主要包括杀虫杀菌剂、激素、肥料、有益微生物等，其种类、组成及含量直接反映种衣剂的功效。（　　）
8. 包衣的种子质量标准必须达到国家二级以上，否则不准进行包衣。（　　）
9. 草甘膦、百草枯、氯酸镁用于棉花脱叶时属触杀型脱叶方式，通过杀伤或杀死植物的绿色组织，使叶片干枯，从而起到催熟和脱叶作用。（　　）

三、单项选择题（下列每题的选项中，只有1个是正确的，请将其代号填在横线空白处）

1. 下列哪种产品不适合葡萄霜霉病_____。
    A. 代森锰锌　　　　B. 粉锈宁　　　　C. 杀毒矾　　　　D. 霉多克

2. 下列属于保护性杀菌剂的是_____。
   A. 百菌清　　　B. 三唑醇　　　C. 多菌灵　　　D. 石硫合剂
3. 下列不属于含铜离子杀菌剂的是_____。
   A. 波尔多液　　B. 可杀得　　　C. 龙克菌　　　D. 三唑酮
4. 下列都能够用于拌种和种子包衣的杀菌剂有_____。
   A. 敌克松　福美双　代森锌　　　B. 三唑酮　多菌灵　扑海英
   C. 扑海英　敌克松　多菌灵　　　D. 三唑酮　多菌灵　福美双
5. 下列能够治疗作物细菌性病害的产品有_____。
   A. 龙克菌　农用链霉素　多菌灵
   B. 敌克松　石硫合剂　农用链霉素
   C. 龙克菌　可杀得　农用链霉素
   D. 可杀得　龙克菌　多菌灵
6. 下列不能用于玉米田除草的除草剂是_____。
   A. 氟乐灵　　　B. 金都尔　　　C. 玉农乐　　　D. 2，4-D丁酯
7. 下列种衣剂能够防治棉花苗期蚜虫和蓟马的有_____。
   A. 苗康　　　　B. 锦华　　　　C. 高巧　　　　D. 卫福
8. 下列不属于植物生长调节剂的有_____。
   A. 缩节胺　　　B. 速乐硼　　　C. 多效唑　　　D. 乙烯利
9. 防治棉田叶螨应选用哪种施药器械：_____。
   A. 横喷杆式喷杆喷雾器　　　　　B. 气流辅助式喷杆喷雾器
   C. 飞机航喷　　　　　　　　　　D. 吊杆式喷杆喷雾器
10. 喷洒除草剂应选用哪种施药器械：_____。
    A. 横喷杆式喷杆喷雾器　　　　　B. 气流辅助式喷杆喷雾器
    C. 飞机航喷　　　　　　　　　　D. 吊杆式喷杆喷雾器

单元测试题答案

一、填空题

1. 保护　治疗
2. 破坏细胞结构　干扰新陈代谢
3. 代森锰锌　丙森锌　福美双　代森锌
4. 选择性除草剂　灭生性除草剂　茎叶处理除草剂　土壤处理除草剂　茎叶处理兼土壤处理除草剂　水面施用除草剂
5. 温湿度　光照　密度　成熟度　灌溉　病虫害防治

6. 横喷杆式　吊杆式　气流辅助式

二、判断题

1.×　2.√　3.√　4.×　5.×　6.√　7.√　8.√　9.√

三、单项选择题

1.B　2.A　3.B　4.D　5.C　6.A　7.C　8.B　9.D　10.A

单元 4

理论知识考核试卷

一、名词解释（每题2分，共10分）
1. 昆虫的世代
2. 滞育
3. 临界光周期
4. 变态
5. 真菌的生活史

二、填空题（请将正确的答案填在横线空白处，每空1分共44分）
1. 适应自然光周期的变化，昆虫分_____、_____两种基本滞育类型。
2. 昆虫的个体发育可分为两个阶段，第一阶段称_____，第二阶段称为_____。
3. 昆虫的种类繁多，变态类型可分为_____、_____、_____、_____、_____五个类型。
4. 全变态类型的幼虫个体差异很大，根据胚胎发育的程度和胚后发育中的适应，将幼虫分为四个类型_____、_____、_____、_____。
5. 菌物界的真菌门分为_____、_____、_____、_____、_____5个亚门。
6. 子囊果有_____、_____、_____和_____四种类型。
7. 一般消长曲线称为常态曲线或正态分布曲线。将昆虫某一虫态发育进度达到_____作为始盛期，达到_____作为高峰期，达到_____作为盛末期。
8. 杀菌剂防治植物病害主要有_____和_____两种作用方式。
9. 杀菌剂进入菌体后，其杀菌作用或抑菌作用大致可分为_____和_____两个方面。
10. 除草剂按作用方式分为两类，即_____和_____。按施药方法分为4类，即_____、_____、_____和_____。
11. 影响棉花脱叶剂脱叶效果的主要因素有：_____、_____、_____、_____和_____。
12. 大田喷杆喷雾机是新疆最常用的机动喷雾器，根据喷杆型式不同可分为_____、_____、_____。

三、判断题（下列判断正确的打"√"，错误的打"×"，每题1分共16分）

1. 物镜有低倍物镜和高倍物镜，其放大倍数一般刻在物镜的镜筒上，例如4×、8×、10×、40×、45×、65×、90×、100×，分别表示4倍、8倍、10倍。其中65～90倍叫高倍物镜。（　　）
2. 休眠和滞育均是不良环境引起的。（　　）
3. 具有休眠特征的昆虫，都需要在一定虫态休眠。（　　）
4. 使用低倍物镜和高倍物镜时，都可以使用粗调螺旋。（　　）
5. 兼性滞育是指昆虫在夏季和冬季都可以滞育。（　　）
6. 蝗虫的若虫腹足消失，只有3对胸足，属寡足型的。（　　）
7. 螨类和蜘蛛都是蛛形纲的动物。（　　）
8. 鞭毛菌亚门真菌的共同特征是无性产生具2根鞭毛的游动孢子，因此通常称作鞭毛菌。（　　）
9. 有机硫杀菌剂一般具有杀菌谱广、防效好、毒性低、药害风险小等特点。但这类杀菌剂容易引发病原菌的抗药性。（　　）
10. 有机硫杀菌剂比较重要的品种主要是代森系列和福美系列。（　　）
11. 配制容器不能用金属器皿，喷过的药械要及时洗净，防止腐蚀。（　　）
12. 2,4-D、百草敌在小麦拔节期使用较安全。（　　）
13. 乙草胺等水溶性大（淋溶性强）、活性高的除草剂适合在沙性土地上使用。（　　）
14. 骠马、大骠马、威霸虽然有效成分相同，但不能相互替代使用。骠马可用于小麦田除草，大骠马只能用于大麦田除草，威霸不能用于麦田除草。（　　）
15. 种衣剂的成分主要包括杀虫杀菌剂、激素、肥料、有益微生物等，其种类、组成及含量直接反映种衣剂的功效。（　　）
16. 包衣的种子质量标准必须达到国家二级以上，否则不准进行包衣。（　　）

四、单项选择题（下列每题的选项中，只有1个是正确的，请将其代号填在横线空白处，每题1分共10分）

1. 下列都属于不完全变态的昆虫是_____。
   A. 蝗虫　蚜虫　蜻蜓　蓟马　跳蚤
   B. 蟋蟀　盲蝽　介壳虫　蝇　木虱
   C. 蝗虫　蚜虫　蜻蜓　蓟马　瓢虫
   D. 蟋蟀　盲蝽　介壳虫　蝇　叶蝉

2. 下列都属于同翅目昆虫的是_____。
   A. 叶蝉　飞虱　蚜虫　粉虱　　　B. 沫蝉　介壳虫　木虱　小花蝽
   C. 蜡蝉　盲蝽　蚜虫　粉虱　　　D. 介壳虫　菜蝽　粉虱　蓟马

3. 下面由都属于鞭毛菌亚门真菌造成的病害是_____。
   A. 水稻绵腐病　葡萄霜霉病　辣椒疫霉病　番茄疫病
   B. 甜瓜疫霉病　油菜白锈病　番茄早疫病　谷子白发病
   C. 黄瓜霜霉病　甜瓜疫霉病　马铃薯晚疫病　番茄早疫病
   D. 苋菜白锈病　莴苣霜霉病　番茄早疫病　白菜霜霉病
4. 下列哪种产品不适合葡萄霜霉病_____。
   A. 代森锰锌　　B. 粉锈宁　　C. 杀毒矾　　D. 霉多克
5. 下列属于保护性杀菌剂的是_____。
   A. 百菌清　　B、三唑醇　　C. 多菌灵　　D. 石硫合剂
6. 下列不属于含铜离子杀菌剂的是_____。
   A. 波尔多液　　B. 可杀得　　C. 龙克菌　　D. 三唑酮
7. 下列都能够用于拌种和种子包衣的杀菌剂有_____。
   A. 敌克松　福美双　代森锌　　B. 三唑酮　多菌灵　扑海英
   C. 扑海英　敌克松　多菌灵　　D. 三唑酮　多菌灵　福美双
8. 下列能够治疗作物细菌性病害的产品有_____。
   A. 龙克菌　农用链霉素　多菌灵
   B. 敌克松　石硫合剂　农用链霉素
   C. 龙克菌　可杀得　农用链霉素
   D. 可杀得　龙克菌　多菌灵
9. 下列不能用于玉米田除草的除草剂是_____。
   A. 氟乐灵　　B. 金都尔　　C. 玉农乐　　D. 2,4－D丁酯
10. 防治棉田叶螨应选用哪种施药器械：_____。
    A. 横喷杆式喷杆喷雾器　　B. 气流辅助式喷杆喷雾器
    C. 飞机航喷　　　　　　　D. 吊杆式喷杆喷雾器

五、简答题（每题4分，共20分）

1. 根据消长曲线图如何划分昆虫的发生期？
2. 如何进行葡萄白粉病综合防治？
3. 如何进行瓜类蔓枯病综合防治？
4. 简述番茄早疫病的发生规律及综合防治。
5. 简述辣椒疫病的发生规律及综合防治。

理论知识考核试卷答案

一、名词解释

1. 昆虫的世代　1年发生1代的昆虫，其年生活史就是1个世代。1年发生3代的昆虫，其年生活史就包括3个世代。还有些昆虫需2~3年才能完成1个世代。

2. 滞育　自然情况下，在不利环境条件远没到来之前，就已进入休止状态，而且一旦进入，即使给予最适宜的条件，它也不会马上恢复生长发育，所以滞育具有一定遗传稳定性。

3. 临界光周期　引起昆虫种群50%的个体进入滞育的光周期。

4. 孵化　大多数昆虫在胚胎发育完成后，就要脱卵而出，这个现象称孵化。

5. 变态　昆虫在胚后发育过程中由幼期状态变为成虫状态的现象。

6. 被蛹　附肢和翅都贴在体上不能活动，腹部多数体节不能活动，蝶、蛾的蛹都是被蛹。

7. 真菌的生活史　真菌孢子经过萌发、生长和发育，最后又产生同一种孢子的整个过程。

二、填空题

1. 短日照滞育型　长日照滞育型
2. 称为胚胎发育　胚后发育
3. 增节变态　表变态　原变态　不全变态　全变态
4. 原足型　多足型　寡足型　无足型
5. 鞭毛菌亚门　接合菌亚门　子囊菌亚门　担子菌亚门　半知菌亚门
6. 闭囊壳　子囊壳　子囊盘　子囊座
7. 16%　50%　84%
8. 保护　治疗
9. 破坏细胞结构　干扰新陈代谢
10. 选择性除草剂　灭生性除草剂　茎叶处理除草剂　土壤处理除草剂　茎叶处理兼土壤处理除草剂　水面施用除草剂
11. 温湿度　光照　密度　成熟度　灌溉　病虫害防治
12. 横喷杆式　吊杆式　气流辅助式

理论知识考核试卷答案

三、判断题
1. × 2. × 3. × 4. × 5. × 6. × 7. × 8. × 9. × 10. √ 11. √
12. × 13. × 14. √ 15. √ 16. √

四、单项选择题
1. A 2. A 3. A 4. B 5. A 6. B 7. D 8. C 9. A 10. D

五、简答题（答案略）